园林景观精品课系列教材

环境景观工程施工图设计

程春雨　李　月　主编

HUANJING
JINGGUAN
GONGCHENG
SHIGONGTU
SHEJI

化学工业出版社
·北京·

U0690942

内容简介

本书按照环境景观工程施工图设计的实际工作流程详细介绍了项目前期准备、施工图目录编制、施工图总说明编写，以及总图和详图等内容绘制的流程、原则、注意要点、具体实施步骤，提供了基本的施工图绘制技术指导，旨在帮助读者掌握景观工程施工图绘制的常见流程和关键技术，提高工作效率和质量，为从事景观工程施工图绘制相关工作的人员提供一本易读且便于查阅的参考书，帮助他们更好地理解和应用相关技术，提升自身的专业水平。

本书适合用作环境艺术设计专业、园林工程技术专业以及相关专业的教材，对于园林景观行业的工程师、设计师以及其他相关从业人员也具有一定的参考价值。

图书在版编目（CIP）数据

环境景观工程施工图设计 / 程春雨，李月主编.
北京 ：化学工业出版社，2024. 12. --（园林景观精品
课系列教材）. -- ISBN 978-7-122-47056-0

Ⅰ. TU-856

中国国家版本馆CIP数据核字第2024X9J636号

责任编辑：毕小山　　　　　　　装帧设计：刘丽华
责任校对：杜杏然

出版发行：化学工业出版社
　　　　　（北京市东城区青年湖南街13号　邮政编码100011）
印　　装：中煤（北京）印务有限公司
787mm×1092mm　1/16　印张12¾　字数286千字
2025年6月北京第1版第1次印刷

购书咨询：010-64518888　　　　　售后服务：010-64518899
网　　址：http://www.cip.com.cn
凡购买本书，如有缺损质量问题，本社销售中心负责调换。

定　　价：68.00元

编写人员名单

主　编　程春雨（辽宁生态工程职业学院）

　　　　李　月（辽宁生态工程职业学院）

副主编　殷　茵（辽宁生态工程职业学院）

参　编　刘小丹（辽宁生态工程职业学院）

　　　　史　萌（沈阳绿野建筑景观环境设计有限公司）

　　　　赵明珠（辽宁农业职业技术学院）

前言

近年来，我国景观行业发展迅速。人们对景观创新性、艺术性、可靠性的要求不断提高。景观工程施工图是实现景观最终效果的关键环节，可以说，没有高质量的施工图就没有优秀的景观作品。而施工图的质量又掌握在相关从业者手中，因此对这些从业者的培养、培训具有重要的意义。

基于以上背景，编者针对景观初学者和相关从业人员编写了本书。从景观施工图绘制人员的角度出发，以某公园施工图实际绘制流程为例，详细介绍了施工图绘制各个环节的任务承接、任务分析、任务实施步骤、注意要点等内容，以期能为景观从业人员以及院校学生学习专业知识和技能提供一些参考和帮助。

本书以拓展阅读的形式介绍了我国在景观工程领域取得的杰出成果，以此激发读者学好专业知识的热情，力求培养爱党报国、敬业奉献、德才兼备的高素质技能人才。

参与本书编写的人员有：程春雨、李月、殷茵、刘小丹、史萌、赵明珠。其中主编程春雨负责编写项目一、项目三全部内容以及项目二的任务五；李月负责编写项目四、项目五、项目六全部内容。副主编殷茵负责编写项目二任务一至任务四部分。参编刘小丹负责整理图片和文字以及课后练习题；赵明珠和史萌提供技术支持和部分项目资源。

本书的编写汇集了相关专业院校的教学经验以及一线施工人员的实践经验，也参考了有关书籍和资料，在此一并表示衷心感谢。由于编者水平有限，书中难免会有疏漏之处，敬请读者批评和指正，并提出宝贵意见。

编者

2024年10月

目录

项目一
环境景观工程施工图文本设计

环境景观工程施工图文本包括图纸目录和设计总说明。图纸目录说明该工程由哪些专业图纸组成，是包含图纸名称、图纸数量等信息的表格，其目的在于方便图纸的归档、查阅及修改，是施工图纸的明细和索引。图纸目录应分专业编写。景观、结构、给排水、电气等专业应分别编制图纸目录，但若结构、给排水、电气等专业图纸量少，也可以与景观专业图纸编入一个图纸目录，成为一套图纸。设计总说明是全部施工图文件的重要组成部分，通常位于文件的最前面，用于以文字形式表达那些不便于用图形表达的内容。其主要内容通常包括工程概况、设计依据、设计思想与要求、设计原则与目标、专业说明、材料与设备、施工注意事项等。

任务一
图纸目录

知识目标

① 掌握图纸目录设计流程。
② 熟悉图纸目录设计内容和要点。

能力目标

① 能够根据案例项目完成基础资料的收集整理工作。
② 能够按照相关规范、标准完成图纸目录设计。

任务引入

×××公园施工图设计任务中，由于还没有开始正式绘制施工图，实际设计图纸数量尚未明确，但初步预估不少于50张。绘制人员需要提前做好目录编制计划，制定相关机制，如确立目录编写规则、制定图纸编号标准等。本书将以此任务为例，介绍整套图纸绘制的全部流程。

任务分析

图纸目录设计的重点不在绘制上，而在于图纸的整理和编号。只有清晰合理的图纸归类和编号，才能制作出符合施工需求的目录。在施工图绘制伊始，科学合理的图纸目录规划以及存档、更新机制的确立是必不可少的。在实际操作中，当确立好目录编写机制之后，往往就开始进行施工图的绘制了。在绘制过程中形成的图纸就要贯彻目录编写机制，随画随编，直至图纸绘制完毕，最后确定和完善图纸目录。先进行施工图设计能够为设计总说明提供具体的内容，而后编写设计总说明和图纸目录则有助于系统地整理和呈现这些设计内容，使得整套施工图纸更具条理性和可管理性。所以，虽然本书将图纸目录编写任务放在开头，但初学者应该认识到，图纸目录编写任务是自始而终贯穿于整个施工图绘制过程的。

任务实施

一般来说，图纸目录的设计与实施编制应遵循以下步骤。

1. 目录信息编写

图纸目录通常以表格形式呈现，表头内容包括序号、图号、图纸名称、图纸规格、备注等。

2. 目录结构规划

设计一个清晰的目录结构，以便组织不同类型的施工图。主要章节包括建筑、结构、电气、管道等专业的相关图纸。

3. 建立文件编号系统

制定一个文件编号系统，确保每张图纸都有唯一的标识符。可以使用专业缩写、序号和版本号，如"A-101-V1"表示建筑平面图的第一个版本。

4. 图纸分类

将不同专业的图纸进行分类，如建筑、结构、电气、机械等。在每个专业分类内，可以进一步分为平面图、立面图、剖面图等。

5. 文件命名规范

制定文件命名规范，确保文件名称简洁明了、具有描述性。文件名中应包含专业缩写、图纸类型、版本号等信息。

6. 版本控制

设计一个版本控制系统，以便跟踪和记录图纸的不同版本，包括版本号、修订日期、修订人等信息。确保维护一个清晰的修订历史。

7. 图纸列表

列出所有的图纸，并按照专业、类型、编号的顺序进行排列。每个图纸的列表中包括文件编号、文件名称、版本号等信息。

8. 注释和解释

在目录中加入注释和解释，说明每个专业图纸的用途、特殊注意事项等信息，以便读图者更好地理解图纸。

9. 明确图纸存放位置

明确每张图纸在文件夹或电子文档中的存放位置，确保图纸能够方便查找和检索。可以包括文件夹路径或电子文档的链接。

10. 审查和确认

在目录设计完成后，进行审查和确认。与项目团队成员共同确认目录的准确性和完整性。

11. 建立更新机制

设计一个目录更新机制，确保随着项目的进行，新图纸能够及时加入目录中，旧图纸能够进行版本更新。

12. 培训和沟通

对项目团队进行培训，使其了解施工图目录的设计结构和使用方法。确保团队成员能够顺利地使用目录。

按照这些内容进行施工图目录的编制，可以使目录具有良好的组织结构，方便施工图的管理和使用。这对于项目团队的协作和效率提升都具有积极的作用。

💡 注意要点

1. 图纸目录的位置与图幅

图纸目录应排列在一套施工图纸的最前面，且不编入图纸的序号中，通常以列表的形式表达。图纸目录一般采用A4图幅，根据实际情况也可用A3或其他图幅。

2. 图纸目录的格式

图纸目录的格式可按各设计单位的习惯编制。一般图纸目录由序号、图号、图纸名称、图幅、备注等内容组成，有的还有修改版本号和出图日期统计等。序号应从"1"开始编号，直到全套施工图纸的最后一张，不得空缺和重复，从最后一个序号数可知全套图纸的总张数。

3. 目录图号汇编

一套完整的施工图图纸除了在绘图上表达详尽以外，整齐有序的目录图号汇编也起到很关键的作用。不同的设计单位对图号的设计不同，一般图号由"图纸专业缩写编号"+"本专业图纸编号组成"。如果项目包含分区设计，则还应在图号中加入分区编号。例如：在图号"LP-A-01"中，"LP"表示园建专业中景观设计总图的英文缩写，"A"表示项目的A区，"01"表示景观设计总图A区中的第一张施工图。

常用的专业编号如下：YS——园施（园建设计图）、JS——结施（结构设计图）、LS——绿施（植物种植设计图/软景设计图）、SS——水施（给排水设计图）、DS——电施（电气设计图）、BZ——标准设计图、SM——设计说明。

也有设计单位将园建设计图细分为总图设计和详图设计，并分别进行编号：LP——园建总图、LD——园建详图。

4. 图纸命名

图纸命名尽量用方案设计时取的名称，一方面与方案设计有连续性，另一方面有助于设计师在施工图设计时理解方案设计的意图，且命名不要抽象，要尽量具体。如果项目进行了分区，那么命名时需加上图纸所属区域，如A区景墙详图、B区水景详图等。全套施工图纸中不允许有同名图纸出现，如果有相同景观元素，则可根据其材料、特征或功能对其进行命名，如A区圆形花池、A区方形花池等。

5. 图纸修改

图纸修改可以以版本号区分，每次修改必须在修改处作出标记，并注明版本号。例如：施工图第一次出图版本号为0，第一次修改图版本号为1，第二次修改图版本号为2，依此类推。

6. 保持一致

图纸目录中的图号、图纸名称应该与其对应施工图纸中的图号、图纸名称相一致，以免混乱，影响识图。

实践案例

×××公园施工图图纸目录的实践案例如表1-1-1所示。

表1-1-1　×××公园施工图图纸目录

序号	图号	图纸名称	图纸规格	备注	序号	图号	图纸名称	图纸规格	备注
1	HS-00	封面	A2		15	JS-03.2	古建长廊详图二	A2+1/4	
2	HS-01	设计总说明	A1		16	JS-03.3	古建长廊详图三	A2+1/4	
3	HS-02	总平面图	A1		17	JS-03.4	古建长廊详图四	A2+1/4	
4	HS-03	竖向设计图	A1		18	JS-03.5	古建长廊详图五	A2+1/4	
5	HS-04	铺装索引图	A1		19	JS-03.6	古建长廊详图六	A2+1/4	
6	HS-05	铺装定线图	A1		20	JS-03.7	古建长廊详图七	A2+1/4	
7	HS-06	网格定位图	A1		21	JS-03.8	古建长廊详图八	A2+1/4	
8	HS-07	铺装节点详图	A2+1/4		22	JS-04.1	景墙详图一	A2	
9	HS-08	铺装大样详图	A2		23	JS-04.2	景墙详图二	A2	
10	HS-09	设施小品布置图	A1		24	JS-04.3	景墙详图三	A2+1/4	
11	HS-10	设施小品意向图	A2		25	JS-05	特色雕塑详图	A2	
12	JS-01	园建设计说明	A2		26	JS-06	种植池详图	A2	
13	JS-02	园建索引平面图	A1		27	JS-07	入口景石详图	A2	
14	JS-03.1	古建长廊详图一	A2+1/4		28	JS-08.1	公厕改造详图一	A2+1/4	

续表

序号	图号	图纸名称	图纸规格	备注	序号	图号	图纸名称	图纸规格	备注
29	JS-08.2	公厕改造详图二	A2		45	SS-04.3	公厕水暖详图三	A2	
30	JS-08.3	公厕改造详图三	A2+1/2		46	SS-04.4	公厕水暖详图四	A2	
31	JS-08.4	公厕改造详图四	A2		47	SS-04.5	公厕水暖详图五	A2	
32	JS-08.5	公厕改造详图五	A2		48	SS-04.6	公厕水暖详图六	A2	
33	LS-01	植物设计说明一	A2		49	SS-04.7	公厕水暖详图七	A2	
34	LS-02	植物设计说明二	A2		50	SS-04.8	公厕水暖详图八	A2	
35	LS-03	植物种植材料表	A1		51	DS-01	电气设计说明	A2	
36	LS-04	植物种植平面图	A1		52	DS-02	电缆敷设示意图	A2	
37	LS-05	乔木种植平面图	A1		53	DS-03	接线井详图	A2	
38	LS-06	灌木及地被种植平面图	A1		54	DS-04	电气平面图	A1	
39	LS-07	植物种植定线图	A1		55	DS-05	电气系统图	A1	
40	SS-01	给排水设计说明	A2		56	DS-06	灯具选样图	A2	
41	SS-02	绿化给水管道平面图	A1		57	DS-07.1	公厕电气详图一	A2+1/4	
42	SS-03	雨排水管道平面图	A1		58	DS-07.2	公厕电气详图二	A2+1/4	
43	SS-04.1	公厕水暖详图一	A2		59	DS-07.3	公厕电气详图三	A2+1/4	
44	SS-04.2	公厕水暖详图二	A2		60	DS-07.4	公厕电气详图四	A2+1/4	

课后练习

1. 选择题

① 图纸目录应如何排列?（　　　　）

A. 图纸目录应随意排列

B. 图纸目录应排列在施工图纸的中间

C. 图纸目录应排列在该专业施工图纸的最前面

D. 图纸目录应编入图纸的序号中

② 当图纸目录中包括多个子项目时,子项目的目录应该如何编写?（　　　　）

A. 不需要编写子项目目录

B. 只有特大子项目分段出图时才编写子项目目录

C. 所有子项目都需要分别编写子项目目录

D. 所有子项目都可以按段书写目录

2. 填空题

① 图纸目录的格式可按（　　　）的格式编制，一般图纸目录由（　　　）、（　　　）、（　　　）、（　　　）、（　　　）等内容组成，有的还有修改版本号和出图日期统计等。

② 图纸命名时，尽量用方案设计时取的名称，一方面与方案设计有（　　　），另一方面有助于设计师在施工图设计时考虑对方案设计的（　　　），且命名不要抽象，要尽量具体。

③ 不同的设计单位对图号的设计不同，一般图号由（　　　）+（　　　）组成，如果项目包含分区设计，则还应在图号中加入分区编号。

3. 简答题

图纸目录设计的流程包括哪些？

任务二

设计总说明

知识目标

① 掌握设计总说明编写流程。

② 熟悉设计总说明编写内容和要点。

能力目标

① 能够根据案例项目完成基础资料的收集整理工作。

② 能够按照相关规范、标准完成设计总说明的编写。

任务引入

设计总说明是施工图纸中必不可少的一部分，用于向承包商、建筑师、工程师以及其他相关方提供有关设计意图、技术规范和施工细节的综合性说明，需按照相应要求细致准确编写。

任务分析

设计总说明与图纸目录编写类似，虽然装订排序时放在前面，但其最终定稿一般是在所有施工图纸绘制完之后。初期编写时，可以构建基本框架，细节部分还是需要待具体项目施工措施明确后完善。

任务实施

拿到设计总说明任务后，一般应按照如下步骤与流程着手编写。

1. 收集项目信息

收集项目的所有相关信息，包括项目名称、项目地点、业主信息、设计单位、施工单位等。确保对项目的整体背景有全面细致的了解。

2. 了解设计目的和范围

了解项目的设计目的和范围，明确施工图所要解决的问题以及设计的边界。设计总说明中应涵盖这些内容。

3. 熟悉相关法规和标准

查阅与项目相关的法规、标准和规范。了解项目所在地的建筑法规、结构设计规范、安全规范等，以确保设计的合规性。

4. 阅读设计基础文档

仔细阅读项目的设计基础文档，如土地调查报告、地质勘察报告。这些文档提供了设计决策的基础信息。

5. 确定设计约定和符号

确定在施工图中将使用的设计约定和符号。这有助于确保所有绘图人员对图纸上的标记和符号有一致的理解。

6. 了解设计的原则和方法

了解项目中采用的设计原则和方法，包括建筑、结构、电气等方面的设计原则。这有助于为编写设计总说明提供必要的背景信息。

7. 研究技术要求和规格

研究项目中的技术要求和规格，包括使用的材料规格、施工工艺规范等。确保设计符合技术要求。

8. 了解质量控制和检验标准

了解设计的质量控制措施和检验标准。这有助于在设计总说明中详细描述设计的质量管理方案。

9. 研究施工顺序和方法

研究项目的施工顺序和方法，特别是涉及多个专业协同施工时。这有助于编写总说明时遵循一定的施工逻辑顺序。

10. 考虑安全措施

考虑项目中的安全措施，包括施工现场的安全要求、使用个人防护装备等。确保设计总说明中包含必要的安全信息。

11. 制定变更和修订程序

制定变更和修订的程序和要求。考虑如何处理设计变更，以确保变更的及时记录和通知。

12. 规划审查和批准过程

规划设计文件的审查和批准过程，包括设计师之间的内部审查、相关专业的协同审查。确保设计文件符合标准。

13. 准备附录和参考文献

如果需要，可以准备相关的附录，如计算书、图纸样例等。列出参考文献，包括法规、标准、技术手册等。

14. 起草最后的注意事项

在设计总说明的最后，提醒施工人员在使用施工图时需要注意的事项，确保对图纸的正确理解和使用。

按照这些步骤逐一进行，可以逐渐完善并编写出详细、清晰的设计总说明。

注意要点

一、设计总说明的内容

设计总说明一般包含以下内容。

① 项目概述：提供项目的背景信息，包括项目名称、地理位置、用途、规模、业主信息等。

② 设计目标：阐述设计的总体目标和理念，包括设计在美学、功能、可持续性等方面的考虑。

③ 设计标准和规范：列明适用的国家或地区建筑规范、标准和行业规范，确保设计符合相关的建设法规和标准。

④ 建筑材料和技术要求：说明所使用建筑材料的种类、规格和技术要求，包括结构材料、装饰材料、保温材料等。

⑤ 施工标准：详细描述施工过程中的标准和要求，确保施工达到预期的质量标准。

⑥ 施工步骤和顺序：说明施工的步骤和顺序，包括起始和结束阶段，以确保施工有序进行。

⑦ 安全要求：强调施工现场的安全要求，包括作业人员的个人防护措施、安全标志、应急措施等。

⑧ 质量控制：描述用于确保建设质量的控制措施，包括检验、测试和验收标准等。

⑨ 项目时间表：提供施工项目的时间表，包括关键工程节点和截止日期。

⑩ 图例和符号解释：解释施工图中使用的各种符号、标记和图形的含义。

⑪ 审查和修改：强调设计图纸的审查和修改过程，以确保最终图纸符合设计要求。

⑫ 变更管理：明确变更管理的程序和责任，说明在施工过程中对设计进行变更的程序和流程。

⑬ 联系信息：提供项目团队成员的联系信息，以便在施工过程中进行有效的沟通和协调。

设计总说明的目标是提供足够的信息，确保所有相关方理解设计的目标、标准和要求，并能够顺利实施和完成项目。这份文件通常由主设计师或设计团队负责编制，并需要经过所有相关方的审查和批准。

二、设计总说明范例

下面是××小区景观工程的设计总说明。

（一）工程名称：××小区景观工程

建设单位：××有限公司

建设地点：××

（二）设计依据

① 国家和××省颁发的有关工程建设的各类规范、规定与标准，包括：

《城市居住区规划设计标准》（GB 50180—2018）；

《园林绿化工程施工及验收规范》（CJJ 82—2012）；

《水泥混凝土路面施工及验收规范》（GBJ 97—87）；

《城市道路工程设计规范（2016年版）》（CJJ 37—2012）；

《建筑结构荷载规范》（GB 50009—2012）；

《混凝土结构设计标准》（GB/T 50010—2010）；

《钢结构设计标准》（GB 50017—2017）；

《砌体结构设计规范》（GB 50003—2011）；

《木结构设计标准》（GB 50005—2017）。

② 甲方与乙方签订的本工程设计合同第××××号。

③ 甲方审定并认可的设计方案文件。

④ 甲方提供的设计要点、总图，及建筑设计院提供的总平面图、地下建筑施工图、竖向设计图、室外管线综合图、建筑单体施工图等。

（三）设计深度

本图按照《建筑工程设计文件编制深度规定》中对景观施工图设计深度的要求，以及本设计单位内部技术管理条例中有关设计深度的要求进行绘制。

（四）主要技术经济指标

略。

（五）场地概述

① 本项目用地总面积35000m²，项目用地位于×××市。

② 本项目包括展示区景观设计，风格为中式传统风格。

（六）技术措施

① 本工程设计标高采用黄海高程绝对标高，园建单体及立面、剖面设计采用相对标高值，其对应的绝对标高值详见各图中附注。

② 本设计图纸中的尺寸均以毫米为单位，标高以米为单位。

③ 本设计图中如无特殊指明，所示标高均为完成面标高，所指距地高度均为完成面高度。

④ 本工程设计中，总平面图、分区平面图中的定位图、竖向图与详图有细小出入时以详图为准。

⑤ 除地面铺装石材留缝参照相关详图外，其余所有石材贴面墙、踏步等未注明处留缝均小于5mm，但是缝宽要求统一。

⑥ 凡本设计通用的涉及景观造型、色彩、质感、大小、尺寸、性能、安全等方面的材料，除按本设计图纸要求外，均须经本设计单位认可或审核后方可采用，尤其是

在本设计完成前尚未确定供货厂家与施工单位，且未提供有关部门设备技术施工图纸的，应在本工程土建施工之前确定并提供有关部门设备的技术施工图，经本设计单位审核后，厂家或安装单位派专人赴现场配合土建施工。

⑦ 泳池及所有水池施工时必须配合专业水景公司的图纸预留孔洞，预埋套管。

施工安装必须严格遵守国家有关部门颁布的标准及各项施工验收规范的规定，并与结构、水、电、绿化配置等专业施工密切配合。

（七）竖向设计

① 施工方应对整个设计范围内的地形、场地、路面及排水的最终效果负责。施工方应于施工前对照相关专业施工图纸，粗略核实相应的场地标高，并将有疑问及与施工现场相矛盾之处提请设计师注意，以便在施工前解决此类问题。

② 对于车行道路面标高、道路断面设计、室外管线综合系统等均应参照建施总平面图的设计。施工方应于施工前对照建施总平面图核实本工程竖向设计平面图中注明的竖向设计信息。

③ 路面排水、场地排水、种植区排水、穿孔排水管线等的布置与设计均应与室外雨水系统相连接，并应与建施总图密切配合使用。

④ 位于地下车库顶板的屋顶花园室外场地排水，如无特殊设计，应最终由顶板预留的排水口（详见建施）排走，并汇入小区室外雨水系统。

⑤ 本工程设计中若如无特殊标明，竖向设计坡度均按下列坡度设计实施。

a. 广场及庭院：如无特殊指明，坡向排水方向，坡度0.5%。

b. 道路横坡：如无特殊指明，坡向路沿，坡度1.5%。

c. 台阶及坡道的休息平台：如无特殊指明，坡向排水方向，坡度1.0%。

d. 种植区：如无特殊指明，坡向排水方向，坡度2.0%。

e. 排水明沟：如无特殊指明，坡向集水口，坡度1.0%。

f. 泳池：如无特殊指明，坡向集水口，坡度1.0%。

⑥ 室外地面排水采取地面雨水口与埋地打孔PVC排水管相结合的方式；打孔PVC排水管的埋深应遵照专业工程师的意见。

⑦ 除注明外，施工前施工方应与业主协调建筑出入口处的室内外高差关系，并与设计师沟通以便协调室外场地竖向关系。

（八）特殊做法

1. 铺装及饰面铺贴工程技术要求

① 面层石材均须经过六面防护处理，采用油性防护，须在工厂内防护加工，现场切割，现场刷防护剂。基层做法：潮湿路段以及其他过分潮湿的路段不宜直接铺筑灰土基层；应在其下设置隔水垫层，防止水分侵入土基层。

② 无地下室屋顶范围可采用机械夯实，车库屋顶范围宜采用人工夯实。车行道铺装基础：素土夯实，密实度应大于93%。人行道铺装基础：素土夯实，密实度应大于93%。

③ 用松散材料碾压基层：车行道铺装基础用200mm厚碎石粉垫层（6%水泥）；

人行道铺装基础用100mm厚碎石粉垫层（6%水泥）。

④ 为承受较大负荷，用刚性混凝土做基层，应设变形缝：纵横双方向缝距不大于12m，缝宽20mm，内填沥青砂或经沥青处理的松木条。混凝土垫层应设伸缩缝，位置应标在相关图纸中，其位置应严格按图纸施工不可任意改动，以免造成面层石块裂缝影响美观。

车行道铺装基础：150mm厚C25混凝土。人行道铺装基础：100mm厚C20混凝土。

⑤ 当铺装面层用石材时，如果要求铺密缝，则每块石材间冬季施工时留2mm缝，夏季施工时留1mm缝。花岗岩石材六面须涂刷石材处理剂一道，以防泛浆污染墙面或地面。

铺装应做到块材对缝整齐、线形挺拔，水洗石、卵石等饰面材料应做到密实、平整、清洁，表面水泥砂浆应及时清洁，无施工污染。地面不规则石材铺装，除特殊标注外，缝宽均为10～15mm，并勾凹平缝，不规则石材周边须用手工切割并使边缘自然。特殊部位石材留缝应参照相关详图。

⑥ 砖及混凝土砌体施工。除特别注明外，砖砌体用MU10砖、M7.5水泥砂浆，不得使用普通实心黏土砖。可选用混凝土砌块，各类烧结空心、实心砌块，各类蒸压空心、实心砌块。用于基础及承重的砌体不得使用轻质混凝土砌块，替代黏土实心砖的承重砌块宜选用烧结空心砌块。

⑦ 所有临街铺装构造均按车行道标准处理，所用面材厚度均应能够承载小型汽车荷载。

2. 水池铺装

水池铺装为防止白华（泛碱）的形成，可采取以下施工方法：

① 石材在施工以前，都应采用优质养护剂进行六面防护处理；

② 水池石材铺地用AB胶黏结或用云石胶粘贴；

③ 尽量采用低碱水泥进行施工；

④ 尽量减少水泥中水分的含量，建议在水泥中加入减水剂以达到减少水分含量的目的；

⑤ 建议在水泥中加入防水添加剂，以达到水泥防水的目的；

⑥ 石材安装完成后，应尽快用填缝剂将所有缝隙密封；

⑦ 做好墙体的防水工作。

除注明外，泳池铺装石材外露侧面均需磨光，非拼接阳角处均需倒角$R=3mm$。

3. 木质平台、花架制作工艺

① 所有木构件均应采用直纹一级木料，经过防腐处理后方可使用，其含水率不大于18%。

防腐处理方法一：木料采用强化防腐油涂刷2～3次，强化防腐油配合比为97%混合防腐油、3%氯酚（用于地面以下）。

防腐处理方法二：采用E-51双酚A环氧树脂刷2次（用于地面以上）。

防腐处理方法三：用木材专用防腐料浸泡，并进行脱水处理。

② 用于室外装修的木材，由于要遭受温度、湿度等非常严峻的环境条件影响，所以不得采用容易开裂、反翘、弯曲的材料。

③ 从保护环境和方便养护的角度出发，应尽量选择耐久性强且符合国家相应规范

的木材。

④ 为防止出现地面铺成后木板膨胀的问题，板间留缝设定为5mm。

⑤ 地板的基础底层须做一定坡度，地面基础底层坡度为5%，当面积较大或坡度要求较小时，基层需设置排水孔。

⑥ 地板和龙骨间的固定配件都应使用具有耐腐蚀性的螺钉，其长度应为地板厚度的2.5倍，而且固定龙骨需要耐腐蚀的L形金属配件、基础螺栓、螺母。

⑦ 由于所选用的是天然木材，木材上会有节疤、裂纹等，因此为有效保护和利用资源，保持生态平衡，应巧妙地将这些木材用于较为隐蔽的部位。

⑧ 为保证木材表面美观（如防褪色、防污染、减少开裂等），安装完毕后均应按照有关国家规范涂抹防水剂、保护剂。应每年涂刷一次着色剂。

⑨ 木作油漆工艺：除注明外，均喷清油两遍，第一遍采用生油（未炼制、未加催干剂的干性油），待油已完全渗入木材而尚未完全固化前，喷第二遍清油；待其干燥后，用砂纸顺木纹方向磨除表面漆膜即可。所用油料需经脱色处理，颜色为淡色透明。

4. 防水工程

① 本工程所涉及水景均采用涂抹聚氨酯防水材料两道的方式进行防水；若是贴饰面则按一道水泥砂浆、一道1:2防水砂浆处理后再贴饰面材；水池均采用S6抗渗混凝土。大样详图中未特殊说明的，应按上述做法施工。

② 排水明（暗）沟采用内防水层方式（内掺5%防水剂的水泥砂浆）。

③ 结构层为钢筋混凝土的较大面积水池和溪流应设变形缝，缝距30mm，变形缝应从池底延伸至池沿整体断开，在变形缝处作出相应的防水处理，以确保不漏水。

④ 景观设计中含有泳池的，泳池内所有突出部分的阳角处未标明角度的均应倒成$R=25mm$的圆角。

⑤ 凡用砖砌体砌筑的地面构筑物，墙体应设防潮层。

a. 防潮层做法：20mm厚1:2.5水泥砂浆，内掺水泥重量5%的防水剂，或者5mm厚聚合物水泥砂浆。

b. 墙身防潮层设置位置：水平方向设于地面下0.05m处，垂直方向设于有高差土层或土层一侧的墙面。

⑥ 防水材料必须经有关机构认证，应有明确标志、说明书、合格证，经检测机构复检合格后方可使用，质检部门才可验收。严禁在工程中使用不合格材料，多种不同类型的防水材料在配合使用时应注意相容性，不得相互腐蚀、相互破坏。

⑦ 地下室顶板、建筑屋面等已做防水层的顶板上严禁再打膨胀螺栓，防止破坏防水层。

⑧ 自然水系柔性防水做法详见单项工程。

⑨ 景观建筑屋面防水做法详见标准图集。

5. 钢构件油漆

① 材料选择：所有钢构件均应采用符合国家相关规范的钢材。

② 除锈处理：所有钢构件在做油漆前需做除锈处理，然后焊接、打磨、批灰；如有必要，还可进行其他特殊处理。

③除注明外，钢构件油漆可由甲方根据需要采用以下两种方式中的一种：

a.底漆红丹2遍+酚醛调和漆（竣工两年后需定期检查补漆）；

b.氟碳配套底漆+氟碳配套面漆（竣工五年后需定期检查补漆）。

（九）安全措施

①防滑：凡是光滑的地面材料，坡度必须小于0.5%。

②护栏的安装必须结实、牢固，竖向力和顶部能承受大于1.0kN/m的侧向推力。

③水景（如水池、湖边、溪流等）如未设置栏杆，则水岸附近2m范围内的水深不得大于0.7m，园桥及汀步附近2m范围内水深不得大于0.5m；图上未标注的，施工时必须以砂石填高至此规定值，且岸边必须标注警示标语。

④图纸未说明或与当地传统做法不一致的，可因地制宜采用合适的形式与做法，但须符合国家有关的规范和标准。

（十）其他

①植物设计说明：详见植物设计部分。

②给排水设计说明：详见给排水设计部分。

③电气设计说明：详见电气设计部分。

④结构设计说明：详见结构设计部分。

（十一）特殊说明

凡与国家法规相冲突之处，均以国家法规的相关条款为准。

三、相关强制性条文

下面列举环境景观工程施工图设计的一些强制性条文，如表1-2-1、表1-2-2所示。

表1-2-1　《城市居住区规划设计标准》（GB 50180—2018）强制性条文

条文编号	条文内容	条文类别
3.0.2	居住区应选择在安全、适宜居住的地段进行建设，并应符合下列规定： ① 不得在有滑坡、泥石流、山洪等自然灾害威胁的地段进行建设； ② 与危险化学品及易燃易爆品等危险源的距离，必须满足有关安全规定； ③ 存在噪声污染、光污染的地段，应采取相应的降低噪声和光污染的防护措施； ④ 土壤存在污染的地段，必须采取有效措施进行无害化处理，并应达到居住用地土壤环境质量的要求	基本规定
4.0.2	居住街坊用地与建筑控制指标应符合表4.0.2（略）的规定	用地与建筑
4.0.3	当住宅建筑采用低层或多层高密度布局形式时，居住街坊用地与建筑控制指标应符合表4.0.3（略）的规定	
4.0.4	新建各级生活圈居住区应配套规划建设公共绿地，并应集中设置具有一定规模，且能开展休闲、体育活动的居住区公园；公共绿地控制指标应符合表4.0.4（略）的规定	

条文编号	条文内容	条文类别
4.0.7	居住街坊内集中绿地的规划建设，应符合下列规定： ① 新区建设不应低于0.50 m²/人，旧区改建不应低于0.35 m²/人； ② 宽度不应小于8m； ③ 在标准的建筑日照阴影线范围之外的绿地面积不应少于1/3，其中应设置老年人、儿童活动场地	用地与建筑
4.0.9	住宅建筑的间距应符合表4.0.9（略）的规定；对特定情况，还应符合下列规定： ① 老年人居住建筑日照标准不应低于冬至日日照时数2h； ② 在原设计建筑外增加任何设施不应使相邻住宅原有日照标准降低，既有住宅建筑进行无障碍改造加装电梯除外； ③旧区改建项目内新建住宅建筑日照标准不应低于大寒日日照时数1h	

表1-2-2 《公园设计规范》（GB 51192—2016）强制性条文

条文编号	条文内容	条文类别
4.1.3	公园用地不应存在污染隐患。在可能存在污染的基址上建设公园时，应根据环境影响评估结果，采取安全、适宜的消除污染技术措施	现状处理
4.1.7	公园内古树名木严禁砍伐或移植，并应采取保护措施	
5.1.3	公园地形应按照自然安息角设计坡度，当超过土壤的自然安息角时，应采取护坡、固土或防冲刷的措施	高程和坡度设计
5.2.4	地形填充土不应含有对环境、人和动植物安全有害的污染物或放射性物质	土方工程
5.3.3	非淤泥底人工水体的岸高及近岸水深应符合下列规定： ① 无防护设施的人工驳岸，近岸2.0m范围内的常水位水深不得大于0.7m； ② 无防护设施的园桥、汀步及临水平台附近2.0m范围以内的常水位水深不得大于0.5m； ③ 无防护设施的驳岸顶与常水位的垂直距离不得大于0.5m	水体外缘
9.1.4	在灌溉用水的管线及设施上，应设置防止误饮、误接的明显标志	给水

课后练习

1. 选择题

① 设计总说明中，以下哪项内容不是必须包括的？（　　　）

A. 工程项目的设计依据　　　　B. 工程项目的预算清单

C. 工程地质、水文资料　　　　D. 墙身防潮层的构造做法

② 设计总说明中提到的"粗实线"通常用于表示以下哪项内容？（　　　）

A. 基础墙厚度　　B. 地沟　　　C. 门窗位置　　　　D. 钢筋位置

2. 简答题

① 简述设计总说明的编写步骤。

② 设计总说明一般包含哪些内容？

③ 请简述设计总说明的作用。

项目二

环境景观工程总图部分施工图设计

任务一

总平面图

知识目标

① 熟悉总平面图绘制流程。
② 熟悉总平面图绘制原则、要点。
③ 明确总平面图设计深度。

能力目标

① 能够根据案例项目完成基础资料的收集整理工作。
② 能够根据设计图纸分析、逆推出施工图基本框架。
③ 能够按照相关规范、标准完成总平面图的绘制。

任务引入

　　××公园施工项目，方案设计图已完成，现需绘制施工总平面图。要求使用CAD绘制软件。施工图绘制小组拿到任务后首先进行任务分析。

任务分析

　　项目组目前获得的资料主要有公园的方案设计图纸、相关基础信息的汇总文件夹。一般而言，需要施工图绘制人员根据已有的设计图纸结合基础资料进行总平面图的反推。设计图纸越完善，基础资料越详细，施工图绘制工作就越好开展。反之，需要再创作的工作量就会非常大，严重影响绘制进度和质量。

任务实施

总平面图绘制任务的实施流程如下。

1. 基础资料收集

获取土地勘测数据、地形图、现场照片等基础资料。收集有关法规、标准、规范和环境条件的信息。

2. 概念设计确认

确认概念设计，包括总平面布置和主要景观元素的位置。确保设计符合法规并满足客户的要求。

3. 详细设计

将概念设计细化为详细设计，包括景观元素的准确尺寸、形状和材料。定义植物种植布局、灯光设计、水体构造等细节。

4. 图纸绘制

利用专业设计软件（如AutoCAD）绘制景观施工图。总平面图包括地形和地物，用地红线，主要建筑物及构筑物，道路、广场的主要坐标（或定位尺寸），停车场及停车位，绿化、景观及休闲设施，指北针或风玫瑰图，说明栏等。

5. 标注和符号说明

对图纸进行详细的标注和符号说明，确保施工人员能够理解和执行设计意图，包括尺寸标注、材料说明、施工方法等。

6. 数量清单

列出各种景观元素所需的材料和数量清单，包括植物、石材、灯具等。这有助于采购和完成施工计划。

7. 审查和修改

进行内部审查，确保图纸的准确性和一致性。根据审查反馈进行修改，确保施工图符合设计标准。

8. 项目文件管理

对绘制的总平面图进行编号、归档和管理。确保所有版本的图纸都得到妥善保存和管理。

绘制总平面图是一个需要细致入微、专业技能和经验的过程。在整个流程中，与相关利益方（如业主、设计团队、施工团队等）的沟通和协作是非常重要的，以确保最终的施工图能够满足各方面需求。

注意要点

一、绘制总平面图的基本要求

环境景观工程施工总平面图，由景观设计师负责绘制，是地形测绘图、建筑设计总平面图、景观设计（硬景）总平面图、种植设计（软景）总平面图等内容的集合。总平面图一般附有比例尺、指北针或风玫瑰、技术经济指标、各种图谱和表格等。当总平面图的内容较多或图面复杂难辨时，可以对其场地进行进一步分区和分级制图。

1. 比例和尺度

选择合适的比例和尺度，以确保图纸既清晰明了又包含足够的细节。标注尺度信息，使施工人员能够准确测量和理解图纸。绘图比例一般为（1∶500）～（1∶3000）。

2. 图层分明

利用图层功能将不同类型的元素分开，如建筑、植物、水体等（图2-1-1）。这有助于提高图纸的清晰度和可读性。

图2-1-1　图层命名示意

3. 道路和路径

确保步行路径和车行道的设计符合规范，并考虑通行的便利性。

4. 水体和水景

标注水体的形状、深度。标明喷泉、瀑布等水景元素的位置。

5. 建筑物和结构

包括建筑物、庇护所、平台等结构的详细信息。

6. 边界和园区标识

标注项目的边界线和园区的主要入口。使用明显的符号或文字标识园区的名称和重要信息。

7. 指北针

标注图纸的指北针（图2-1-2），以确保所有相关方都能正确理解和使用图纸。

8. 图纸编号和日期

给图纸添加编号和日期，确保使用最新版本。在图纸上注明更新历史，以追踪设计的演变。

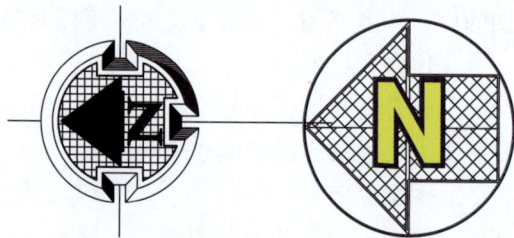

图2-1-2 指北针图例示意

9. 植物

明确植物的种植位置，包括乔木、灌木和花卉。一般情况下，乔木、灌木、地被施工图单独成图，全部完成后作为绿化施工图编入整套施工图中。在总平面图中多以单纯的植物图例形态出现，而不体现具体植物名称、种植线等细节。

以上要点是在绘制总平面图时需要特别注意的方面，细致入微的设计和清晰的标注有助于确保项目的顺利实施。

二、制图规范与标准图集

1. 制图规范

①《房屋建筑制图统一标准》（GB/T 50001—2017）；

②《总图制图标准》（GB/T 50103—2010）；

③《建筑制图标准》（GB/T 50104—2010）；

④《城市规划制图标准》（GJJ/T 97—2003）；

⑤《风景园林制图标准》（CJJ/T 67—2015）；

⑥《民用建筑设计统一标准》（GB 50352—2019）；

⑦《建筑地面设计规范》（GB 50037—2013）；

⑧《住宅设计规范》（GB 50096—2011）；

⑨《无障碍设计规范》（GB 50763—2012）；

⑩《城市居住区规划设计标准》（GB 50180—2018）；

⑪《城市道路工程设计规范》（CJJ 37—2020）；

⑫《城市道路交通规划设计规范》（GB 50220—95）；

⑬《公园设计规范》（GB 51192—2016）；

⑭《城乡建设用地竖向规划规范》（CJJ 83—2016）；

⑮《风景名胜区总体规划标准》（GB/T 50298—2018）；

⑯《城市道路绿化设计标准》（CJJ 75—2023）；

⑰《城市绿地分类标准》（CJJ/T 85—2017）。

2. 标准图集

目前，由中国建筑标准设计研究院组织编制的有关环境景观设计的标准设计图集有：

①《环境景观室外工程细部构造》（15J012-1）；

②《环境景观绿化种植设计》（03J012-2）；

③《环境景观亭廊架之一》（04J012-3）；

④《环境景观滨水工程》（10J012-4）；

⑤《建筑场地园林景观设计深度及图样》（06SJ805）。

3.幅面、图线与比例

根据《总图制图标准》（GB/T 50103—2010）和《房屋建筑制图统一标准》（GB/T 50001—2017），进行环境景观施工图设计时应符合的制图规范如下。

（1）幅面

图纸幅面指的是图纸宽度与长度组成的图面。图纸幅面及图框尺寸应符合表2-1-1的规定。表中b为幅面短边尺寸，l为幅面长边尺寸，c为图框线与幅面线间宽度，a为图框线与装订边间宽度。

表2-1-1　幅面及图框尺寸　　　　　　　　　　　　　　　　单位：mm

尺寸代号 ＼ 幅面代号	A0	A1	A2	A3	A4
$b\times l$	841×1189	594×841	420×594	297×420	210×297
c	10			5	
a	25				

图纸的短边尺寸不应加长，A0～A3幅面长边尺寸可加长，但应符合表2-1-2的规定。有特殊需要的图纸，可采用$b\times l$为841mm×891mm与1189mm×1261mm的幅面。

表2-1-2　图纸长边加长尺寸　　　　　　　　　　　　　　　单位：mm

幅面代号	长边尺寸	长边加长后的尺寸
A0	1189	1486（A0+1/4l）、1783（A0+1/2l）、2080（A0+3/4l）、2378（A0+l）
A1	841	1051（A1+1/4l）、1261（A1+1/2l）、1471（A1+3/4l）、1682（A1+l）、1892（A1+5/4l）、2102（A1+3/2l）
A2	594	743（A2+1/4l）、891（A2+1/2l）、1041（A2+3/4l）、1189（A2+l）、1338（A2+5/4l）、1486（A2+3/2l）、1635（A2+7/4l）、1783（A2+2l）、1932（A2+9/4l）、2080（A2+5/2l）
A3	420	630（A3+1/2l）、841（A3+l）、1051（A3+3/2l）、1261（A3+2l）、1471（A3+5/2l）、1682（A3+3l）、1892（A3+7/2l）

图纸以短边作为垂直边应为横式，以短边作为水平边应为立式。A0～A3图纸宜横式使用；必要时，也可立式使用。一个工程设计中，每个专业所使用的图纸，不宜多于两种幅面，不含目录及表格所采用的A4幅面。

（2）图线

图线的基本线宽b，宜按照图纸比例及图纸性质从1.4mm、1.0mm、0.7mm、0.5mm线宽系列中选取。每个图样，应根据复杂程度与比例大小，先选定基本线宽b，再选用表2-1-3中相应的线宽组。同一张图纸内，相同比例的各图样应选用相同的线宽组。

表2-1-3　线宽组

单位：mm

线宽比	线宽组			
b	1.4	1.0	0.7	0.5
$0.7b$	1.0	0.7	0.5	0.35
$0.5b$	0.7	0.5	0.35	0.25
$0.25b$	0.35	0.25	0.18	0.13

　　总图制图应根据图纸功能，选用表2-1-4规定的线型，根据各类图纸所表示的不同重点确定使用不同粗细线型。

表2-1-4　图线

名称		线型	线宽	用途
实线	粗	——	b	新建建筑物±0.00高度可见轮廓线 新建铁路、管线
	中	——	$0.7b$ $0.5b$	新建构筑物、道路、桥涵、边坡、围墙、运输设施的可见轮廓线 原有标准轨距铁路
	细	——	$0.25b$	新建建筑物±0.00高度以上的可见建筑物、构筑物轮廓线 原有建筑物、构筑物、原有窄轨、铁路、道路、桥涵、围墙的可见轮廓线 新建人行道、排水沟、坐标线、尺寸线、等高线
虚线	粗	-------	b	新建建筑物、构筑物地下轮廓线
	中	------	$0.5b$	计划预留扩建的建筑物、构筑物、铁路、道路、运输设施、管线、建筑红线及预留用地各线
	细	....	$0.25b$	原有建筑物、构筑物、管线的地下轮廓线
单点长画线	粗	—·—·—	b	露天矿开采界线
	中	—·—·—	$0.5b$	土方填挖区的零点线
	细	—·—·—	$0.25b$	分水线、中心线、对称线、定位轴线
双点长画线	粗	—··—··—	b	用地红线
	中	—··—··—	$0.7b$	地下开采区塌落界线
	细	—··—··—	$0.5b$	建筑红线
折断线		—⋀—	$0.5b$	断线
不规则曲线		～	$0.5b$	新建人工水体轮廓线

（3）比例

　　图样的比例，应为图形与实物相对应的线性尺寸之比。总图制图采用的比例宜符合表2-1-5的规定。一般情况下，一个图样应选用一种比例；根据专业制图需要，同一图样可选用两种比例；特殊情况下也可自选比例，这时除应注出绘图比例外，还应在适当位置绘制出相应的比例尺。

表2-1-5 比例

图名	比例
现状图	1∶500、1∶1000、1∶2000
地理交通位置图	（1∶25000）～（1∶200000）
总体规划、总体布置、区域位置图	1∶2000、1∶5000、1∶10000、1∶25000、1∶50000
总平面图、竖向布置图、管线综合图、土方图、铁路、道路平面图	1∶300、1∶500、1∶1000、1∶2000
场地园林景观总平面图、场地园林景观竖向布置图、种植总平面图	1∶300、1∶500、1∶1000
铁路、道路纵断面图	垂直：1∶100、1∶200、1∶500 水平：1∶1000、1∶2000、1∶5000
铁路、道路横断面图	1∶20、1∶50、1∶100、1∶200
场地断面图	1∶100、1∶200、1∶500、1∶1000
详图	1∶1、1∶2、1∶5、1∶10、1∶20、1∶50、1∶100、1∶200

🧲 知识链接

一、景观施工图设计的原则

1. 遵守设计规范的原则

设计规范是设计的准则，是规范设计行为的准绳。针对不同的项目有不同的规范。例如，对于居住区景观设计，可参照建筑的相应规范，如消防车道、防火间距、栏杆高度以及有关建筑节能的要求；公园项目可参照《公园设计规范》（GB 51192—2016），公园内的建筑也应遵守建筑的相应规范。对于规范中的强制性条文必须严格执行，不能为了外观的造型而忽视规范，否则造成的后果设计师要负全责。因此在做施工图设计之前，设计师必须要有规范意识，熟悉了解国家和地方关于建设与设计的相关规范、标准图集等，这是一个设计师的基本职业素质。

2. 再创作的原则

景观施工图设计不是方案设计的机械转化，在这个过程中有很大的再创作空间。例如，广场铺地设计中材料及图案的设计，方案阶段往往不会涉及这些细节。

3. 为使用者服务的原则

景观设计是一种创造性的行为，其最终目的是为人服务，因此设计时应体现以人为本的理念，突出人性化设计。例如，应考虑不同年龄段、不同性别、不同性格人群的需求，以及不同环境下人们的各种需求。根据人体工程学和环境心理学的原理，设身处地为使用人群量身设计，满足人们的需求，才能真正谈得上是以人为本，以将来潜在的使用者为本。

4. 便于施工和实现设计方案的原则

景观方案设计作品的顺利实施需要施工图的精心设计和施工单位的优良施工工艺。两者缺一不可。

二、计算机（CAD软件）辅助设计要点

运用CAD软件不仅可以提高绘图效率、节省计算机的存储空间，还可以提高图纸设计质量、便于图纸交流。总平面图与各类平面图之间有共同表达的基本内容，也有各自深入细致表达的内容，共同表达的图线部分必须保持一致。因此，巧用CAD软件可以事半功倍。

（一）引用外部参照

CAD外部参照是将其他图纸引用到当前图中的一种方法。当一个含有外部参照的文件被打开时，它会按照记录的路径去搜索外部参照文件。如果外部参照原文件被修改，含外部参照的图形文件会自动更新。在总图设计中，各类平面图中有大量相同的设计内容，将这些相同的内容做成外部参照文件，就能保证所有引用外部参照文件的图纸同步修改与更新，大大提高设计质量和设计效率。

外部参照文件包含的内容及其表达如下。

① 只绘制图线，不要标注文字。

② 设计图线建议按表2-1-6设置图层、线型和颜色。

③ 设计内容按表2-1-6的要求绘制，只是不标注任何文字。

④ 如果在位编辑外部参照图，其源文件也被修改。

表2-1-6　外部参照对应的图层和设计内容

图层名	颜色	线型	打印线宽/mm	图纸内容
0边界线	红	粗点画线	灰度打印	将所有边界线放入该层，锁定图层
0建筑	灰（9号）	细实线	0.1	将建筑一层平面图精减为园林景观总平面图设计需要的部分，将其一同放入该图层，设置好图层参数
0坐标网	灰（9号）	细实线	0.1	将城市坐标网放入该图层，设置好图层参数，然后锁定图层
1粗线	青（4号）	粗实线	0.3	突出地面实物的外轮廓线、园林建筑屋面轮廓投影线
1中线	紫（6号）	中粗实线	0.15	突出地面实物的内轮廓线、大部分边线
1细线	深蓝（5号）	细实线	0.1	铺装分隔线

续表

图层名	颜色	线型	打印线宽 /mm	图纸内容
2 网格线	红（1 号）	细虚线	0.1	施工坐标网格线及数值
2 等高线	深蓝（5 号）	细实线	0.1	设计等高线、等高线数值
2 道路中心线	红（1 号）	点画线	0.1	设计道路中心线、园林建筑定位轴线

（二）模型空间与布局空间设置

1. 模型空间与布局空间简介

一般而言，在实际工作中，施工图纸都是在模型空间绘制完成的（图 2-1-3），绘制的时候按照实际尺寸进行 1∶1 绘制。而到了打印输出准备阶段，可以使用布局空间进行布图（排版和比例设置），也可以在 CAD 模型空间中布图，虽然没有硬性规定，但是一般多在布局空间布图。

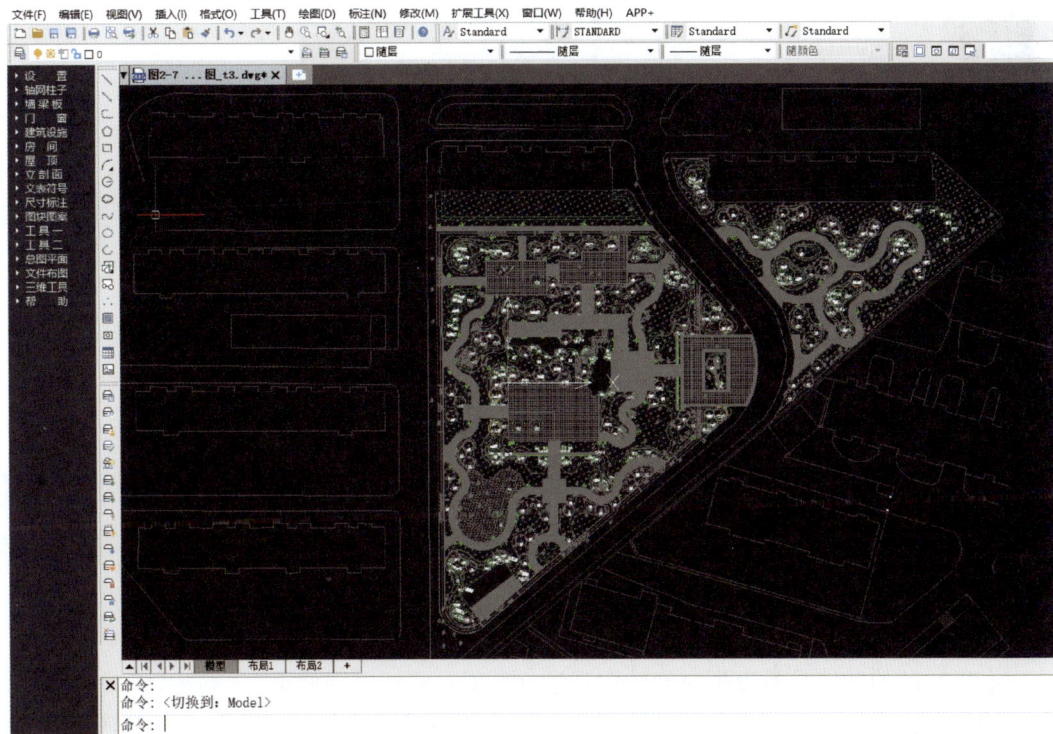

图 2-1-3 模型空间界面

（1）在 CAD 模型空间中布图

在处理总图等较大图纸时，可在 CAD 模型空间内直接进行布图。具体操作步骤如下：首先，在 CAD 模型空间中按照 1∶1 的比例完成图形绘制；然后，选择所需图纸尺寸（如 A1、A2 等），并根据图形与图纸尺寸的相对关系确定出图比例为 1∶*n*；再绘制符合标准尺寸的图纸图框（例如A2尺寸的图框为594n×420n）；最后，将图形置于图框内。

在打印图纸时，需以窗口形式设置"打印范围"，选择图纸图框，并设定打印比例为1∶n；随后，按照设定的比例进行打印。

（2）在CAD布局空间中布图

首先在CAD模型空间中，以1∶1的比例完成图形的绘制；然后选择合适的图纸尺寸（如A4等），并根据图形与图纸尺寸的相对关系确定出图比例为1∶n；接着通过夹点编辑方式适度调整"视口"尺寸，绘制或插入适当的图框，并插入标题等元素；最后在视口内采用ZOOM命令（输入比例因子为1/nXP）或对象特性命令设定出图比例为1∶n。在打印图纸时，将打印比例设为1∶1，随后进行打印操作（图2-1-4）。

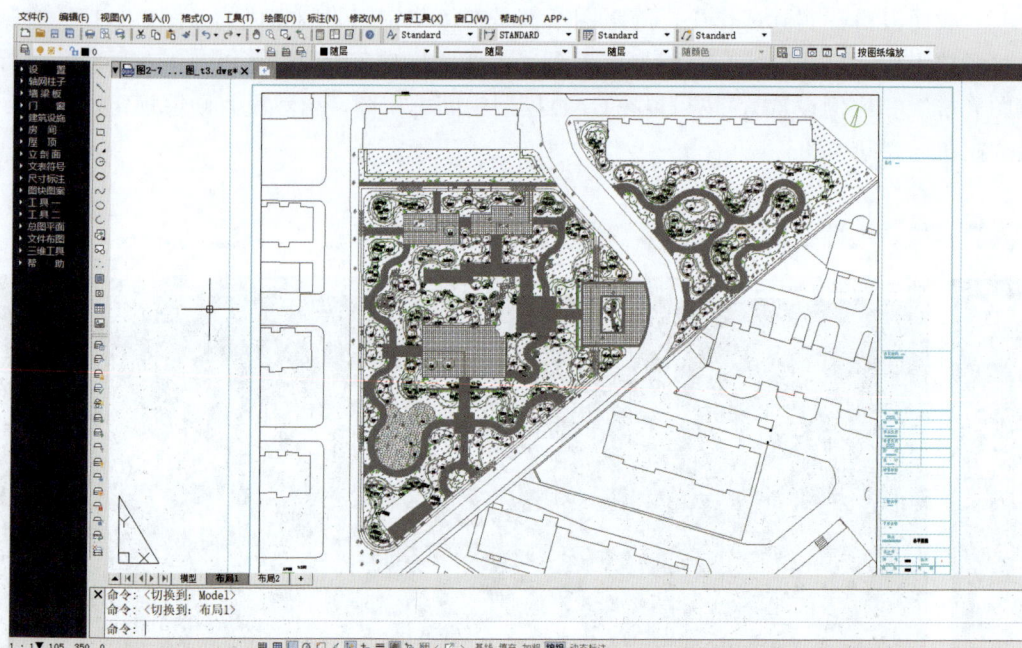

图2-1-4　布局空间界面

（3）模型空间与布局空间比较

同一个图形文件，在模型空间是按实际尺寸进行绘制的，绘制图形时不必考虑图形位置、比例等问题。

布局空间的功能是对模型空间的图形进行排版，方便出图使用。

相比较而言，在布局空间中进行比例设置和排版更为方便快捷，因此建议绘图人员尽量在布局空间布图。

2. 布局空间设置方法

在CAD软件中，预设了两个布局。点击布局后，首先会弹出一个页面设置窗口，用于配置所需的打印机和纸张。默认的纸张尺寸较小，可根据实际输出图纸的需求进行调整，并将打印比例设为1∶1。确认设置后，布局区域即呈现刚刚设定好的图纸尺寸。此外，用户还可将鼠标放在布局图标上，右键单击，并在"页面设置"中完成相同配置。

　　"视口"的创建就要在这张设置的页面上完成。值得注意的是，如果不进行"页面设置"，那么其自动生成的页面背景往往尺寸很小。当然，即使是在布局空间中的灰色背景下布图也不会影响最后的打印效果，只要输入的图框和比例正确就可以完成布局空间的布图工作。其方法是在模型空间中，在标题的"工具"栏下选择"选项"，弹出如图2-1-5所示的选项对话框。

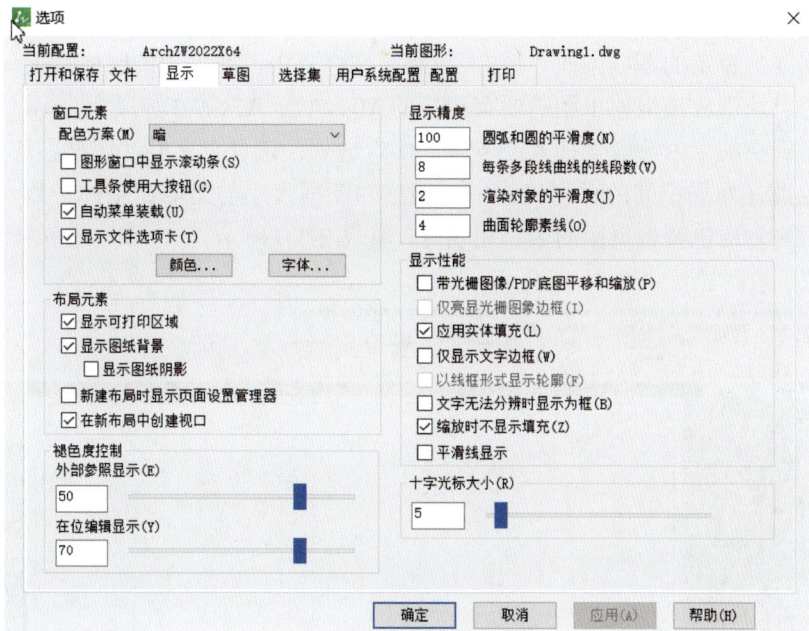

图2-1-5　选项对话框

　　单击"颜色"按钮，在布局项的颜色中选择"黑色"，如图2-1-6所示。在布局元素中勾选"显示图纸背景"选项，即会得到理想的效果。

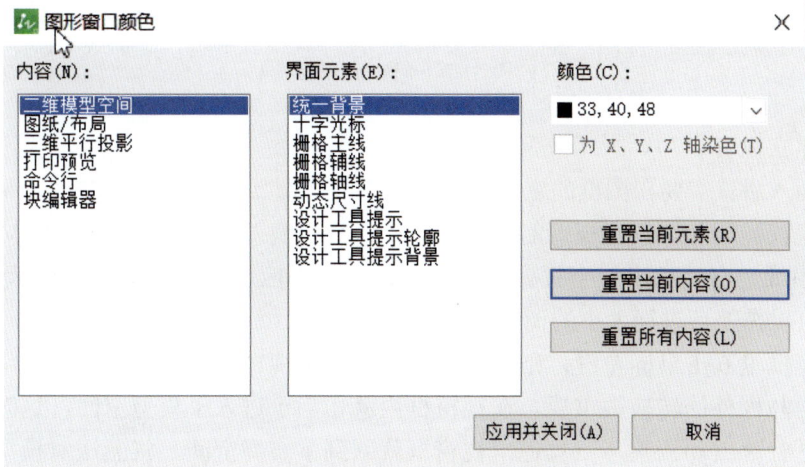

图2-1-6　图形窗口颜色弹出框

下面就要在设置好环境的"布局空间"中布置图纸。

布局空间按照1:1的比例显示，所以在布局空间套图框也应该按实际尺寸来布置。

（1）调入图框

图框是图示内容的版面样式，各景观设计公司根据自身出图特点设计相应版面，形式各异，但基本内容大体相同，包括工程名称、建设单位、工程编号、图名图号、绘制时间、比例尺以及专业阶段等。签批栏中列有审核、校对、制图、设计总负责以及专业负责等人员。

通常需要把特定的图框做成"块"，放到某文件夹中，在使用的时候直接调用即可。

做好的"块"应该根据出图需要有相应的A0、A1、A2、A3等尺寸。

在"布局空间"内选取"插入"下的"块"选项，选择定义好的图框图块。

由于先前在布局空间的页面设置中所调整的图框大小与当前调用的一致，因此，图框在嵌入后应与白色背景页面的大小相吻合，如图2-1-7所示。

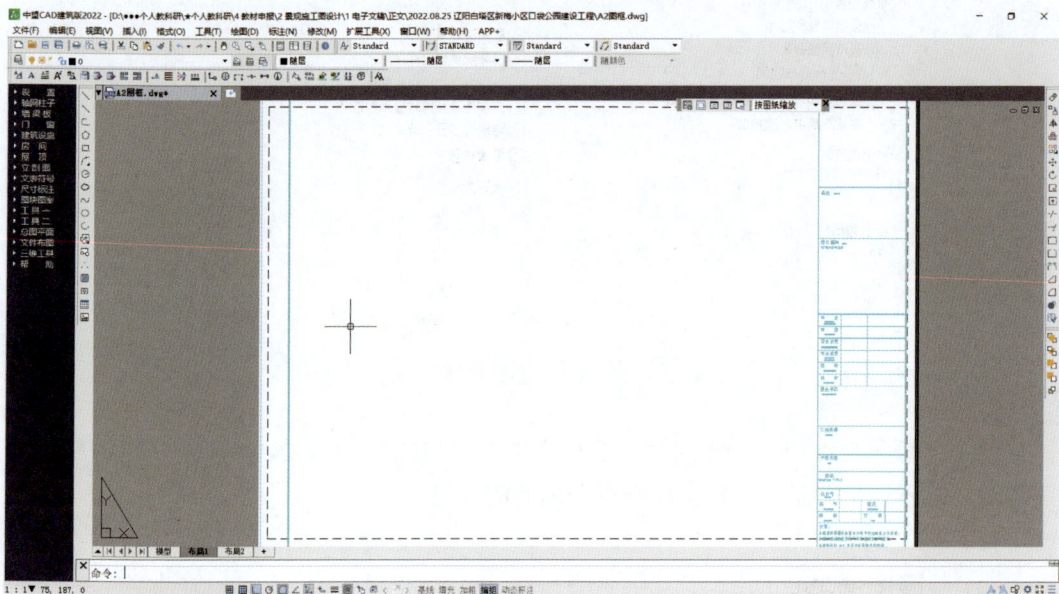

图2-1-7 布局空间图框

（2）建立视口

图框插入后就需要在图框的空白区域新建"视口"。这里注意：如果"布局"有默认的视口，建议先删除。新建视口的方法为：在命令栏输入MVIEW（快捷键MV），然后回车，在图纸空白处拉出一个视窗框，视窗框的大小应该符合该图正确显示后的大小。当然，也可以在随后进行大小的调整。

在视窗框里双击鼠标左键，则进入视口，而双击视窗框外面则退出视口状态。注意在视窗框内与框外的转换很重要。在视窗框内就相当于进入了模型空间，这时就可以对图纸内容进行修改和调整，一旦退出视窗框就回到了布局空间，将无法对模型空间中的图形进行修改。视窗框内与视窗框外的转换快捷键分别为"MS"和"PS"。

　　在刚才建立的视口范围内双击，进入视窗框内，然后在命令栏输入"Z"回车，继续输入"S"即比例，再按照需要设置合适的比例。比如该图要设置1：50的比例，则在命令栏里输入"1/50XP"，回车。那么视口的比例就是1：50。如果需要修改的话，可回到模型空间编辑修改。

　　（3）布图

　　进入视口中，通过操作鼠标滚轮，会发现比例不断发生变化。此时，可根据前期步骤，输入所需绘图比例"1/50XP"，并按下回车键，使视口中的图像切换至该比例。此后，点击视口外部或锁定视口，比例均不会发生变化。设置好的视口具备移动功能，当视口移动时，其中的图形会相应跟随，但其相对位置和比例保持不变。建议将视口置于"Defpoints"图层，因为这是CAD默认在打印时不会显示的图层。当然，也可选择专门的图层存放视口，并在最后关闭该图层。

　　（4）锁定

　　按照以上步骤确定好布局空间的出图比例和位置后，就要对视口进行锁定。这样才能保证不会在无意中进入视口，影响比例的显示。第一种方法是：选择视口窗，然后单击右键，锁定即可，如图2-1-8所示。

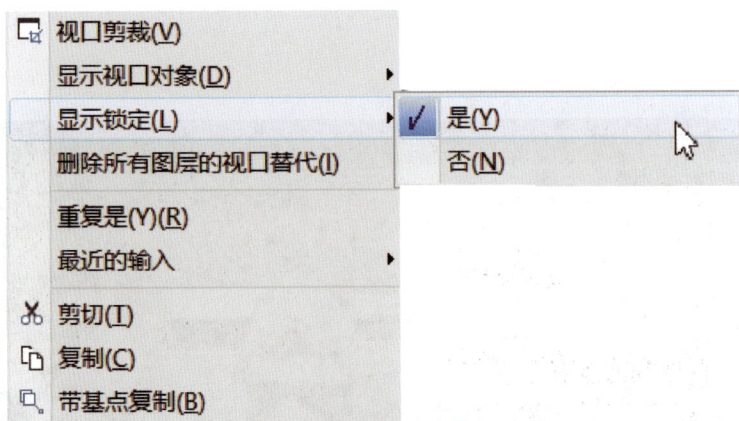

图2-1-8　显示锁定下拉列表

　　第二种方法是：在命令栏中输入"MV"后回车，输入"L"即锁定命令，输入"ON"回车后选择要锁定的视窗口，此时的视窗口已经被锁定，如图2-1-9所示。

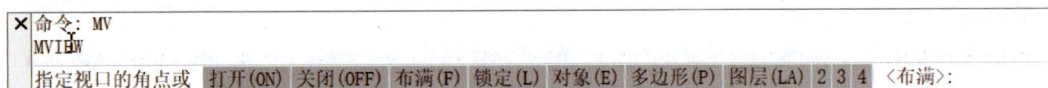

图2-1-9　视口锁定命令栏

　　运用以上方法，就可以在一个布局空间中建立若干个视口，在同一张图上放置各种不同比例的图形，这在进行详图布图的时候非常重要。因为详图的布图往往是集中在一张图纸上又以各自不同的比例显示的。

📖 **拓展阅读**

一家样式雷，半部古建史

在现代建筑景观设计的实践中，图纸、模型、精确的计算以及室内装修等专业化环节一应俱全。然而在中国古代，匠人们也同样通过图样、烫样、工程日记等手段，展现了高度的专业性。这些技艺精湛的工匠们世代传承，缔造了许多建筑世家，如"样式雷"家族。他们留下了大量关于北京古代建筑的设计图纸和烫样，使人们能够深入了解那些著名建筑的建造过程，探究古代建筑构造的细节，并掌握古建筑施工的完整过程。

样式雷图档内容丰富，包括选址勘测图、地盘图、建筑糙样、建筑准底样、现做活计图、已做活计图、平面图、剖面图、立面图、装修图，以及做法说贴、随工日记、旨意档和司谕档等。

样式雷家族八代所留下的珍品，在一定程度上弥补了我国古代建筑史的空白。尽管自汉朝起，我国便已具备专业建筑技术，但流传下来的详细图纸样式却极为罕见。样式雷图档在我国乃至世界建筑史上引发了广泛关注。借助详细的图纸和模型，人们得以深入研究古代建筑的建造过程，并在此基础上进行复原和修缮。这些图档不仅展现了我国古代建筑构造的高度成就，还记录了清代建筑工程从设计到施工的完整过程（图2-1-10）。

图2-1-10 样式雷烫样（节选）

📖 **实践案例** ···

图2-1-11是××景观项目施工图中的总平面图。

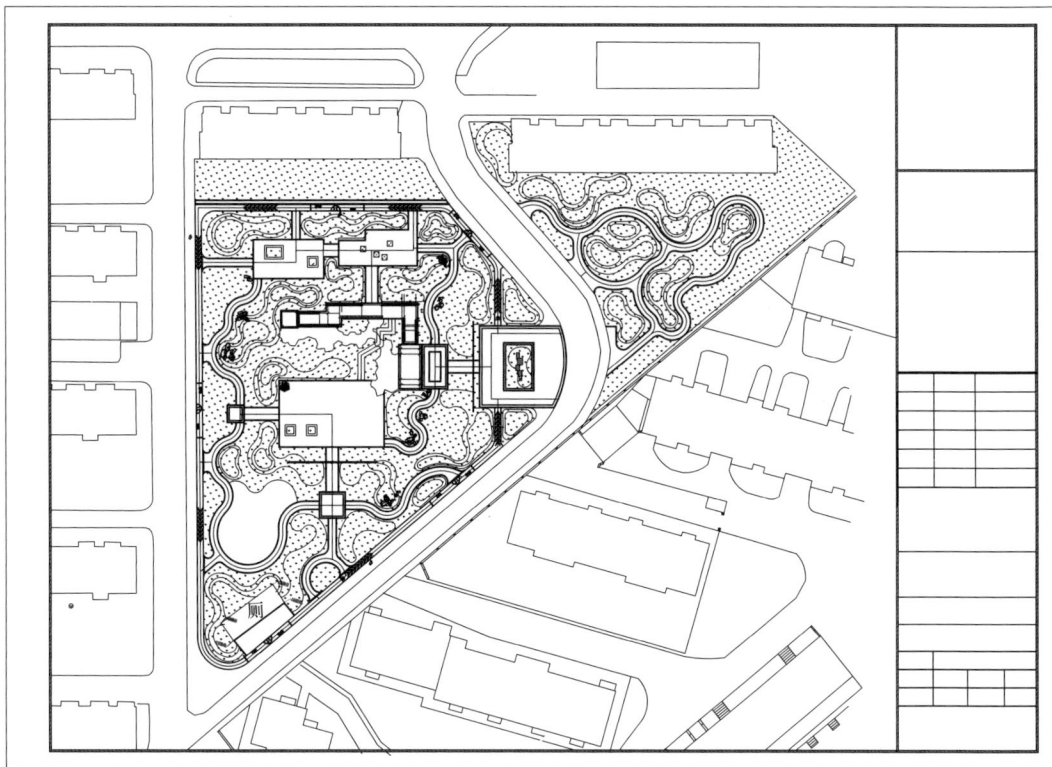

图2-1-11 总平面图

课后练习

1. 简答题

① 请简述总平面图的主要内容及其作用。

② 在绘制总平面图时，应注意的基本原则是什么？

2. 填空题

在总平面图中，消火栓的间距应不大于（　　　）m。

3. 判断题

① 总平面图应标明施工现场内的各种临时设施和机械设备的准确位置。（　　　）

② 总平面图的设计不需要考虑地质条件和水文条件。（　　　）

任务二

分区平面图及索引图

知识目标

① 熟悉分区平面图及索引图绘制流程。
② 熟悉分区平面图及索引图绘制要点。
③ 明确分区平面图及索引图设计深度。

能力目标

① 能够根据案例项目完成基础资料的收集整理工作。
② 能够准确划分分区平面图。
③ 能够按照相关规范、标准完成分区平面图及索引图的绘制。

任务引入

××公园施工项目，总平面图绘制完毕。由于项目面积较大，在一张A2图纸内不能完全展现该公园全貌，因此需要进行分区平面图绘制，同时需要绘制索引图。

任务分析

一、分区平面图

当设计的景观工程项目规模较大且较为复杂，在总平面图中无法准确或全面地表达设计意图和建造要求时，可对场地进行分区，再分别放大绘制，即绘制分区平面图。分区平面图仍需要包含尺寸、标高、材料、索引等，以详细反映某个局部区域的设计要求。分区平面图也是施工放线和编制施工组织设计的依据。

二、索引图

索引图主要用于标注各种大样（局部大样、构造大样）的索引，例如小建筑大样、地面铺装节点大样，以及户外家具构造做法、花池构造做法、树坑构造做法、水池构造做法、道路构造做法等内容的大样索引。

索引图的主要特点如下。

① 组织结构清晰：索引图能够展示施工图纸之间的关系和组织结构，使施工人员对整个项目的架构有清晰的了解。

② 查找方便：索引图上的图纸标识可以根据各种分类标准（如图纸编号、部件名称或项目名称）进行快速查找，大大提高了施工效率。

③ 信息详尽：索引图不仅可以展示图纸的位置和编号，还可以包含与每个图纸相关的详细信息，如图纸名称、日期、设计师、版本等。这些信息有助于施工人员更全面地了解图纸内容。

④ 促进项目协作：索引图可以作为项目团队之间的协作工具，通过共享索引图，每个成员都可以了解整个项目的图纸结构和相关细节，有助于避免重复工作和减少错误。

🏔 任务实施

一、分区图绘制基本步骤

① 选择适当的比例尺：根据施工图纸的详细程度和尺寸，选择合适的比例尺。

② 绘制分区边界：分区边界应清晰、准确，以便于后续的施工和管理。

③ 标注分区编号：在每个分区内标注分区编号，以便于快速识别和定位。

④ 添加必要的说明：在分区图上添加必要的文字说明，如分区的功能、尺寸、施工要求等。

二、索引图绘制步骤

1.确定索引图的目的和内容

① 明确索引图需要展示的信息类型，如部件编号、图纸编号、说明文字等。

② 确定索引图的覆盖范围，是整张图纸的索引还是某个特定区域的索引。

2.绘制索引符号

根据需要展示的信息类型，选择或设计合适的索引符号。例如，可以使用圆圈加数字的方式来表示部件编号。使用绘图工具在图纸上绘制索引符号，并确保其清晰、易读。

3.标注索引信息

在索引符号旁边或下方，用文字或数字标注相应的索引信息。例如，可以在圆圈内标注部件编号，在圆圈下方标注该部件所在图纸的编号。确保标注的文字或数字准确无误，且与图纸内容保持一致。

4.整理和优化索引图

检查索引图上的索引符号和信息标注是否完整、清晰。根据需要调整索引符号的大小、位置或样式，以确保索引图的整体美观和易读性。对于电子版索引图，可以利用绘图软件的图层管理、块定义等功能进行整理和优化。

三、注意要点

① 项目信息：在索引图的顶部或首要位置，写明项目的基本信息，如项目名称、地址、设计日期等，以便快速识别和定位。

② 图纸编号：为每个施工图纸分配一个唯一的图纸编号，并在索引图中列出这些编号。可以按照一定的逻辑或工作流程排序。

③ 图纸名称和描述：为每张图纸提供简短而清晰的名称和描述，以便读者能够快速

理解图纸的内容和目的。

④ 图纸类型：标明每张图纸的类型，以便读者能够迅速找到所需的信息。

⑤ 比例尺和尺寸：对于需要尺寸的图纸，标明比例尺和具体的尺寸，确保在查看索引图时就能够了解图纸的相对大小。

⑥ 图纸的相互关系：使用连接线或其他符号表示不同图纸之间的关联，例如哪些图纸是基础图，哪些是详细设计图等。这有助于施工人员理解图纸之间的逻辑关系。

⑦ 注释和符号说明：在索引图的一侧或底部添加注释，解释使用的符号、颜色和其他图形元素，以确保读者能够正确理解图纸上的信息。

⑧ 施工阶段标识：如果项目分为不同的施工阶段，可以在索引图上标明每张图纸所属的阶段，以便施工团队按阶段查找和使用图纸。

⑨ 清晰的排版：合理安排图纸的位置，使得整个索引图布局清晰，避免拥挤和混乱。可以按照施工顺序、专业分类等来进行排列。

⑩ 版本信息：在索引图上标注图纸的版本信息，确保读者使用的是最新版本的图纸，以避免可能的错误或混淆。

⑪ 与其他文档的关系：如果有其他相关文档（如规范、标准、说明书等），在索引图上指明其存在并标注相应的信息。

⑫ 审查和反馈：在绘制完成后，进行内部审查并征求相关人员的反馈，确保索引图准确、清晰，并满足各方的需求。

知识链接

一、分级绘图

施工图表明设计意图和施工要求，应体现出由宏观到微观，由全局到每个细节的设计。具体方法是分级放大图纸，采用的绘图比例可由1∶1000至1∶1。

1. 绘图比例

对于常用施工图的绘图比例，《风景园林制图标准》（CJJ/T 67—2015）中给出了具体规定，也体现了施工图分级绘图的特点。

2. 分级图之间的关系

以景观工程中的一个小桥的施工图为例，其表达方法是由宏观层面的总平面图（有小桥的粗略位置）直到微观层面的一个预埋铁件的绘制，经过四次逐级放大，最终完成其全部的施工图设计表达，并使小桥成为这个景观工程施工图体系的组成部分之一。

二、索引符号

图样中的某一局部或构件，如需另见详图，应以索引符号索引，如图2-2-1（a）所示。索引符号应由直径为8～10mm的圆和水平直径组成，圆及水平直径线宽宜为$0.25b$。

索引符号编写应符合下列规定。

①如果索引出的详图与被索引的详图同在一张图纸内，应在索引符号的上半圆中用阿拉伯数字注明该详图的编号，并在下半圆中间画一段水平细实线，如图2-2-1（b）所示。

②如果索引出的详图与被索引的详图不在同一张图纸中，应在索引符号的上半圆中用阿拉伯数字注明该详图的编号，在索引符号的下半圆用阿拉伯数字注明该详图所在图纸的编号，如图2-2-1（c）所示。数字较多时，可加文字标注。

③当索引出的详图采用标准图时，应在索引符号水平直径的延长线上加注该标准图集的编号，如图2-2-1（d）所示。需要标注比例时，应在文字的索引符号右侧或延长线下方，与符号下对齐。

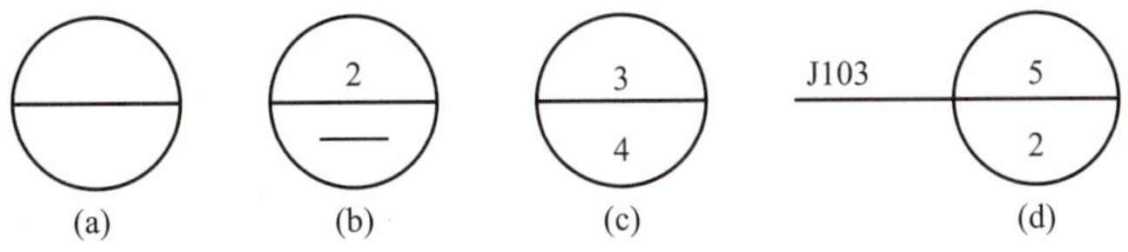

图2-2-1　索引符号

三、引出线

①引出线线宽应为$0.25b$。宜采用水平方向的直线，或与水平方向成30°、45°、60°、90°的直线，并经上述角度再折成水平线。文字说明宜注写在水平线的上方，如图2-2-2（a）所示；也可注写在水平线的端部，如图2-2-2（b）所示。索引详图的引出线，应与水平直径线相连接，如图2-2-2（c）所示。

②同时引出的几个相同部分的引出线，宜互相平行，如图2-2-2（d）所示；也可画成集中于一点的放射线，如图2-2-2（e）所示。

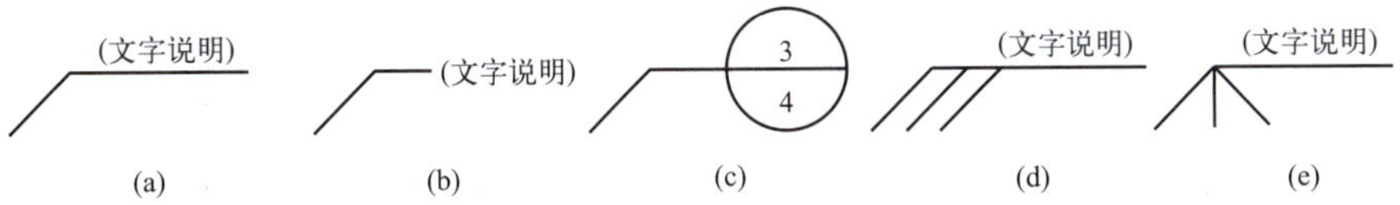

图2-2-2　引出线

📖 **拓展阅读**

中国"十七世纪的百科全书"——《营造法式》

《营造法式》作为中国首部详尽阐述建筑工程实践的官方文献，对于古建研究、唐宋建筑演变，以及宋元时期的建筑形制、工程装饰技法和施工组织管理等方面进行了详细记载。书中包含诸多制图专业术语，如样（施工图样本）、正样、杂样（建筑构件详图）、侧样（主要为建筑立面图）等。这些严谨的制图术语对现今所采用的术语体系也产生了一定程度的影响。在《营造法式》中，正视图即正样，侧视图即侧样，平行投影常用于绘制"地盘分槽图"，中心投影（含透视法）则用于表现细部大样。各类投影方式的组合为绘制复杂形状物体提供了便利。相较于西方透视图绘制方法，这种多元投影绘图法更显全面和整体。此外，我国古代绘画大家在古建筑木构绘制领域取得了卓越成果，这与他们和工匠间的紧密交流不无关系。画家们汲取并优化了工匠的绘画技艺，实现了艺术与技术的完美结合（图2-2-3）。

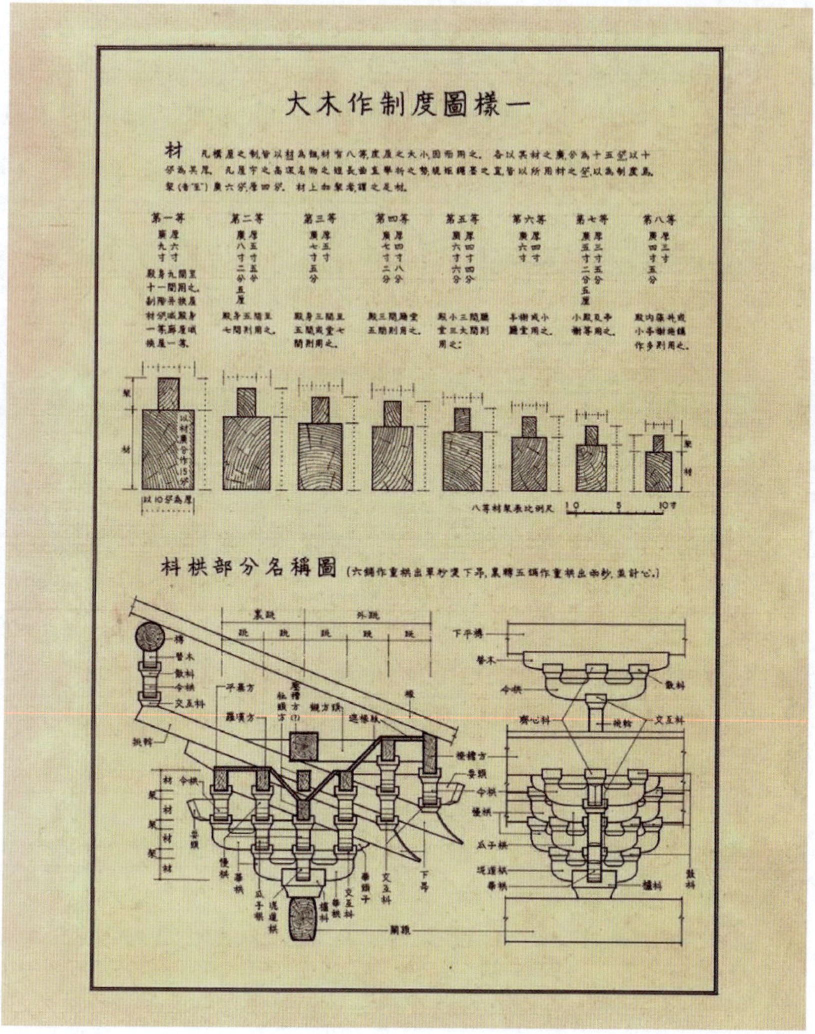

图2-2-3　梁思成手绘营造法式注释图

课后练习

1. 填空题

① 在绘制分区平面图时，应明确标出各分区的（　　　）、（　　　）和（　　　）等信息。

② 索引图中，索引符号通常包括（　　　）、（　　　）和（　　　）三部分。

2. 选择题

① 在分区平面图中，用于表示各分区面积大小的单位通常是（　　　）。

A. 平方米　　　　B. 平方毫米　　C. 平方厘米　　　D. 公顷

② 索引图中，索引符号的圆圈直径通常为（　　　）。

A. 6mm　　　　　B. 8mm　　　　C. 10mm　　　　D. 12mm

3. 简答题

请简述分区平面图在环境景观工程施工图设计中的作用。

任务三

景观放线定位图

知识目标

① 熟悉景观放线定位图绘制流程。

② 熟悉景观放线定位图绘制内容和要点。

③ 明确景观放线定位图设计深度。

能力目标

① 能够根据案例项目完成基础资料的收集整理工作。

② 能够准确确定景观放线定位图的起始点，并设计好网格间距。

③ 能够按照相关规范、标准完成景观放线定位图的绘制。

任务引入

××公园施工项目，进入景观定位放线图绘制阶段。要求绘制方格网定位图。

任务分析

根据该公园面积，在图纸上方格网尺寸控制在2m×2m较为合理。为了便于施工，网格起始点应放在邻近已有建筑物的明确已知点上。

任务实施

1. 收集资料与分析

获取并研究项目的设计方案，包括概念设计图、平面图、剖面图、细部设计图等。确认场地实际情况，包括地形、现有植被、地下设施等，必要时可进行现场勘测。

2. 确定图纸基础结构

在施工图中明确表达基础平面布局，包括土地边界、建筑物位置、道路、水体等。确定图纸比例，根据项目大小和详细程度选择。实际项目中一般与施工总平面图比例保持一致。

3. 标注控制点与基准线

在图纸上标注出用于定位的控制点和基准线，这些是后续放线和定位的重要依据。控制点可以是现有建筑的角点、特定的地形标志或专门设置的测量点。明确控制点后可以绘制方格网对景观内容进行定位。一般根据项目面积设定方格网单元大小。

4. 详细定位景观元素

详细标注各种景观元素的位置，包括植物群落、单体树木、灯具、景观、建筑小品等。对于植物，需单独绘制绿化施工图，表明位置等信息。

注意要点

一、放线定位图的比例

放线定位图主要表达新建部分景观在场地中的位置和尺寸，如对项目中的道路、水体、景观小品等主要控制点的角度、尺寸及方位的定位，用以项目施工时的放线和打桩等用途。放线定位图的常用比例为（1∶300）～（1∶500）。

二、定位方式

放线定位图中一般有三种定位方式：尺寸定位、坐标定位、网格（放线）定位。对于比较简单的景观项目，可以将两种或者三种定位方式放在一张图纸中表示；对于特别复杂的景观项目，为了表达清楚景观元素位置，方便施工，可以分别绘制尺寸定位平面图、网格定位平面图和坐标定位平面图；对于比较复杂的景观项目，一般情况下绘制两张放线定位平面图，分别为尺寸定位图和坐标网格定位图。

1. 尺寸定位

尺寸定位主要是标注景观中重要控制点、景观元素与已建建筑物的关系。一般来说，建筑物的施工都是在景观施工之前，所以在绘制景观尺寸定位图时，可利用已建建筑的坐标点来定位。和建筑施工图标注一样，景观尺寸定位图有三道尺寸，第一道是构筑物自身的尺寸，第二道是构筑物之间的尺寸，第三道是总的轮廓尺寸。一般来说，总图的尺寸定位以能够清楚表达大的空间关系为主要目的。能够在详图里标注的尽量不需要在总图表示，这样也是为了图面整洁与布图的条理清晰。尺寸定位图一般包括指北针、绘图比例、文字说明、建筑或构筑物的名称、道路名称等。尺寸标注分为定位标注、定形标注和总体标注。定位标注明确了设计对象在建设用地范围内的位置；定形标注规定了设计对象的尺寸大小；总体标注让设计对象的尺度一目了然。有时候，一个尺寸既是定位尺寸，又是定形尺寸和总体尺寸。设计单元或独立的设计元素均应该标注定位尺寸。一般一个设计单元的角点、圆心、中心线等可作为其定位基准点标注。如广场角点距某建筑（必须是在景观施工前已建成）外墙线的水平垂直距离等都能定位其在场地中的位置。

设计对象定位后再进行定形标注，总图中需要定位、定形标注的内容如下。

① 国家规范中有规定要求的内容，应标示出尺寸距离，如停车场距建筑物的距离，规范要求不小于6m，应在图中明确标出。

② 放线定位图主要标注各设计单元、设计元素的定位尺寸和外轮廓总体尺寸，定形尺寸和细部尺寸在其放大平面图或详图中表达。

③ 没有分区放线定位图，或者分区割裂贯穿全园的道路、溪流、围墙等元素时，则尽量在放线定位总图中进行定位标注和定形标注。

④ 可以作为定位标注的参照点有园路的中心线和起终点、景观建筑和小品的对称中

心、场地的角点和边线等。

⑤ 对于自然式或曲线式设计，可标注其城市坐标值，并结合施工坐标网定位和定形。

⑥ 一般景观园林工程标注尺寸的单位为毫米。

2. 坐标定位

对于无法用相对尺寸定位的景观元素，可以通过坐标法进行定位。可以用"X，Y"表示施工坐标，根据现场施工情况设定坐标轴线，坐标代号宜用"A，B"表示（图2-3-1）。

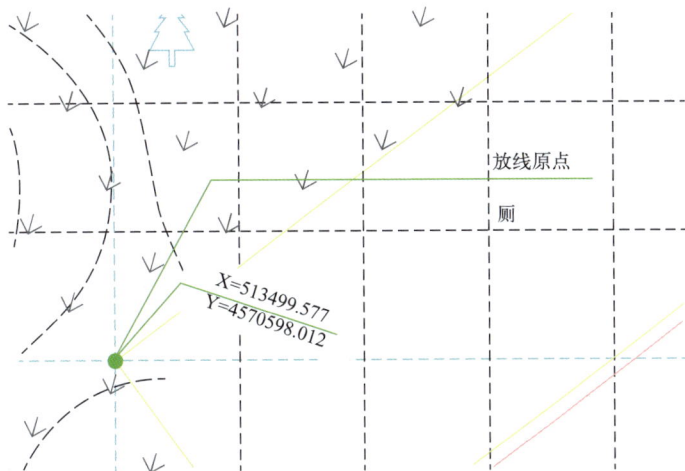

图2-3-1　坐标定位示意图

坐标直接标注在图上，如果坐标数字的位数太多，可将前面相同的数字省略，其省略部分应在附注中加以说明。建筑物、构筑物、道路等应标注下列部位的坐标：建筑物、构筑物的定位轴线（或外墙线）或其交点；圆形建筑物、构筑物的中心；挡土墙墙顶外边缘线或转折点。表示建筑物、构筑物位置的坐标，宜注其三个角的坐标，如果建筑物、构筑物与坐标轴线平行，可标注对角坐标。

当定位平面图上同时有测量和施工两种坐标系统时，应在说明中注明两种坐标系统的换算公式，或标明施工坐标"0，0"点的测量坐标值，以明确施工坐标（0，0）点在测量坐标系中的唯一位置。

3. 网格（放线）定位

除尺寸定位和坐标定位以外，由于景观设计细节较多，建筑小品、铺地形式及设计水体不规则形状较多，放线较为复杂困难，因此还需辅助网格（放线）定位。景观设计单元的定位更多地使用项目专用的施工坐标网，可以与指北针平行，也可以不平行，以方便放线定位为准。施工坐标网以工程范围内的某一确定点为（0，0）点，如建筑物的某个角点或明确其城市测量坐标的某个特殊点，每个项目施工坐标方格网只适用于该项目。网格以（0，0）点为准进行横向和纵向的偏移，一般横、纵向网格分别用大写英文字母A、B表示，网格以细实线绘制。根据实际项目的大小调整网格的密度，可绘制100m×100m、50m×50m、10m×10m、5m×5m、2m×2m等大小的施工坐标网格。

网格定位通常主要用于对以下方面进行定位：广场控制点坐标及广场尺度；小品控制点坐标及小品的控制尺寸；水景的控制点坐标及控制尺寸。对于无法用尺寸标注准确定位的自由曲线园路、广场等，应做该部分的局部网格（放线）详图，但须有控制点坐标。通常可将坐标定位和网格（放线）定位绘制在同一张图纸上，注意采用相同的坐标系统。网格（放线）定位图是景观施工的主要依据，其作用是精确定位设计内容在场地中的位置。

知识链接

1. 坐标标注一般规定

① 总图应按上北下南方向绘制。根据场地形状或布局，可向左或右偏转，但不宜超过45°。总图中应绘制指北针或风玫瑰图。

② 坐标网格应以细实线表示。测量坐标网应画成交叉十字线，坐标代号宜用"x、y"表示；建筑坐标网应画成网格通线，自设坐标代号宜用"A、B"表示。坐标值为负数时，应注"−"号；为正数时，"+"号可以省略。

③总平面图上有测量和建筑两种坐标系统时，应在附注中注明两种坐标系统的换算公式。

2. 坐标标注要求

① 表示建筑物、构筑物位置的坐标应根据设计不同阶段的要求标注，当建筑物、构筑物与坐标轴线平行时，可注其对角坐标；与坐标轴线成角度或建筑平面复杂时，宜标注三个以上坐标，坐标宜标注在图纸上。根据工程具体情况，建筑物、构筑物也可用相对尺寸定位。

② 在一张图上，主要建筑物、构筑物用坐标定位时，根据工程具体情况也可用相对尺寸定位。

③ 建筑物、构筑物、铁路、道路、管线等应标注下列部位的坐标或定位尺寸：

a.建筑物、构筑物的外墙轴线交点，圆形建筑物、构筑物的中心；

b.皮带走廊的中线或其交点；

c.铁路道岔的理论中心，铁路、道路的中线或转折点；

d.管线（包括管沟、管架或管桥）的中线交叉点和转折点；

e.挡土墙起始点、转折点，墙顶外侧边缘（结构面）。

拓展阅读

中国古代的测量工具

中国古代的测量工具主要包括以下几种。

① 准：水准器，用于检查是否水平。

② 绳：测量距离、引画直线和定平用的工具，是早期的长度度量和定平工具之一（图2-3-2）。

图2-3-2 古代的测量工具——绳

③规：画圆的工具，用于校正圆形（图2-3-3）。

图2-3-3 御制镀金量角规（清康熙）

④矩：曲尺，用于检查直角，画长方形和正方形（图2-3-4）。

图2-3-4 古代的矩尺

⑤司南：磁石定向工具（图2-3-5）。

图2-3-5　司南

⑥指南车：用于指示方向的工具（图2-3-6）。

图2-3-6　指南车

⑦土圭、日晷：通过太阳影子测量时间和方位的工具（图2-3-7）。

图2-3-7　日晷

⑧圭表、覆矩、牵星板、经纬仪：用于天文测量的工具。

⑨ 刻漏（水钟）：计时工具，利用水滴的速度来显示时间。

⑩ 墨斗：可用作长直线标记，使用时将沾墨后的墨线一端固定，拉出墨线牵直拉紧在需要的位置，再提起中段弹下即可；也可画竖直线，当铅坠使用，确保线条的垂直度。图2-3-8为清代墨斗。

图2-3-8　清代墨斗

⑪ 量杯：用于量取液体的测量工具。

⑫ 测量笔：用于量取物体长度的测量工具。

⑬ 尺：用于测量物体长度的工具，包括不同历史时期的尺子。图2-3-9为清代直尺。

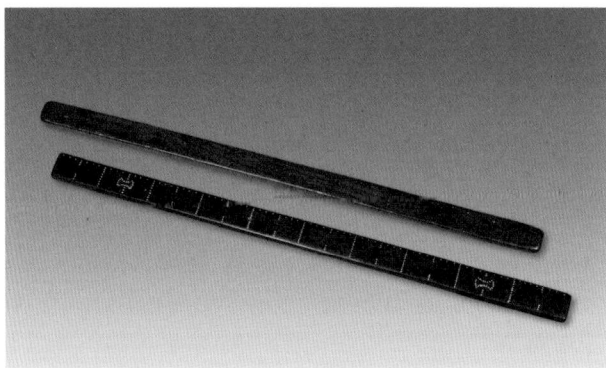

图2-3-9　清代直尺

这些测量工具在中国古代的应用非常广泛，从日常生活到建筑工程都有它们的身影。此外，这些工具也是古代工匠和艺术家在进行设计和创作时的重要工具。

实践案例

图2-3-10是××景观项目施工图纸中的景观放线定位图。

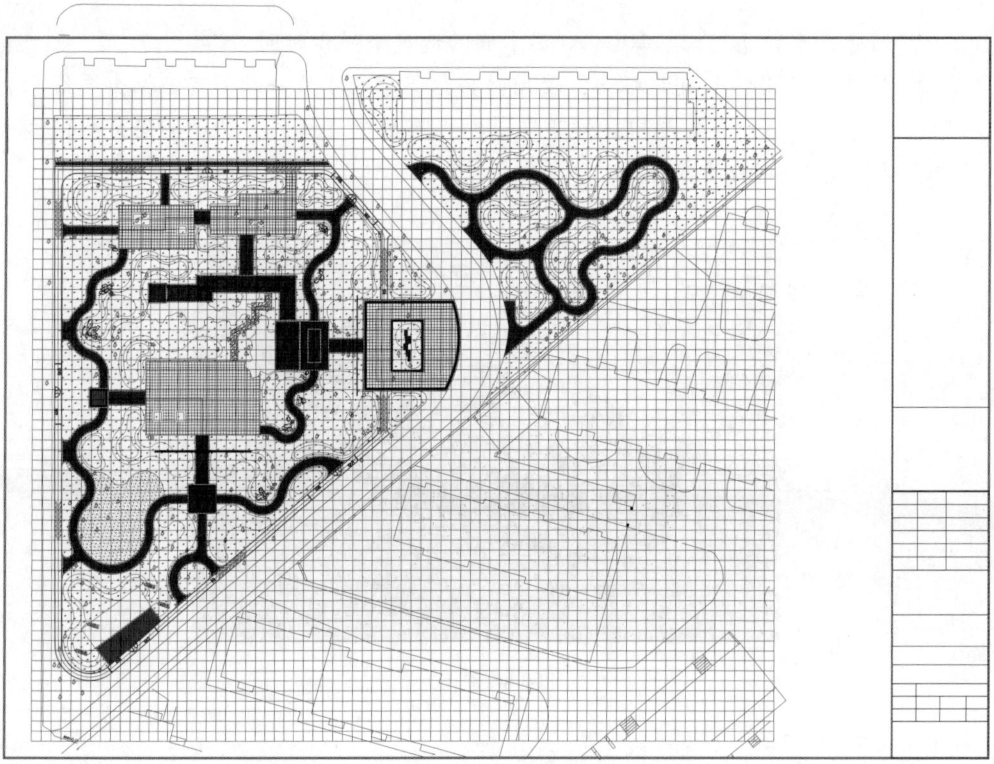

图2-3-10 放线定位图

课后练习

1. 填空题

① 在施工图中明确表达基础平面布局，包括（　　　）、（　　　）、（　　　）、（　　　）等。

② 放线定位图的常用比例为（　　　）。

2. 选择题

① 景观放线定位图中，对于复杂的曲线形状或图案，应该采用哪种放线方法？（　　　）

A. 皮尺测量法　　　　B. 经纬仪放线法　　　　C. 网格放线法　　　　D. 模型放线法

② 在进行景观放线定位前，以下哪项工作不是必需的？（　　　）

A. 详细了解设计意图　　　　　　　　　B. 踏查现场，确定施工放线的总体区域

C. 确定具体的施工时间　　　　　　　　D. 清理场地，排除障碍

3. 简答题

① 在进行景观放线定位时，为什么需要考虑实际场地的地形地貌特征？

② 简述景观放线定位图的作用和重要性。

任务四

竖向设计图

知识目标

① 熟悉竖向设计图绘制流程。
② 熟悉竖向设计图绘制原则、要点。
③ 明确竖向设计图绘制设计深度。

能力目标

① 能够根据案例项目完成基础资料的收集整理工作。
② 能够根据设计图纸分析、逆推出施工图基本框架。
③ 能够按照相关规范、标准完成竖向设计图绘制。

任务引入

××公园施工项目，进入竖向设计图绘制阶段。根据设计图纸，该公园竖向排水未设置明沟排水和暗沟排水，主要通过地上排水和地下管道排水系统进入市政管网。

任务分析

在实际景观项目中，建设用地的自然地形往往不能满足建、构筑物对场地布置的要求，在施工图绘制阶段必须进行场地的竖向设计，将场地地形进行竖直方向的调整，充分利用并改造自然地形，合理选择设计标高，使之满足建设项目的使用功能要求。

任务实施

竖向设计的内容是合理选择、确定建设用地的地面形式和场地排水方案，在满足平面布局要求的同时，确定建设场地各部分的高程关系等，使之适应使用功能要求，达到工程量少、投资省、建设速度快、综合效益佳的效果，并合理地把建筑与自然环境融为一体、美化人们的生活环境。绘制竖向设计图包括以下五个阶段的实施步骤。

1. 进行场地地面的竖向布置

选择场地竖向布置方式（平坡式、台阶式、混合式），合理确定各部分的标高，力求减少土方量，满足使用功能和建筑、道路等的布置要求，使场地内外能够相互衔接，并满足场地自然排水要求坡度。

2. 确定建、构筑物的高程

建、构筑物与露天台、场、仓库的室内标高一般是场地的最高点，室外四角标高要低于室内。道路、铁路、排水沟（渠）等的控制点标高，一般也应满足场地排水要求，不能挡水存水，沟渠要流水通畅。

3. 拟定场地排水方案

为有效发挥场地功能，不受雨洪侵害，避免场地积水，确保地面降水的顺利排除，需决定场地自身排水方向和排水坡度，以及场地与周边建筑、道路、树木、山水等景观元素之间的高程关系。

4. 安排场地的土方工程

拟订场地土方平整方案，计算并确定土方工程量，选取弃土与取土地点。

5. 设计有关构筑物

确定场地内由于挖方、填方等而必须建造的工程构筑物，即护坡、挡土墙，以及排水构筑物，如散水坡、排水沟等，进行有关构筑物的具体设计。

💡 注意要点

一、绘制要求

竖向设计图在总体规划中起着重要作用，它的绘制必须规范、准确、详尽。

1. 平面图

（1）绘图比例及等高距

竖向设计平面图比例尺选择与总平面图相同。等高距（两条相邻等高线之间的高程差）根据地形起伏变化大小及绘图比例选定。一般来说，绘图比例为1∶200、1∶500、1∶1000时，等高距分别为0.2m、0.5m、1m。

（2）地形现状及等高线

地形设计可用等高线表示，绘制于图面上，并标注其设计高程。设计地形等高线用细实线绘制，原地形等高线用细虚线绘制。等高线上应标注高程，高程数字处的等高线应断开。高程数字的字头应朝向山头，数字要排列整齐。假设周围平整地面高程定为±0.00m，高于地面为正，数字前"+"号省略；低于地面为负，数字前应注写"−"号。高程单位为米，要求保留两位小数。

（3）其他造园要素

① 景观建筑及小品：按比例采用中实线绘制其外轮廓线，并标注出室内首层地面标高。

② 水体：标注出水体驳岸的岸顶高程、常水位及池底高程。当湖底为缓坡时，用细实线绘出湖底等高线并标注高程；当湖底为平面时，用标高符号标注湖底高程。

③ 山石：用标高符号标注各山顶处的标高。

④ 排水及管道：地下管道或构筑物用粗虚线绘制，并用单箭头标注出规划区域内的排水方向。

为使图形表达清晰，竖向设计图中通常不绘制景观植物。

2. 立面图

在竖向设计图中，为使设计意图得到更加准确、形象的表达，或便于设计方案进行推敲，可以绘出立面图，即正面投影图，使视点水平方向所见地形、地貌一目了然。根据表达需要，在重点区域、坡度变化复杂的地段，还应绘出剖面图或断面图，以便直观地表现这些地方的竖向变化情况。

二、参考规范

1. 竖向设计强制规范

表2-4-1列举了《城乡建设用地竖向规划规范》（CJJ 83—2016）中的强制性条文。

表2-4-1 《城乡建设用地竖向规划规范》（CJJ 83—2016）强制性条文

条文编号	条文内容	条文类别
3.0.7	同一城市的用地竖向规划应采用统一的坐标和高程系统	基本规定
4.0.7	高度大于2m的挡土墙和护坡，其上缘与建筑物的水平净距不应小于3m，下缘与建筑物的水平净距不应小于2m；高度大于3m的挡土墙与建筑物的水平净距还应满足日照标准要求	竖向与用地布局及建筑布置
7.0.5	城乡防灾设施、基础设施、重要公共设施等用地竖向规划应符合设防标准，并应满足紧急救灾的要求	竖向与防灾
7.0.6	重大危险源、次生灾害高危险区及其影响范围的竖向规划应满足灾害蔓延的防护要求	

2. 标高标注

（1）一般规定

① 建筑物应以接近地面处的±0.00标高的平面作为总平面。字符平行于建筑长边书写。

② 总图中标注的标高应为绝对标高，若标注相对标高，则应注明相对标高与绝对标高的换算关系。

（2）标注要求

建筑物、构筑物、铁路、道路、水池等应按下列规定标注有关部位的标高：

① 建筑物标注室内±0.00处的绝对标高，在一栋建筑物内宜标注一个+0.00标高，当有不同地坪标高时以相对±0.00的数值标注；

② 建筑物室外散水，标注建筑物四周转角或两对角的散水坡脚处标高；

③ 构筑物标注其有代表性的标高，并用文字注明标高所指的位置；

④ 铁路标注轨顶标高；

⑤ 道路标注路面中心线交点及变坡点标高；

⑥ 挡土墙标注墙顶和墙趾标高，路堤、边坡标注坡顶和坡脚标高，排水沟标注沟顶和沟底标高；

⑦ 场地平整标注其控制位置标高，铺砌场地标注其铺砌面标高。

（3）标高符号

① 标高符号应以等腰直角三角形表示，并应按图2-4-1（a）所示形式用细实线绘制，如标注位置不够，也可按图2-4-1（b）所示形式绘制。标高符号的具体画法可按图2-4-1

（c）和图2-4-1（d）所示。

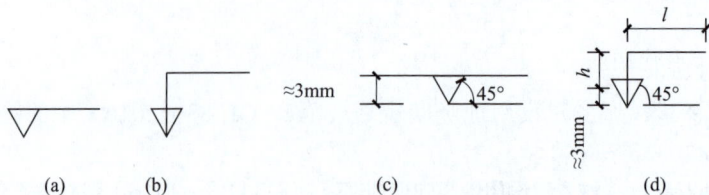

图2-4-1　标高符号

（*l*——取适当长度注写标高数字；*h*——根据需要取适当高度）

② 总平面图室外地坪标高符号宜用涂黑的三角形表示，具体画法可按图2-4-2所示。

图2-4-2　总平面图室外地坪标高符号

③ 标高符号的尖端应指至被注高度的位置。尖端宜向下，也可向上。标高数字应注写在标高符号的上侧或下侧。

④ 标高数字应以米为单位，注写到小数点以后第三位。在总平面图中，可注写到小数点以后第二位。

⑤ 零点标高应注写成±0.000，正数标高不注"＋"，负数标高应注"－"，例如3.000、−0.600。

⑥ 在图样的同一位置需表示几个不同标高时，标高数字可按图2-4-3的形式注写。

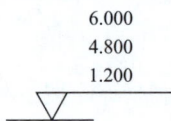

图2-4-3　同一位置注写多个标高数字

知识链接

一、竖向设计基础知识

1. 竖向设计概念

竖向设计图是根据设计总平面图及原地形图绘制的地形详图，它借助标注高程的方法，表示地形在竖直方向上的变化情况及各景观要素之间位置高低的相互关系。它主要表现地形地貌、建筑物、植物和景观道路系统的高程等内容。设计者从实用功能出发，统筹安排各种景点、设施和地貌景观之间的关系，使地上设施和地下设施之间、山水之间、场地内外之间在高程上有合理的布置。竖向设计图包括平面图、立面图、剖面图及断面图等。

2. 竖向设计表示方法

竖向设计的表示方法主要有设计标高法、设计等高线法和局部剖面法三种。一般来说，场地平坦或对室外场地要求较高的情况常用设计等高线法表示，坡地场地常用设计标高法和局部剖面法表示。

① 设计标高法。也称高程箭头法，该方法根据地形图上所画的地面高程，确定道路控制点（起止点、交叉点）与变坡点的设计标高和建筑室内外地坪的设计标高，以及场地内地形控制点的标高，将其注写在图上，用地面排水符号（即箭头）表示不同地段、不同坡面地表水的排除方向。

② 设计等高线法。用等高线表示设计地面、道路、广场、停车场和绿地等的地形设计情况。设计等高线法表达地面设计标高清楚明了，能较完整地表达任何一块设计用地的高程情况。

③ 局部剖面法。该方法可以反映重点地段的地形情况，如地形的高度、材料的结构、坡度、相对尺寸等。用此方法表达场地总体布局中台阶分布、场地设计标高及支挡构筑物设置情况最为直接。对于复杂的地形，必须采用此方法表达设计内容。

二、竖向设计前需要参考的资料

竖向设计需取得必要的基础资料和设计依据，通过现场踏勘等工作深入了解场地及其周围地段的地形和地貌；并应与当地有关部门近年确定的数据相对照，根据设计阶段的内容、深度要求及建设项目的复杂程度，取舍各项资料。基础资料主要包括以下内容。

1. 地形图

比例为1∶500或1∶1000的地形测绘图，并标有0.50～1.00m等高距的等高线，以及50～100m间距的纵横坐标网和地貌情况等。在山区考虑场地外排洪问题时，为统计径流面积还要求提供（1∶2000）～（1∶10000）的地形图。

2. 建设场地的地质、水文资料

场地内的工程地质、水文地质资料主要包括土壤与岩层、不良地质现象（如冲沟、沼池、高丘、滑坡、断层、岩溶等），及其地形特征、地下水位等情况。

3. 场地平面及道路布局

收集场地内建、构筑物的总平面布置图；确定场地道路平面及横断面、平曲线等设计参数，以及与建筑场地周围衔接的外部道路坐标的定位图、纵横断面图的控制点标高、纵坡度、坡长等参数。

4. 场地排水与防洪方案

了解场地所在地区的降雨强度；了解建筑场地地表雨水排除的流向及出口，如流向沟渠河道、城市雨水管网的接入点位置、容量，沟渠河道的排水量及水位变化规律，城市雨水管线的管径等；确定雨水流向场地的径流面积；了解排水与附近农田灌溉的关系。

在有洪水威胁的地区，要根据当地水文站或有关部门提供的水文资料，了解相应洪水频率、洪水水位、淹没范围，历史不同周期最大洪水位，历年逐月最大、最小、平均水位等资料，以及当地洪痕和洪水发生时间；调查所在地区的防洪标准和原有的防洪设施等；了解流向场地的径流面积和流域内的土壤性质、地貌和植被情况等。

5. 地下管线的情况

了解各种地下工程管线的平面布置情况及其埋置深度要求、重力管线的坡度限制与坡向等。

6. 填土土源与弃土地点

不在内部进行挖、填土方量平衡的场地，填土量大的要确定取土土源，挖土量大的应寻找余土的弃土地点。

📖 **拓展阅读**

------------------------------ **故宫巧妙的排水设计** ------------------------------

作为一座拥有几百年历史且未受积水困扰的宫殿，故宫地面上遍布类似铜钱的孔洞，这些孔洞被称为"钱眼"。实际上，这些"钱眼"是排水系统的进水口，引导屋顶排出的水流进入排水沟渠。经排水沟渠收集的积水最终汇集至午门内和太和门前的一条河流——内金水河，这是故宫的内河。故宫北门神武门的地平标高为46.05m，南门午门的地平标高为44.28m，呈现北高南低的地势。故宫的排水系统巧妙地利用了中央高、四周低、北部高、南部低的地势特点，迅速将雨水汇集，导入内河，并将其排出宫外（图2-4-4）。

图2-4-4 故宫排水设施

实践案例

　　图2-4-5是××环境景观工程施工图纸中的竖向设计总平面图，图2-4-6为竖向设计局部平面图。

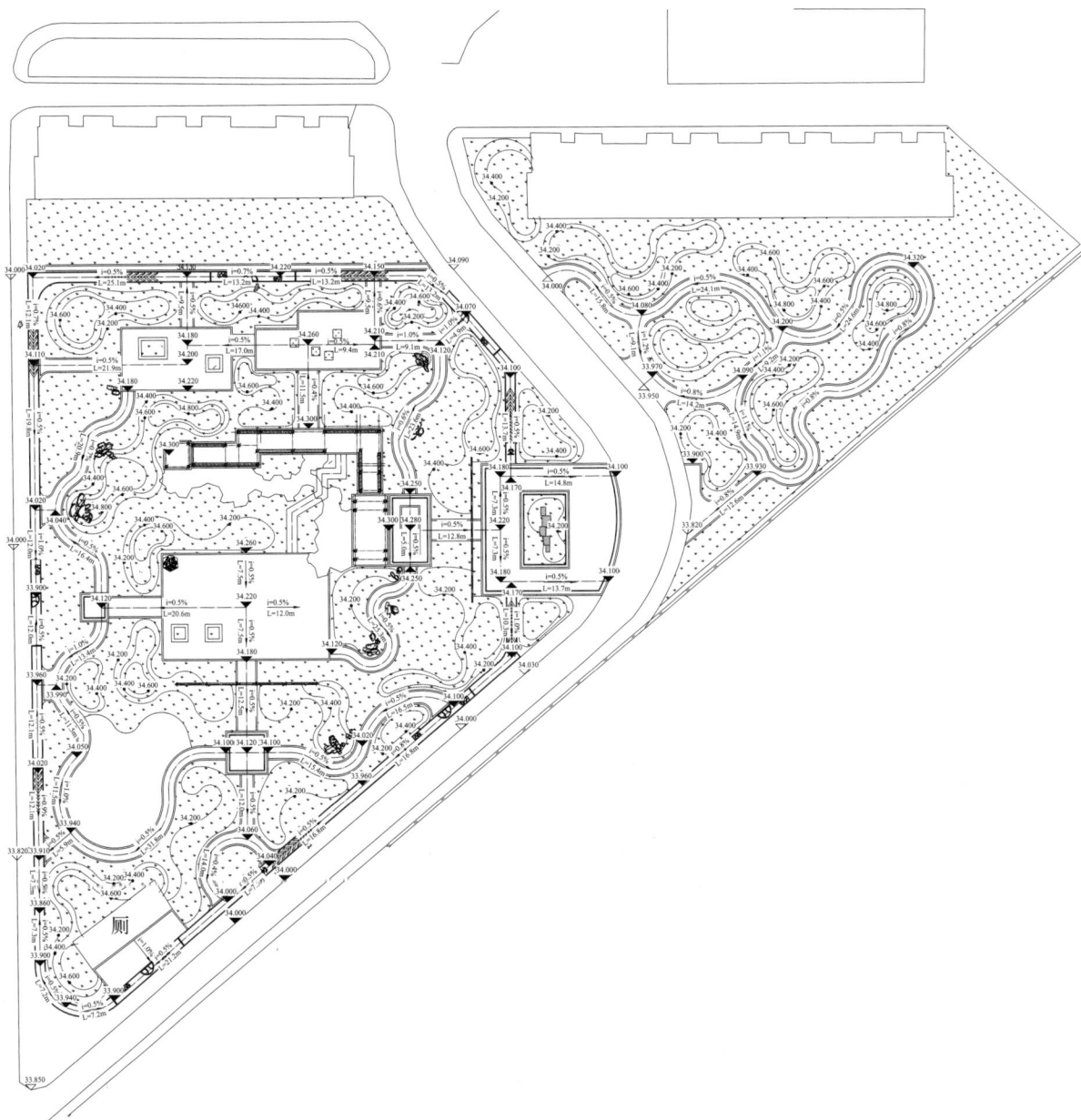

图2-4-5　竖向设计总平面图（扫封底二维码查看CAD图）

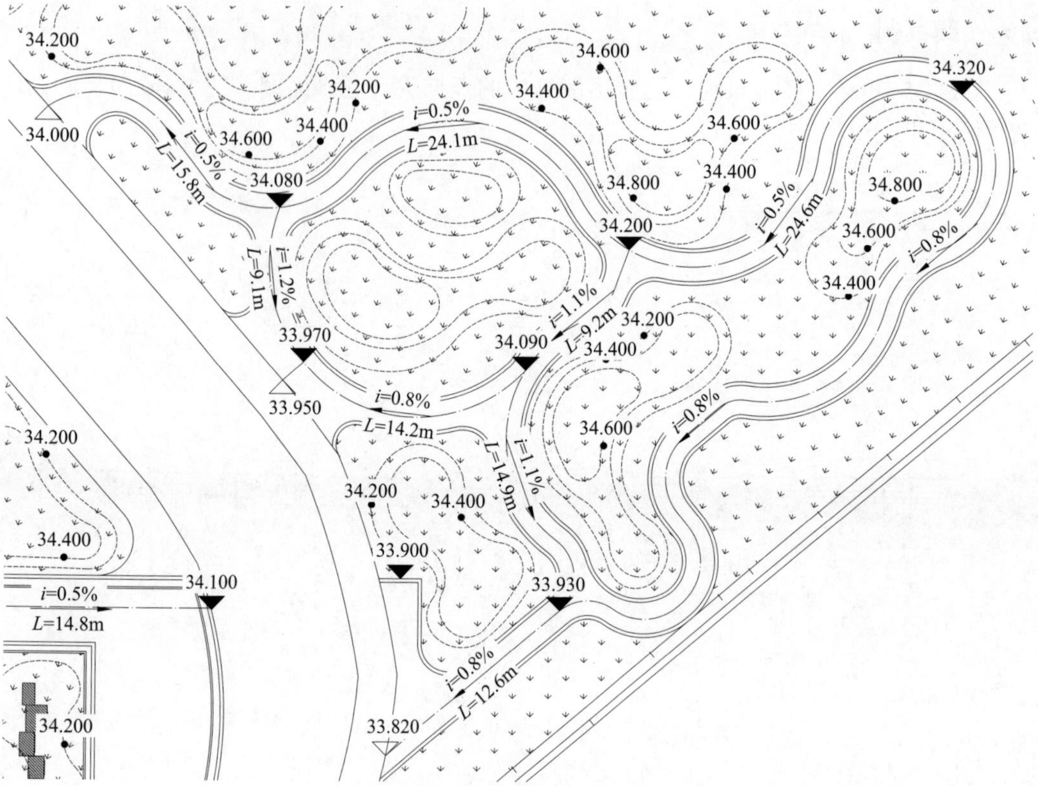

图2-4-6 竖向设计局部平面图

课后练习

1. 填空题

① 竖向设计图中，常用的等高线间距为（　　　）m。

② 在进行竖向设计时，若场地地面排水坡度小于（　　　）%时，宜采用多坡向排水。

2. 选择题

① 竖向设计图中，表示场地地形高低的主要元素是（　　　）。

A. 网格线　　　　　B. 建筑物轮廓　　　　C. 等高线　　　　　　D. 文字标注

② 竖向设计图中，用于指导雨水排放的设计元素是（　　　）。

A. 停车场轴线　　　B. 绿地分布　　　　　C. 排水坡度　　　　　D. 道路走向

3. 简答题

简述竖向设计图的主要作用是什么？

任务五

铺装总平面图

知识目标

① 熟悉铺装总平面图绘制流程。
② 熟悉铺装总平面图绘制内容和要点。
③ 明确铺装总平面图设计深度。

能力目标

① 能够根据案例项目完成基础资料的收集整理工作。
② 能够根据设计图纸分析、逆推出施工图基本框架。
③ 能够按照相关规范、标准完成铺装总平面图绘制。

任务引入

××环境景观工程，根据设计图纸显示，涉及天然石材、混凝土、人造石材等多种铺装面层形式。整体设计偏于中国传统园林风格，局部路段有特殊拼花铺装设计。

任务分析

道路平面图是铺装设计的重要图纸成果之一，综合反映了路线的平面位置、线形和几何尺寸，反映了沿线构筑物和重要工程设施的布置，以及道路与沿线地形、地物和行政区域的关系等。

道路平面图设计的主要任务是平面线形的选择和定位，确定道路走向及其平面位置，在道路红线范围内布置机动车道、非机动车道、人行道、绿化隔离带等功能区以及布置各种道路设施。

图面应包括的内容：平曲线要素、各特征点坐标和桩号、扯旗、宽度、注示、道路渠化段、公交车停靠站的布置位置与形式、桥梁位置及跨径组合、结构物起终点桩号及坐标、明暗浜填筑面积、指北针、拼图线、工程范围线等。其绘图比例一般为（1∶500）～（1∶1000）。

任务实施

一、绘图准备

用CAD绘制道路平面图的准备工作参考步骤如下。

① 打开地形图文件并将其另存为"道路平面图.dwg"。修改地形图的图层特性。新建"地形"图层，设置图层颜色为8号色。按下键盘组合键Ctrl+A全选地形对象，修改

其图层属性为"地形",将对象的颜色设置为随层(Bylayer)。

② 地形图的清理。用清理命令(PURGE)对图形文件中冗余的图层、定义块、文字样式和标注样式等进行清理。

③ 设置图层和标注样式等。通过设计中心移植已有工程的图层与标注样式等内容,或新建相关图层并设置特性、标注样式等。设置图层名如"道路红线""道路中心线""车行道边线""人行道边线""文字""尺寸线"和"标注"等。

二、绘制道路中心线

参考步骤如下。

① 确定各控制点的位置。根据规划资料提供的点坐标值,以直线(LINE)命令结合点坐标输入的方式,沿道路前进方向依次确定起点、各交点(简写为JD)和终点的位置。

② 设置平曲线。平曲线由缓和曲线与圆曲线组成,首先设定缓和曲线长度,再通过计算确定圆曲线的圆心坐标和弧长;根据计算结果绘制圆曲线,并用多段直线模拟回旋线以连接直线段和圆曲线段。

③ 编辑道路中心线。利用编辑多段线(PEDIT)命令,将构成道路中心线的所有直线段和平曲线段连成一条多段线,其中每一段直线和平曲线均称为线元。应注意:所有线元必须首尾相接,才能进行组合。

④ 标注道路桩号。沿道路中心线标注桩号,起点桩号一般设为K0+000。在各整桩和加桩处标注相应桩号。

⑤ 标注坐标值。标注起终点坐标、各交点坐标、各交叉口中心坐标、相交河道的交点坐标等。

⑥ 标注平曲线要素。平曲线要素包含曲线半径、缓和曲线长度、方向转角、切线长、外距和平曲线长度等设计参数。

三、绘制道路平面

在完成道路中心线的绘制与信息标注后,即可进行道路平面的绘制。

① 确定各功能区边线。根据道路标准横断面的路幅划分,利用偏移(OFFSET)命令复制出所有平行于中心线的边线,如中央隔离带边线、车行道边线、人行道边线、绿化带边线等。

② 调整路线走向。对照地形图或现场踏勘情况,检查道路范围内是否有重要的构、建筑物需要避让。若有,则需重新调整路线走向。也可以采取措施排除这些影响道路通行的因素,如局部调整道路平面,将障碍物设置在绿化带里。

③ 绘制道路交叉口边线。根据各相交道路的方向坐标,依次绘制出各相交道路的中心线,重复步骤①和②,绘制出各道路交叉口的边线。

④ 绘制道路交叉口圆弧。根据计算行车速度,按规范绘制道路交叉口圆弧半径。

⑤ 绘制沿线建筑物出入口、停车场出入口和分隔带断口等。根据地形或现场踏勘情况,在有通车出入需要的地方设置出入口和断口。先确定出入口的平面位置和宽度等,再设置转弯半径并标注桩号。

⑥ 局部展宽和缩窄路段的处理。在确定展宽或缩窄路段的起终点桩号、展宽或缩窄的宽度之后，利用偏移（OFFSET）命令对相关边线进行复制，绘制出展宽段或缩窄段；之后根据行车渐变的需要设置渐变段；最后连接渐变起点和终点处的边线，并对折点处边线进行倒圆角处理，使边线平缓过渡，满足行车需要。

⑦ 输入相交河道、桥涵或立交道路等信息。若有相交河道、桥涵或立交道路时，应表示出它们与设计道路在平面和立面衔接处理上的相互关系等信息。

⑧ 其余相关设计内容的补充完善。除上述道路平面设计的基本内容外，还应根据平面布置情况，补充完善其余相关设计内容，如绿化带、树池、盲道、交通岛等。

⑨ 绘制截断线、交叉口范围线等。相交道路只需表达出交叉口的完整信息即可。通常将相交道路截断线和交叉口范围线设置在交叉口圆弧外的整桩号处。

⑩ 标注尺寸信息。主要有三类尺寸信息：平面宽度与长度、圆弧半径、路线交角。

⑪ 标注方向坐标。在相交道路的外侧标注方向坐标，以便施工放样时确定相交道路中心线。

⑫ 输入文字说明等。标注道路名称、沿线两侧企业单位的名称、各条边线的文字注解和加宽段的说明等内容；添加图纸说明、图例、页标和指北针等内容。插入图框并输入相关内容。

注意要点

① 测量和标注：首先需要准确地测量铺装区域的尺寸和形状，包括长度、宽度、角度等，并将这些信息清晰地标注在图纸上。

② 比例和比例尺：确保使用适当的比例尺，使图纸上的尺寸能够准确反映实际场地的尺寸。

③ 排水系统：考虑到排水系统的重要性，需要在平面图上标注排水沟、雨水口等设施的位置和布局，以确保铺装场地中的水能够顺利排除。

④ 材料和图案：根据设计要求和客户需求，在平面图上标注所使用的铺装材料和图案，包括砖块、石材、混凝土等，以及它们的颜色、纹理等信息。尽量使之符合实际施工的状态（图2-5-1）。

⑤ 交通流线：考虑铺装区域的功能和使用需求，合理规划交通流线，标注行人通道、车辆通道、停车位等设施的位置和布局。

⑥ 景观设计：如果需要在铺装区域中加入景观设计元素，如绿化带、花坛、雕塑等，也需要在平面图上标注它们的位置和布局。

⑦ 施工细节：在平面图上标注铺装施工的细节要求，如边界线、接缝处理、施工方法等，以确保施工过程中能够按照设计要求进行（图2-5-2）。

⑧ 规范和标准：铺装总平面图的绘制应符合相关的规范和标准，如建筑设计规范、土木工程施工规范等，以确保设计方案的合理性和可行性。

总体来说，铺装总平面图的绘制要点包括准确测量、合理规划、清晰标注和符合规范标准等，以确保最终的铺装设计能够满足功能需求并具有美观性和实用性。

芝麻黑火烧面花岗岩

200×600×50

深灰色瓦片

50厚

芝麻黑火烧面花岗岩

200×600×50

大样详见

HS-07

仿古青砖

100×200×50

大样详见

HS-07

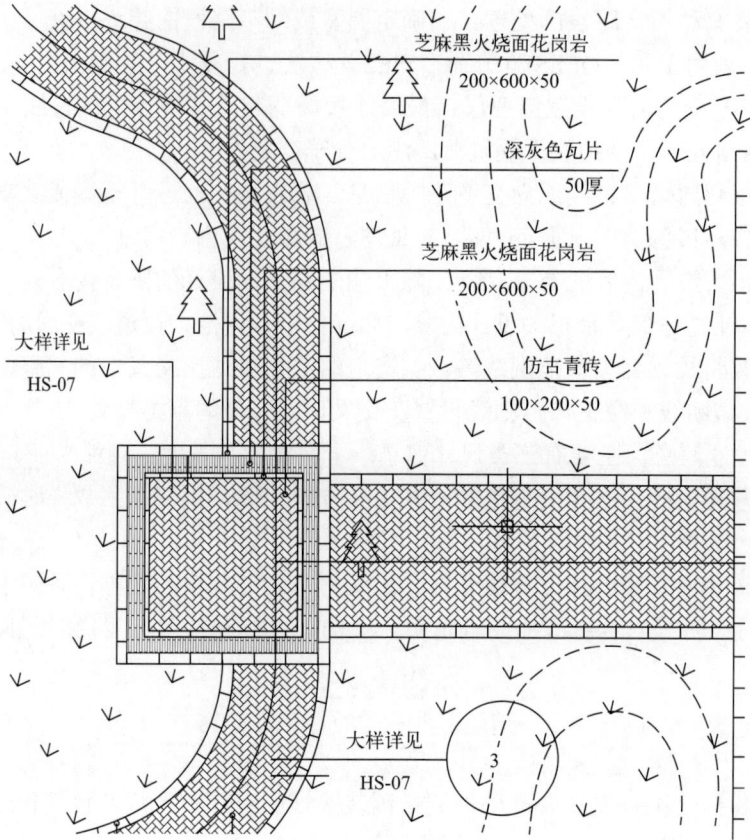

图2-5-1　铺装总平面图局部展示

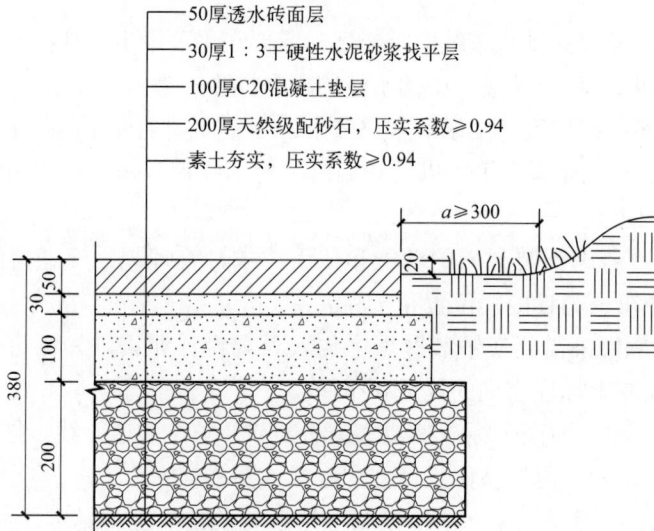

50厚透水砖面层

30厚1：3干硬性水泥砂浆找平层

100厚C20混凝土垫层

200厚天然级配砂石，压实系数≥0.94

素土夯实，压实系数≥0.94

$a≥300$

⑧ 透水砖铺装做法

SCALE

1：10

图2-5-2　施工细节展示

知识链接 ···

一、铺装施工总平面图包含的主要内容

① 材料标记和符号：在平面图上使用标记和符号代表不同类型的铺装材料，如砖块、瓷砖、石材等。每种材料都有一个独特的标记，以便在图纸上清晰识别。

② 铺装图案：显示铺装材料的具体铺设图案，包括砖块、瓷砖或其他铺装单元的排列方式。图案可能涉及颜色、纹理和形状的组合，以创造各种设计效果。

③ 尺寸和尺度：标注铺装区域的尺寸，包括长度、宽度和任何特殊形状的尺寸。确保图纸上的尺度准确，以便在实际顺利施工。

④ 材料规格：提供有关每种铺装材料的规格信息，包括尺寸、厚度、颜色等。这有助于确保施工团队使用正确的材料。

⑤ 铺装边界和边缘细节：标注铺装区域的边界和边缘细节，包括边界线、边界砖或其他边缘处理的方法。这有助于确保铺装区域的完整性和整齐度。

⑥ 施工细节：包括铺装材料的具体安装细节，如铺设的顺序、接缝的处理、施工时的注意事项等。这些信息对确保施工质量至关重要。

⑦ 标高和坡度：如果铺装区域需要考虑高程或坡度变化，平面图上应标明相关的标高和坡度信息。这有助于确保排水和坡度符合设计要求。

⑧ 特殊设计元素：如果设计中包含特殊的图案、标志或其他装饰性元素，这些元素也应在平面图上得到清晰标注。

⑨ 图例和说明：包含图例，解释每个标记和符号的含义。此外，提供文字说明，阐述铺装材料的特殊要求和施工注意事项。

⑩ 缝隙和膨胀缝：标注铺装区域中的缝隙和膨胀缝，以确保在材料膨胀或收缩时有足够的空间。

通过这些要素，铺装材料平面图为施工人员提供了详细的指导，确保铺装施工按照设计的要求进行。

二、铺装材料的常用尺寸

1. 一般天然装饰板材标准尺寸

① 常见尺寸为：300mm×300mm、300mm×600mm、600mm×600mm、600mm×900mm、900mm×900mm。

② 弹街石：一般弹街石尺寸为100mm×100mm×100mm，上顶面呈现正方形；如在人行道铺砌；厚度可以减至50mm；如作为贴面，厚度为20mm甚至更小。

③ 蘑菇石：（1000～1200）mm（长）×（500～600）mm（宽）×（100～130）mm（厚）。

④ 毛面石板：（1000～1200）mm（长）×（500～600）mm（宽）×30mm（厚）。

图2-5-3～图2-5-6为花岗岩铺装材料。

图2-5-3　抛光面花岗岩

图2-5-4　火烧面花岗岩

图2-5-5　抛光面花岗岩翻滚效果

图2-5-6　火烧面花岗岩喷砂效果

2. 一般天然板材常用厚度

薄板一般10mm厚，厚板一般20mm厚，幕墙干挂一般30mm厚，蘑菇铺地石一般30～50mm厚。桥面装饰板材一般50mm厚以上。常用复合板一般20mm厚，其中面材料（大理石、花岗岩）一般30mm厚、底板（石材、瓷砖、铝蜂窝板）一般17mm厚。

3. 人造砖尺寸

人造砖的尺寸根据不同国家和地区的标准有所差异。以下是一些常见的人造砖尺寸。

① 中国常见的标准砖尺寸为：长240mm、宽115mm、厚53mm。

② 欧洲和大部分亚洲地区常见的标准砖尺寸为：长220mm、宽105mm、厚75mm。

③ 美国常见的标准砖尺寸为：长203mm、宽92mm、厚57mm。

④ 英国常见的标准砖尺寸为：长215mm、宽102.5mm、厚65mm。

⑤ 澳大利亚常见的标准砖尺寸为：长230mm、宽110mm、厚76mm。

需要注意的是，砖的尺寸可以根据具体使用和需求有所不同，这只是一些常见的标准尺寸。另外，在不同国家和地区，砖的尺寸标准也可能会有更新和调整。因此，在工程中使用人造砖时，应该根据当地的标准和要求选择合适的尺寸。

图2-5-7～图2-5-10是一些不同种类的人造砖。

图2-5-7 人造红砖

图2-5-8 人造空心红砖

图2-5-9 人造水泥砖

图2-5-10 人造广场砖

📖 拓展阅读

步步生莲的中华铺地艺术

花街铺地是一种园林地面铺装工艺，它采用瓦片、各色卵石、碎石、碎瓷片等材料，巧妙地拼合成各种装饰图案，呈现出独特的园林景观。其内容可分为四类：瑞草、祥兽、器物、图形符号。

瑞草：此处所称的"草"泛指植物。我国古人认为万物有灵，植物也不例外。《山海经》中记载了各种仙草灵木，许多花草树木被视为祥瑞植物。

祥兽：例如能产籽无数、子嗣成群的鱼；又例如文化演进中的精神寄托，如象征归隐之心的野鹤。无论真实或虚构，祥禽瑞兽均化为载体，成为我国传统文化的一部分。

器物：花街铺地中包含诸多器物，有的寓意求财，有的象征求道，有的则展现了对雅致的追求。

图形符号：在我国古代，几何图形已经广泛应用于生产和生活中，同时也被应用于园林花街铺地。

历经千年，花街铺地的绚丽景观得以传承。源远流长、美轮美奂的花街铺地展现了中国园林文化的辉煌篇章（图2-5-11）。

图 2-5-11　传统铺地纹样

📚 **实践案例**

图 2-5-12 和图 2-5-13 为××环境景观工程施工图纸中的铺装总平面图及其局部。

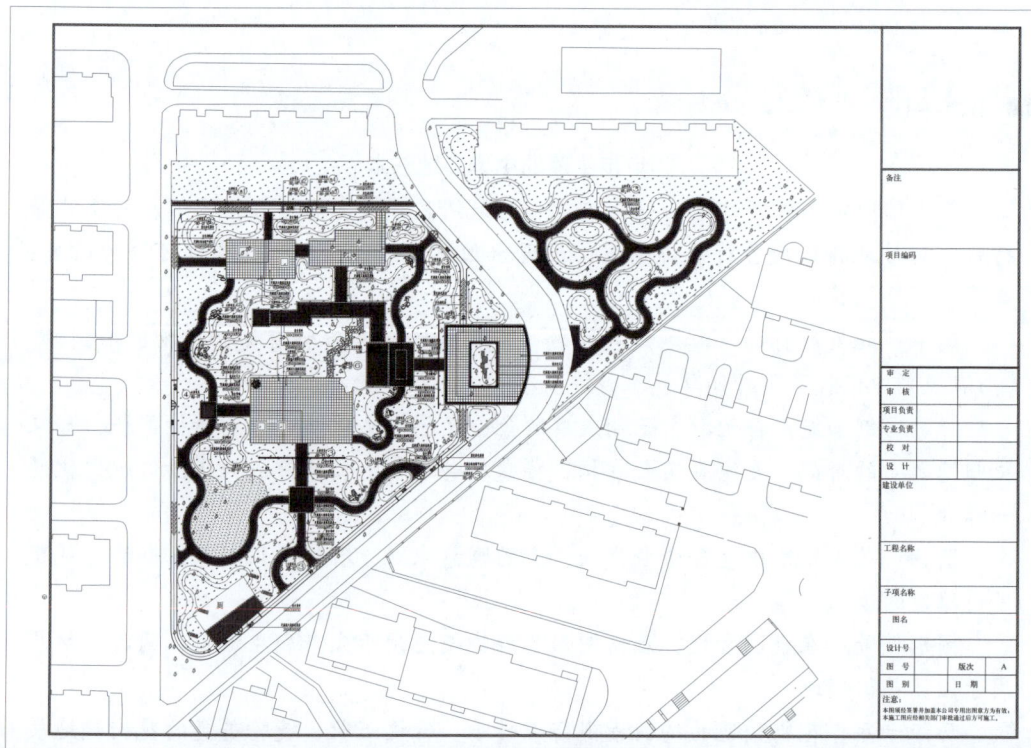

图 2-5-12　铺装总平面（扫封底二维码查看 CAD 图）

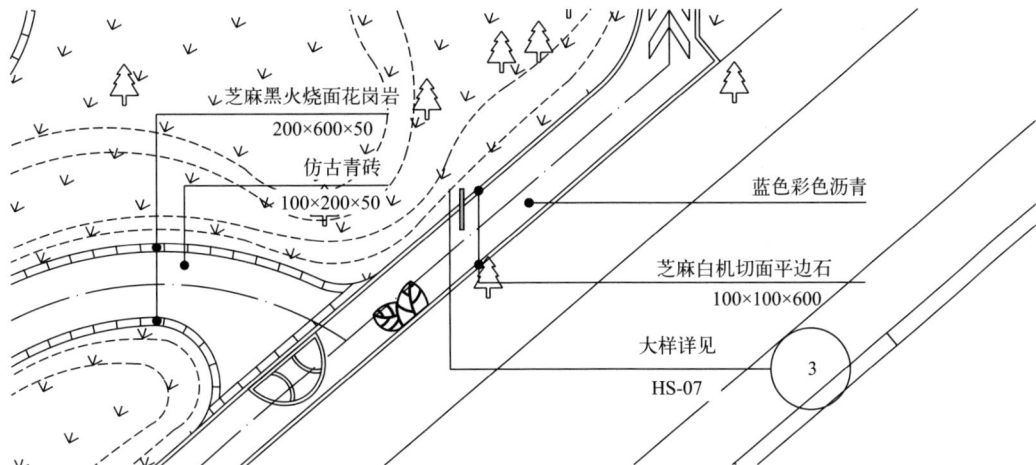

芝麻黑火烧面花岗岩
200×600×50

仿古青砖
100×200×50

蓝色彩色沥青

芝麻白机切面平边石
100×100×600

大样详见
HS-07

3

图2-5-13　铺装总平面图局部

课后练习

1. 填空题

① 在铺装总平面图中，应明确标出各铺装区域的（　　　）、（　　　）、（　　　），以及所使用的铺装材料等信息。

② 铺装总平面图的设计应考虑到（　　　）、（　　　）、（　　　）、（　　　）等因素，以确保施工过程中的安全和效率。

2. 选择题

① 在铺装总平面图中，通常用于表示不同铺装区域边界线的是（　　　）。

A. 细实线　　　　　　　B. 粗实线　　　　　　　C. 点画线　　　　　　D. 双点画线

② 铺装材料的堆放区域在铺装总平面图中应（　　　）。

A. 紧邻铺装作业区　　　　　　　　　B. 远离铺装作业区

C. 靠近道路入口　　　　　　　　　　D. 根据施工流线合理布置

3. 简答题

① 简述铺装总平面图的主要内容和作用。

② 在设计铺装总平面图时，需要考虑哪些因素？

笔记

项目三
详图部分施工图设计

任务一

道路构造详图

知识目标

① 掌握道路构造详图绘制流程。
② 熟悉道路构造详图绘制内容和要点。
③ 明确道路构造详图设计深度。

能力目标

① 能够根据案例项目完成基础资料的收集整理工作。
② 能够根据设计图纸分析、逆推出施工图基本框架。
③ 能够按照相关规范、标准完成道路构造详图的绘制。

任务引入

××环境景观工程的规划设计图纸有三级园区道路，一级道路可以通车，二、三级道路以人行为主。道路铺装面层除了常见的沥青外，还有彩色沥青。次级景观道路面层主要有花岗岩、透水砖、仿古青砖、青石板等。铺装形式与整体设计风格相符合。

任务分析

现进入道路构造详图施工图绘制阶段。根据设计图纸分析和与设计师充分沟通，可以确定一级道路为沥青铺装面层，二、三级道路采用其他铺装面层。需要通车的道路构造应满足荷载要求，其他道路除了满足基本的通行要求外，还应注意景观特色的体现。

任务实施

绘制道路构造详图是一个精确和细致的过程，涉及道路工程的关键方面，显示了道路的各个层次和构成，对于确保道路的质量和耐用性至关重要。以下是绘制道路构造详图的通用实施流程。

① 确定设计标准和参数：在开始绘图之前，首先需要了解和确定道路设计的基本标准和参数，如道路类型（城市道路、公园道路等）、交通量、车辆类型以及地理和环境条件。

② 选择断面元素：根据道路类型和设计标准选择合适的断面元素，包括车行道、人行道、分隔带、自行车道、排水沟等。

③ 绘制路基和路面层：从下至上绘制路基（基础层）和路面层。路基通常由不同类型和厚度的材料组成，如碎石、砂砾等。路面层是道路表面的部分，可以是沥青、混凝土、天然石材、人造砖等材料。

④ 指定材料和厚度：指定每一层的材料类型和厚度，这些参数应基于交通负荷、气候条件以及地下条件来确定。

⑤ 标注排水和边坡设计：在断面图中标注排水系统的设计，如侧沟、排水管等；同时，确保道路两侧的边坡符合安全和工程标准。

⑥ 添加细节和规格：在断面图中添加必要的细节，如边缘线、标线、路肩类型等；同时，明确各个层次的规格和构造要求。

⑦ 审查和校对：完成初步图纸后，进行详细的审查和校对，以确保所有信息准确无误，符合设计标准。

⑧ 合作和反馈：与工程师、设计师和施工团队合作，获取他们对断面图的反馈，并根据反馈进行必要的调整。

⑨ 最终确认和提交：在所有相关方确认后，完成最终的道路构造详图，并提交给相关部门或用于施工。

这个流程确保了道路构造详图的准确性和适用性，为道路的顺利建设和长期维护奠定了基础。不同的项目和地区可能需要针对特定情况进行调整。

注意要点

设计和绘制道路构造详图时应注意以下要点。

1. 理解道路构造详图的重要性

道路构造详图是道路设计的关键组成部分，对确保道路的结构完整性和功能性至关重要。

2. 清晰定义道路各层次

定义道路的各个层次，包括路面层、基底层、路基等，并了解每一层的功能和重要性。提供不同类型道路（如城市道路、公园道路）的断面结构示例。

3. 材料选择和规格

明确各种路面材料（如沥青、混凝土）和路基材料（如砂砾、碎石）的选择标准，以及不同交通量和道路用途对材料选择和层厚的影响。

4. 细节标注和精度

明确精确度在绘制道路构造详图时的重要性，包括正确的比例、尺寸标注和层级厚度等。了解如何准确标注道路宽度、车道数、路肩、边坡等信息。

5. 排水设计

了解道路排水系统的重要性，包括侧沟、排水管等的设计和标注，确定不同地形和气候条件下的排水解决方案。

6. 符合标准和规范

绘图时必须遵守相关道路建设标准和规范。根据当地和国家标准选择适当的设计参数。

知识链接

一、城市道路分级

城市道路分为四个等级：快速路、主干路、次干路及支路。快速路宽度不小于40m，主干路宽30～40m，次干路宽25～40m，支路宽12～25m。

《城市道路工程设计规范（2016年版）》（CJJ 37—2012）对于道路的红线宽度并没有作强制性要求，仅对道路的路幅要求、横断面组成及各功能带最小宽度进行了要求。

1. 快速路

城市道路中设有中央分隔带，具有四条以上机动车道，全部或部分采用立体交叉与控制出入，供汽车以较高速度行驶的道路，又称汽车专用道。

快速路的设计行车速度为60～100km/h。

2. 主干路

主干路连接城市各主要分区，以交通功能为主。主干路的设计行车速度为40～60km/h。

3. 次干路

承担主干路与各城市分区间的交通集散作用，兼有服务功能。次干路的设计行车速度为30～50km/h。

4. 支路

次干路与街坊路（小区路）的连接线，以服务功能为主。支路的设计行车速度为20～40km/h。

二、路面结构类型

按路面结构层中矿料所在位置的不同，路面结构类型可分为嵌锁结构、混凝结构和细粒结构三种。

1. 嵌锁结构

嵌锁结构是主要由矿料组成的结构，以中小规格碎石为主体，借碾压外力将骨料拧紧并相互嵌锁牢固。常见的形式如下。

① 沥青碎石：贯入式或拌合式的沥青碎石路面结构，主要靠骨料相互嵌锁，固结成板，沥青材料只起黏结、密封防水的作用。

② 泥结碎石：骨料结构方式与沥青碎石相同，黏结材料为黏土。

③ 水结碎石：骨料在重型压路机及洒水碾压下，相互嵌锁形成结构层，然后在结构层上撒嵌缝料，再洒水碾压，使之结成密实的上壳，成为完整的路面结构。

其他用强度高、耐风化的料石嵌成的路面面层，称为条石或石块路面，用手摆片经碾压嵌锁形成路面基层的，都属于这一结构类型。

2. 混凝结构

采用混凝结构铺筑的路面，都以骨料为主要成分，按比例掺入填充料，并以凝聚性材料使之结合成板状。比如水泥混凝土路面，沥青混凝土路面，砂石级配路面等。

① 水泥混凝土路面：以碎石为骨料，砂为填充料，水泥为凝聚料胶结而成的路面结构层，具有强度高、水温稳定性好的特点。

② 沥青混凝土路面：以碎石为骨料，砂和石粉为填充料，以石油沥青或煤沥青为凝聚料结合成的路面结构层，具有弹性和防水性能好的特点。

③ 砂石级配路面：以级配碎石为骨料，以级配砂为填充料，按一定比例掺入黏土结合成的路面结构层，具有一定的整体性。但级配砂砾作基层时，抗剪度不足，且均匀度极差，易引起路面面层开裂。

3. 细粒结构

用细粒与黏结料相结合，构成具有较高耐磨性但强度不高的结构层，只能用于低级路面的面层或高级路面结构层中的磨耗层。如沥青砂用于沥青碎石或沥青混凝土路面的磨耗层。

拓展阅读

中国古代的道路系统

中国古代的道路系统非常复杂，根据不同的功能和用途，可以分为多种类型。

周道：这是古代中国的主要道路系统，起源于西周时期，用于连接各个封国和城邑，便于王室的统治和军事调动。周道的宽度通常较大，能够容纳多辆车并行。

乡村道路：这些道路主要用于连接城乡、村庄和农田，承担地方交通和农业运输任务。

驿道：驿道是古代中国的一种重要道路类型，起源于秦朝，主要用于官方通信、邮递和军事调动。驿道宽度较大，路况良好，类似于现代的高速公路。

栈道：栈道是古代中国在山区、险峻地带修建的特殊道路，主要用于人、畜的通行，如著名的秦岭栈道、蜀道等。

城市道路：城市道路是连接城市内部各个区域的道路，主要负责城市交通和物流运输。

路：路在宋代最初是为了征收赋税以及转运漕粮而设立的区域，后来逐渐具有行政区划和军区的性质。路的数量随着时间的推移有所变化，从最初的十五路发展到后来的二十三路。

此外，中国古代还有其他类型的道路，如“畛”（田间步行道路）、“径”（通行牛马的道路）、“途”（可容纳两辆车行驶的道路）、“峤道”（山岭道路）、“隘道”（傍山开凿的狭而危险的道路）和大碛路（沙漠地区道路）等。

实践案例 ···

图3-1-1为××环境景观工程施工图中的道路构造详图。

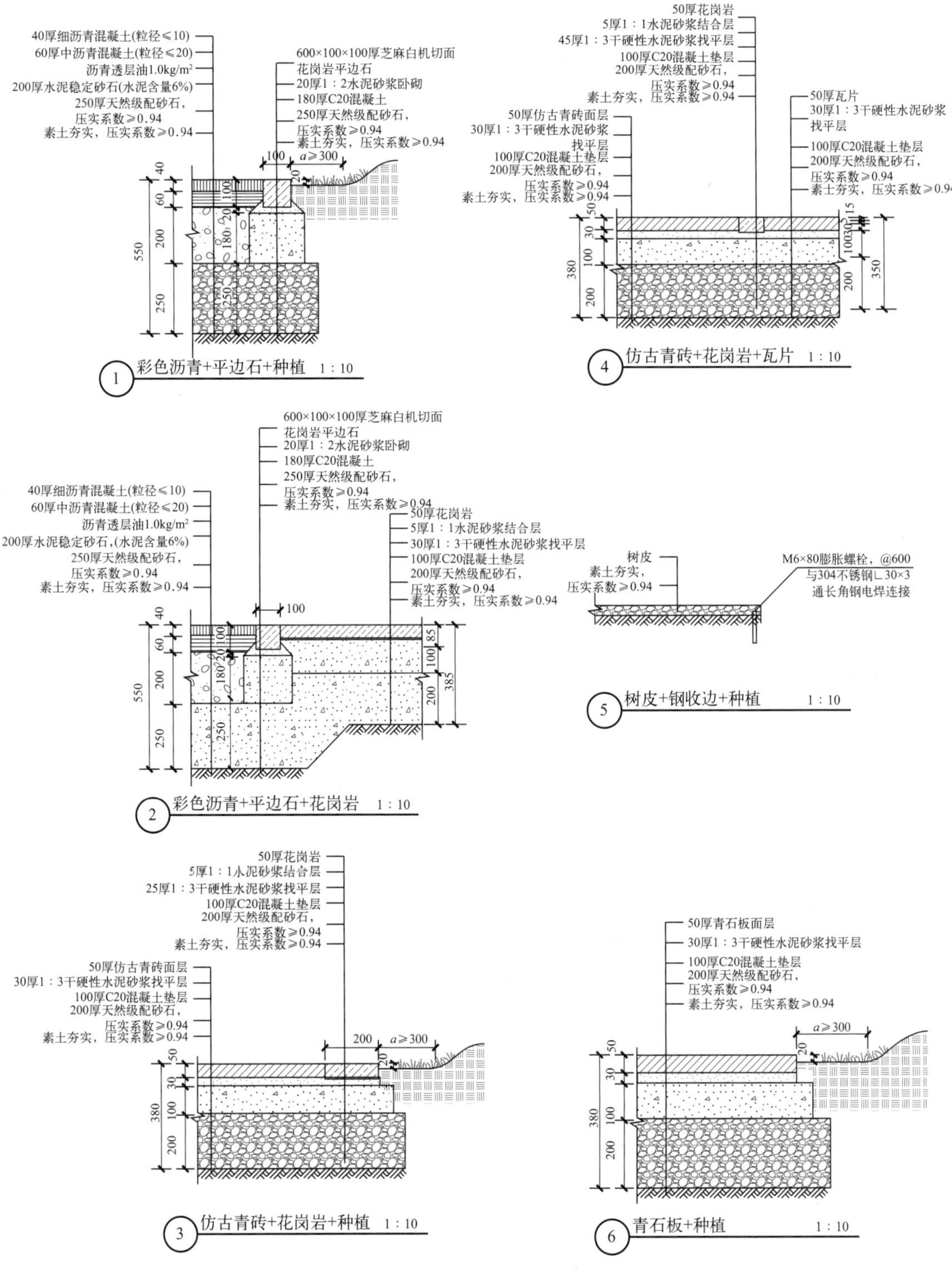

图1：彩色沥青+平边石+种植　1:10

40厚细沥青混凝土(粒径≤10)
60厚中沥青混凝土(粒径≤20)
沥青透层油1.0kg/m²
200厚水泥稳定砂石(水泥含量6%)
250厚天然级配砂石,
压实系数≥0.94
素土夯实,压实系数≥0.94

600×100×100厚芝麻白机切面
花岗岩平边石
20厚1:2水泥砂浆卧砌
180厚C20混凝土
250厚天然级配砂石,
压实系数≥0.94
素土夯实,压实系数≥0.94

图4：仿古青砖+花岗岩+瓦片　1:10

50厚花岗岩
5厚1:1水泥砂浆结合层
45厚1:3干硬性水泥砂浆找平层
100厚C20混凝土垫层
200厚天然级配砂石,
压实系数≥0.94
素土夯实,压实系数≥0.94

50厚仿古青砖面层
30厚1:3干硬性水泥砂浆找平层
100厚C20混凝土垫层
200厚天然级配砂石,
压实系数≥0.94
素土夯实,压实系数≥0.94

50厚瓦片
30厚1:3干硬性水泥砂浆找平层
100厚C20混凝土垫层
200厚天然级配砂石,
压实系数≥0.94
素土夯实,压实系数≥0.94

图2：彩色沥青+平边石+花岗岩　1:10

600×100×100厚芝麻白机切面
花岗岩平边石
20厚1:2水泥砂浆卧砌
180厚C20混凝土
250厚天然级配砂石,
压实系数≥0.94
素土夯实,压实系数≥0.94

40厚细沥青混凝土(粒径≤10)
60厚中沥青混凝土(粒径≤20)
沥青透层油1.0kg/m²
200厚水泥稳定砂石(水泥含量6%)
250厚天然级配砂石,
压实系数≥0.94
素土夯实,压实系数≥0.94

50厚花岗岩
5厚1:1水泥砂浆结合层
30厚1:3干硬性水泥砂浆找平层
100厚C20混凝土垫层
200厚天然级配砂石,
压实系数≥0.94
素土夯实,压实系数≥0.94

图5：树皮+钢收边+种植　1:10

树皮
素土夯实,
压实系数≥0.94

M6×80膨胀螺栓,@600
与304不锈钢L30×3
通长角钢电焊连接

图3：仿古青砖+花岗岩+种植　1:10

50厚花岗岩
5厚1:1水泥砂浆结合层
25厚1:3干硬性水泥砂浆找平层
100厚C20混凝土垫层
200厚天然级配砂石,
压实系数≥0.94
素土夯实,压实系数≥0.94

50厚仿古青砖面层
30厚1:3干硬性水泥砂浆找平层
100厚C20混凝土垫层
200厚天然级配砂石,
压实系数≥0.94
素土夯实,压实系数≥0.94

图6：青石板+种植　1:10

50厚青石板面层
30厚1:3干硬性水泥砂浆找平层
100厚C20混凝土垫层
200厚天然级配砂石,
压实系数≥0.94
素土夯实,压实系数≥0.94

图3-1-1

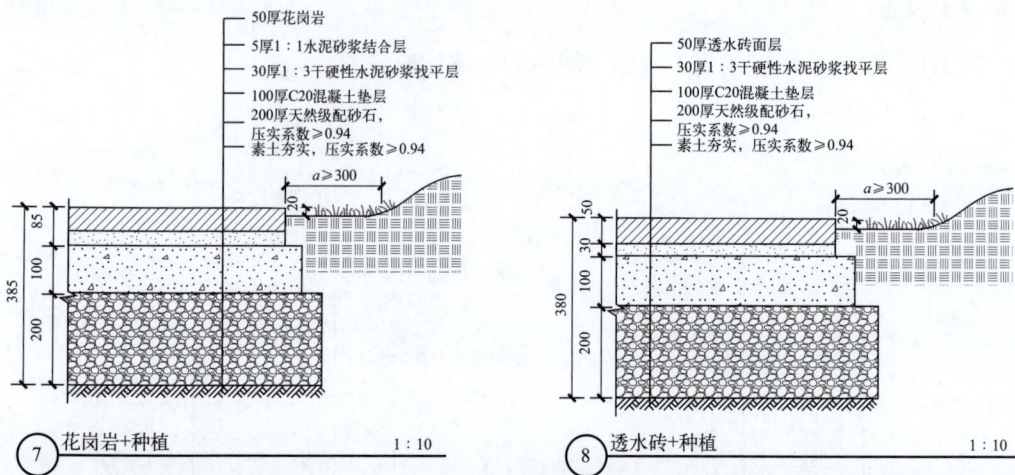

左图标注：
- 50厚花岗岩
- 5厚1:1水泥砂浆结合层
- 30厚1:3干硬性水泥砂浆找平层
- 100厚C20混凝土垫层
- 200厚天然级配砂石，压实系数≥0.94
- 素土夯实，压实系数≥0.94

⑦ 花岗岩+种植　　1:10

右图标注：
- 50厚透水砖面层
- 30厚1:3干硬性水泥砂浆找平层
- 100厚C20混凝土垫层
- 200厚天然级配砂石，压实系数≥0.94
- 素土夯实，压实系数≥0.94

⑧ 透水砖+种植　　1:10

图3-1-1　道路构造详图

课后练习

1.选择题

① 在道路平面图中，设计路线通常用（　　）线型表示。

A.粗实线　　　　　　B.细实线　　　　　　C.虚线　　　　　　D.点画线

② 在道路纵断面图中，地面线通常用（　　）线型表示。

A.粗实线　　　　　　B.不规则细折线　　　　C.点画线　　　　　D.双实线

2.填空题

① 道路纵断面图中，如果横坐标的比例为1:2000，则纵坐标的比例通常为（　　　）。

② 路基横断面图的地面线一律画成（　　　），设计线一律画成（　　　）。

③ 城市道路分为四级，分别为（　　　）、（　　　）、（　　　）及（　　　），快速路宽不小于（　　）m，主干路宽（　　　）m，次干路宽（　　　）m，支路宽（　　　）m。

任务二

景墙构造详图

知识目标

① 掌握景墙构造详图绘制流程。

② 熟悉景墙构造详图绘制内容和要点。

③ 明确景墙构造详图设计深度。

能力目标

① 能够根据案例项目完成基础资料的收集整理工作。

② 能够根据设计图纸分析、逆推出施工图基本框架。

③ 能够按照相关规范、标准完成景墙构造详图的绘制。

任务引入

××环境景观工程设计图中的景墙为中式传统风格，墙中段有一座月亮门，墙上有脊瓦，墙身有各式形状的开窗。月亮门比墙身稍高，上有匾额。

任务分析

经与设计师充分沟通，结合设计图内容，选择砖砌景观墙主体加钢筋混凝土局部构建。参考主要相关设计和施工规范、标准、图集后，从墙体立面图入手，由外而内，步步深入，最终完成景墙构造详图。

任务实施

景墙构造详图的绘制流程通常如下。

1. 前期分析

以设计效果图为基础，进行初步的力学分析和美学评估，之后初步制定景墙的施工图结构和材料。

2. 工程计算和分析

对于常见常用结构的景墙，其主体可以参照标准图集进行绘制。细节部分根据实际设计效果图绘制相应的结构施工图。

对于标准图集里没有参考的景墙结构，或者特异形态的景墙结构，则需进行结构强度、稳定性和耐久性的计算，确保设计符合当地建筑规范和安全标准。这就不仅仅需要施工图绘制人员参与，还需要设计师、结构工程师参与进来，团队合作完成相关任务。这个环节是隐性的，但却是极为必要和重要的。

3. 详细设计和构造图绘制

确定具体的结构细节，如墙体厚度、支撑结构、连接方式等。绘制构造详图，包括平面图、立面图和剖面图。在图纸中详细标注尺寸、材料类型、施工细节等。

绘制的顺序应该是先主体后局部，先外部再内部，先画平面图、立面图，再画剖视图。

（1）绘制平面图和立面图

具体而言，就是先画景墙的正立面图然后画侧立面图和俯视图。先画其主体外观，设计效果图上明确体现的部分，施工图上都需要对应地绘制其图形和结构。设计图上没有体现的，原则上在施工图里也不必绘制。但是设计图纸往往都是注重图面效果，而对于实际实施考虑得比较粗糙，存在不合理之处也在所难免。因此设计图上交代不清晰的、在实际实施中存在困难的部分，需要施工图绘制人员和设计师进行必要的沟通，应做必要的图面和文字说明。

图形绘制完成后，在标注图层上作必要的文字和数字标注。同时做必要的剖视分析，选取合适的位置绘制剖视符号。合适的位置主要是指能够充分体现景墙关键结构节点的位置，比如镂空部分、特殊结构部分、材料变化部分等。一段景墙，可能需要若干个剖视位置，分别体现不同的内部结构特点。因此绘制景墙构造详图时，剖视位置的仔细分析与确认是十分必要的。

（2）绘制剖视图

确定了合适的剖视位置之后，就可以开始绘制对应的剖视图。

① 画轮廓。需要绘制一个轮廓，大框架，即结构梁板柱的基本轮廓。

② 建筑构配件。补充建筑构配件，一方面是剖切到建筑的内容，另一方面是在剖切方向上看到的内容，都需要进行补充绘制。在景墙中，主要涉及的是预埋件、管线路等配件。

③ 标注索引。标注索引定位，涉及标高标注、尺寸标注、图名、详图索引、文字标注等。

④ 完善图纸。完善图号、图名和目录，图框也要选择合适的比例。

⑤ 图纸自审。绘图完成后要进行自检，检查图纸的设计是否合理，是否完整清晰，与其他对应图纸的信息是否相同。尤其需要关注轴号是否对应，图号和目录是否对应，包括图面上对应的标高、尺寸是否一致。这些都需要进行详细的自检。

注意要点

一、绘制过程中的基本事项

① 准确的测量和尺寸：使用准确的测量工具，确保绘制的尺寸符合设计规范和标准。尤其要注意墙体的高度、宽度、厚度等尺寸。

② 注重细节：景墙构造详图的细节包括门窗的尺寸、位置，墙体的厚度和结构细部等。这些细节对建筑施工和安装过程至关重要。

③ 符号和标注：使用清晰、统一的符号和标注，确保人们能够轻松理解图纸。标注应包括材料规格、施工标准、墙体类型等重要信息。

④ 层次结构清晰：采用清晰的层次结构，使图纸易于理解。使用不同的线型和线宽来区分不同的构造元素。

⑤ 考虑施工顺序：在景墙构造详图中，可以标明施工顺序和步骤，以便施工人员更好地理解和按照设计进行施工。

⑥ 建筑材料和规格：在图纸上清晰地标注建筑材料的种类和规格，包括墙体的材质、隔热材料、防水层等。这有助于确保施工按照设计要求进行。

⑦ 符合规范：确保景墙构造详图符合相关的建筑规范和法规，包括结构设计、安全要求等。

⑧ 配合其他图纸：如果有其他相关的图纸，如平面图、立面图等，应确保景墙构造详图与其他图纸协调一致，形成完整的设计。

⑨ 考虑可持续性和环保：在设计和绘图过程中，考虑可持续性和环保因素，标注相关信息。

⑩ 审查和修改：在完成图纸后，进行仔细的审查，确保没有错误和矛盾。必要时进行修改和改进。

以上这些基本事项可以作为绘制景墙构造详图时的指导，确保设计和施工的顺利进行。同时，最好在绘制过程中与相关专业人员进行沟通，以确保图纸满足所有的需求和标准。

二、剖面图的设计深度

① 表达清楚建筑内部情况、分层情况、水平方向的分隔等。

② 剖切到的室内外地面、楼（层）面、内外墙、梁柱等构件的位置、形状及相互关系。

③ 投影可见部分的形状、位置等，用文字引出说明它们的名称、规格、材料等。

④ 地面、楼（屋）面有构造分层情况的，可用文字标注或图例表示。

⑤ 墙、柱的定位轴线和轴号。

⑥ 垂直方向的尺寸和标高。

⑦ 节点构造详图索引符号，构配件、节点等放大详图尽量从剖面图中索引。

⑧ 剖面详图中应画出排水孔构造。

⑨ 图名和比例。

三、常见通病

（1）立面图设计常见通病

① 立面图与平面图不一致，如形状、标高等。

② 文字引出标注不全，如装饰材料、构件名称等不注明，或注明但与平面图中的材料、构件不对应。

③ 可视的线角、转折线未画出；被前景遮挡的不可见线反而画出来。

④ 展开立面图中标注水平尺寸，这个水平尺寸意义不大，往往适得其反。

（2）剖面图设计常见通病

剖切位置不合适。剖切位置没有选在结构构造较复杂的位置，而是选在了简单但不具代表性的位置，无法全部反映景墙的内部构造。

📖 拓展阅读

中国传统景墙——影壁

影壁，也称照壁，古称萧墙，是中国传统建筑中用于遮挡视线的墙壁。影壁的作用是遮挡视线，即使大门敞开，外人也看不到宅内。影壁还可以烘托气氛，增加住宅气势。

影壁作为汉族建筑中重要的元素，与房屋、院落建筑相辅相成，组合成一个不可分割的整体。雕刻精美的影壁具有建筑学和人文学的重要意义，有很高的建筑与审美价值。

按照材料不同，影壁分为青砖影壁和琉璃影壁，石影壁很少见，砖影壁中常局部使用石活。

影壁的名称根据位置和平面形式而定，有座山影壁、一字影壁、八字影壁和撇山影壁之分。

① 琉璃影壁，主要用在皇宫和寺庙建筑，典型代表是故宫和北海的九龙壁（图3-2-1）。

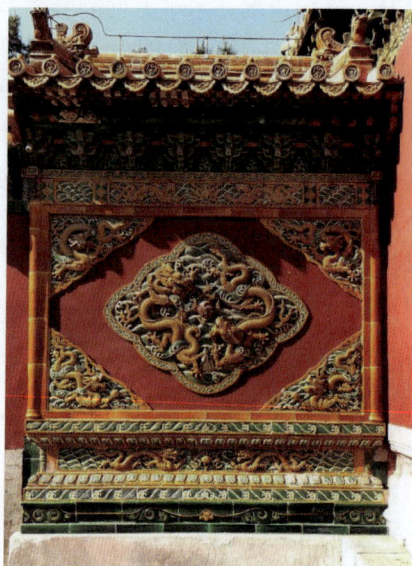

图3-2-1 琉璃影壁

② 砖雕影壁，大量出现在汉族民间建筑中，是中国传统影壁的最主要形式。其中一些影壁的须弥座采用石料雕制，但极其罕见（图3-2-2）。

图3-2-2 砖雕影壁

③ 石制影壁，移建到北海公园的铁影壁就是完全用石头雕制的，民间很少出现（图3-2-3）。

图3-2-3 石制影壁

④ 木制影壁，由于木制材料很难承受长久的风吹日晒，因此木制影壁一般也比较少见（图3-2-4）。

图3-2-4 木制影壁

⑤ 砖瓦结构或土坯结构影壁，壁身完全批盖麻灰，素面上色，有的还雕嵌砖材图案或文字。

实践案例

图3-2-5～图3-2-8是××环境景观工程施工图中的景墙构造详图，包括平面图、立面图、剖面图和节点大样图。

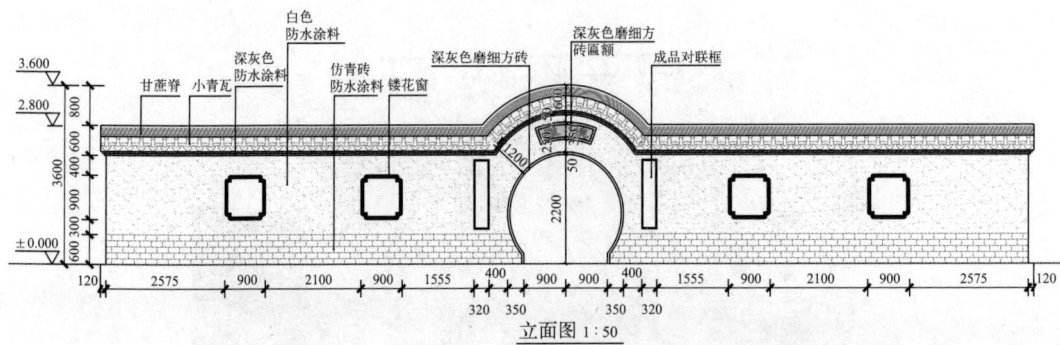

图3-2-5 景墙立面图

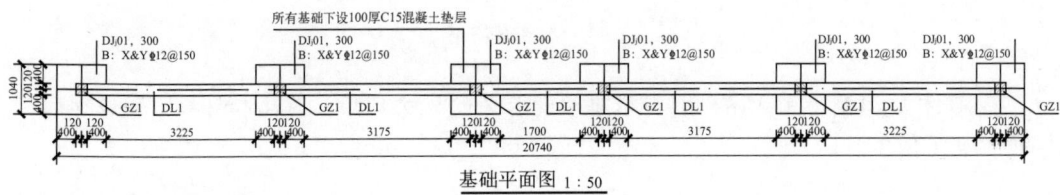

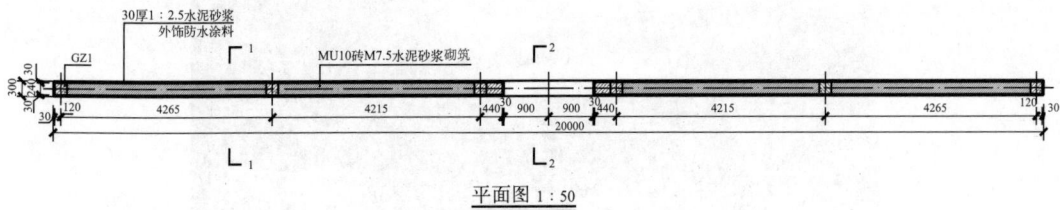

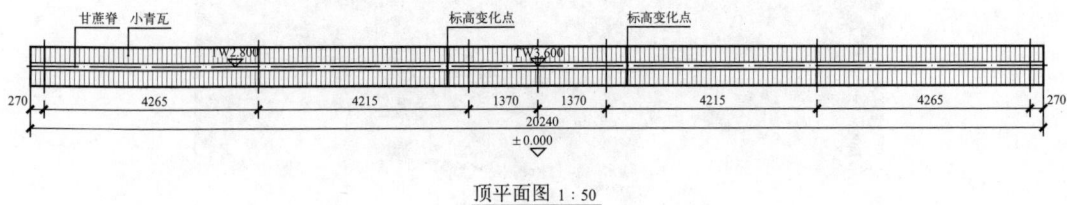

图3-2-6 景墙基础平面图、平面图、顶平面图

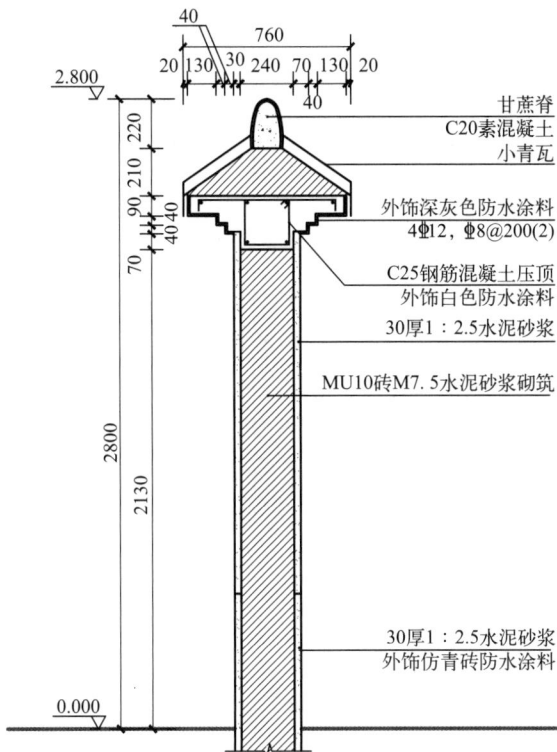

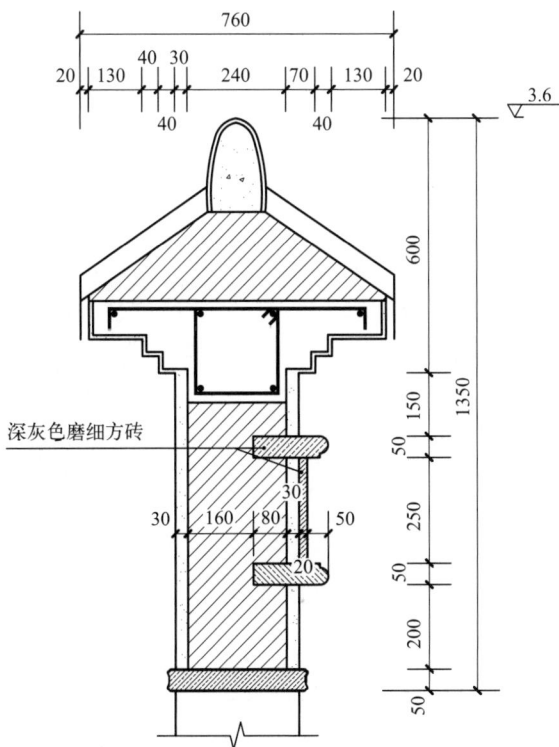

甘蔗脊
C20素混凝土
小青瓦

外饰深灰色防水涂料
4Φ12，Φ8@200(2)

C25钢筋混凝土压顶
外饰白色防水涂料

30厚1：2.5水泥砂浆

MU10砖M7.5水泥砂浆砌筑

30厚1：2.5水泥砂浆
外饰仿青砖防水涂料

1—1剖面图　1：15

深灰色磨细方砖

2—2剖面图　1：15

图3-2-7

基础剖面图 1:15

DL-1

MU10砖
M7.5水泥砂浆砌筑

C15混凝土垫层，厚100

原土夯实，素土回填
机械分层碾压，密实度≥94%

门洞结构图 1:20

MU10砖M7.5水泥砂浆砌筑

GZ1

GL1

R1250

圆心

2Φ12

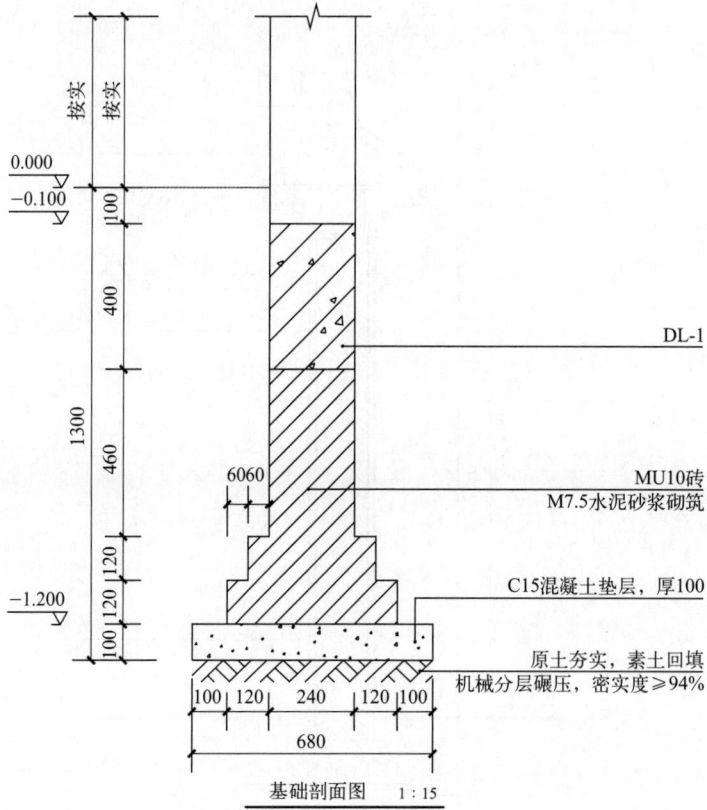

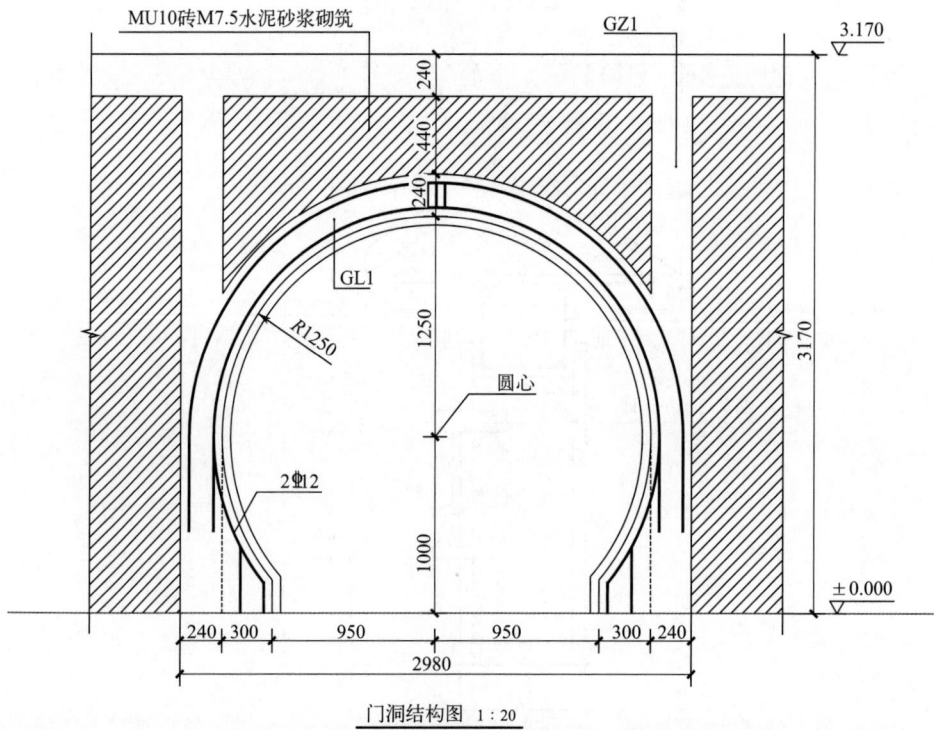

图3-2-7 景墙剖面结构图

柱中心线

C30钢筋混凝土

构造柱

柱中心线

Φ12@150

Φ12@150

520 400 120 120 520 400 1040

400 120 120 400
520 520
1040

构造柱基础平面图 1:25

柱中心线

配筋同构造柱

C30钢筋混凝土

2Φ8

Φ12@150
单层双向

300

−1.200

150 150

100 400 120120 400 100
1240

1—1 1:25

240×400
Φ8@200
3Φ14；3Φ14

−0.100

400

C30钢筋混凝土

240

DL1 1:25

2Φ12

C30钢筋混凝土

Φ8@200(2)

240

2Φ12

240

GL1 1:20

C30钢筋混凝土
240×240
4Φ12
Φ8@100/200

240

240

GZ1 1:20

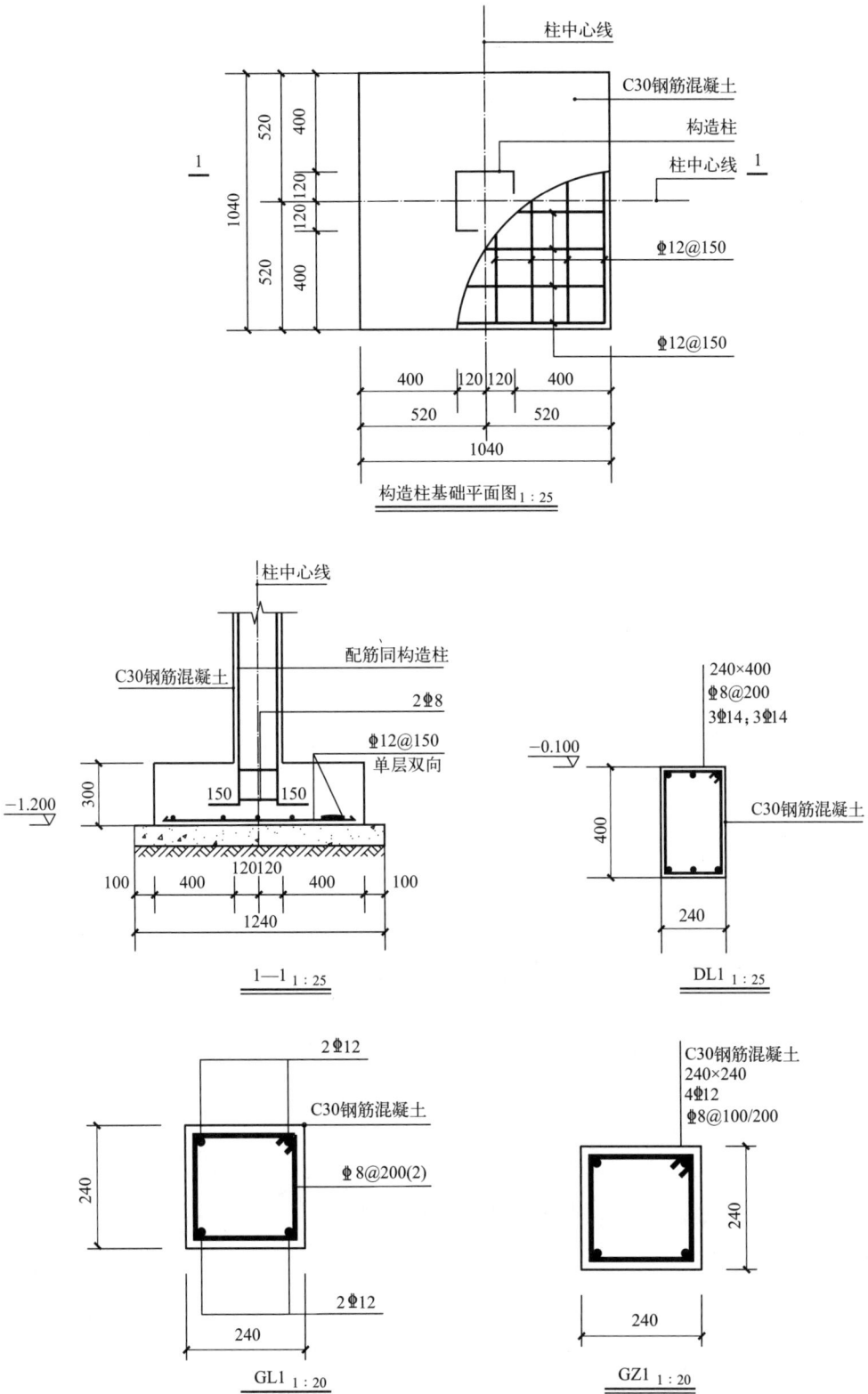

图3-2-8 景墙节点大样图

课后练习

1. 选择题

① 景墙结构设计时，首要考虑的因素是（　　　）。

A. 美观性　　　　B. 安全性　　　C. 经济性　　　D. 耐久性

② 景墙设计中，通常考虑的构造部分不包括以下哪一项（　　　）。

A. 基础部分　　　B. 主体结构　　C. 装饰层　　　D. 电气系统（非直接构造部分）

2. 填空题

在绘制景墙剖面图时，基础部分应详细表示出（　　　）、（　　　）和（　　　）。

3. 简答题

① 简述景墙构造详图的绘制步骤和要点。

② 景墙构造详图绘制过程中的基本注意事项有哪些？

任务三

景观水体构造详图

知识目标

① 掌握景观水体构造详图绘制流程。

② 熟悉景观水体构造详图绘制原则、要点。

③ 明确景观水体构造详图设计深度。

能力目标

① 能够根据案例项目完成基础资料的收集整理工作。

② 能够根据设计图纸分析、逆推出施工图基本框架。

③ 能够按照相关规范、标准完成景观水体构造详图的绘制。

任务引入

××环境景观工程规划设计图中，设计有景观水体一处，为自然水池形式，池中有喷泉，池边有一个观景平台，还有天然石材及若干植物。

任务分析

经过与设计师充分沟通，结合实际分析，选择钢筋混凝土主体结构，防渗部分使用土工布。平台采用天然花岗岩石材铺装，岸边石材选用自然大块黄石。喷泉采用最基本的手动阀门控制，配潜水泵坑一个。施工图从水池平面入手，便于纵览全局，从平面图上引出各部位剖面详图，再到局部构件大样图，至此完成全套水景施工图。

任务实施 ··

① 确定设计要求：在开始绘图之前，确保对景观水体的设计要求有清晰的了解。一般包括景观水体的形状、尺寸、深度、水流路径等方面的要求。

② 准备基础图纸：打开CAD软件并准备一个基础图纸。选择适当的比例和单位，以便图纸能够准确地反映实际情况。

③ 绘制景观水体轮廓：使用CAD工具在图纸上绘制景观水体的轮廓，包括景观水体的形状和边界。确保轮廓符合设计要求。

④ 添加景观水体特征：在轮廓上添加景观水体的特征，如喷泉、瀑布、岛屿等。使用合适的符号和标注表示这些特征。

⑤ 标注景观水体尺寸：在图纸上标注景观水体的尺寸，包括长度、宽度、深度等。这些尺寸对于景观水体施工和维护至关重要。

⑥ 标注景观水体材料和细节：标注景观水体所用的材料，如边缘的材质、底部的衬底等。细节标注可以包括过滤系统、水泵等。

⑦ 细化景观水体结构：在图纸上细化景观水体的结构，包括水流路径、进水口、排水口等。确保景观水体能够正常运行。

⑧ 考虑景观水体生态系统：如果景观水体涉及植物和生态系统，应标注相应的信息，如水生植物的位置、鱼类栖息地等。

⑨ 添加标高和坡度：如果景观水体有不同的高度或坡度，应标注这些信息。这对于确保景观水体正常运行和排水是很重要的。

⑩ 符号和标注：使用清晰、统一的符号和标注，确保人们能够轻松理解图纸。标注应包括景观水体的用途、特性和重要参数等。

⑪ 检查和修改：审查绘图，确保所有的细节和标注都正确，进行必要的修改和调整。

在整个绘制流程中，与相关专业人员的沟通是至关重要的，以确保图纸满足所有的设计和施工要求。同时，根据项目的具体需求，流程中的步骤可能会有所不同。

注意要点 ··

1. 水景平面图

根据水景设计依据的要求，水景设计的部分至少分3个层级：总平面图、水景局部平面图和剖面立面图。这3个层级是从整体到局部的关系。

（1）水景平面图线型表达

① 用粗实线表达剖切到的实体的断面，如池壁等；用粗实线表达水体边界轮廓线以及高出地面的附属物的边线。

② 用细实线表达平地面的铺装分隔线等。

③ 用虚线表达地面以下的部分，如坑槽线、池壁线等。

④ 水面应注明"水面"字样。

⑤ 铺装收边内边线不画，以免混淆。

⑥ 每个水景元素均应标注其名称，如水景墙、跌水等。

（2）水景平面图的定位

① 水景平面的定位标注。

② 水景平面定位中心线。

③ 水景平面的尺寸标注。

④ 大于1∶100的比例才能较好地标注全部内容，如果不能则需要放大平面形成下一级的定位平面图。

⑤ 对于几何形水景平面，可标注几何尺寸。

⑥ 标注每个元素定位轴线间的尺寸（角度或长宽尺寸），标注其中一个定位轴线与一个确定点的定位关系。

⑦ 标注每个元素的边界轮廓尺寸、内部尺寸（所有线条间的尺寸），标注地面铺装分隔线的定位尺寸和定形尺寸。

⑧ 水景中的花池标注完成面（贴面材后）的宽度、高度。

⑨ 对于自然式水景平面，除上述标注外还需网格线辅助，网格线可使用定位总平面图中的网格，也可以单独绘制。

（3）水景平面图的竖向标注

① 竖向平面图中铺装分隔线尽量不画，如果确实需要它作为标高的定位，可用极细的实线表示。

② 标注完成面的标高。

③ 若位置太小标不下，则可用引出线，在引出线上方标注标高符号和数字。

（4）水景平面图的引注

① 水池铺装填充材料图例，并用文字注明。

② 标示水景元素（如水面、花池、灯柱、景墙等）的名称、比例等。

③ 索引，包括放大平面、剖面图和详图索引。

2. 水景立面图

① 标注完成面标高。

② 标注竖向尺寸，包括细部尺寸和总高度。

③ 平面图上表达不清的图线和尺寸。

④ 立面铺装材料名称和规格。

⑤ 平面图上无法表现的剖面详图索引。

3. 水景剖面图

① 水景剖面图的比例多为1∶20。这样完整的大剖面仅1～2个，是为了表达水景整体竖向上的相对关系，以及协调内部构造做法。

② 用粗实线表达剖切到的实体断面，用细实线表达看到的实体边线。

③ 标注完成面标高。

④ 分层构造，用文字说明或图例说明。

⑤ 垂直方向的尺寸和标高，完成面标高。

⑥ 详图索引符号。

⑦ 图名和比例。

拓展阅读

西汉时期的人工湖——太液池

太液池是西汉建章宫建筑群的组成部分，在今陕西西安市西北，汉长安城内，是"全国第一批文物保护单位"。

太液池是建章宫西北一座由渠引昆明池水形成的人工湖，占地150亩❶，象征北海，起名太液池。池北岸有人工雕刻的石鲸，长1.5丈❷，高5尺❸；池西岸有石鳖三只，长6尺；池中建有20丈高的渐台，还堆筑象征仙山的瀛洲、蓬莱、方壶等假山。

太液池的修建体现了我国近2000年前西汉时期高超的人工湖修建能力，证明了人工水体修筑在我国源远流长的历史（图3-3-1）。

图3-3-1 太液池意向图

实践案例

图3-3-2和图3-3-3是××环境景观工程施工图中的景观水体构造详图，包括平面图、剖面图等。

---

❶ 1亩≈666.67m²

❷ 1丈≈3.33m

❸ 1尺≈33.3cm

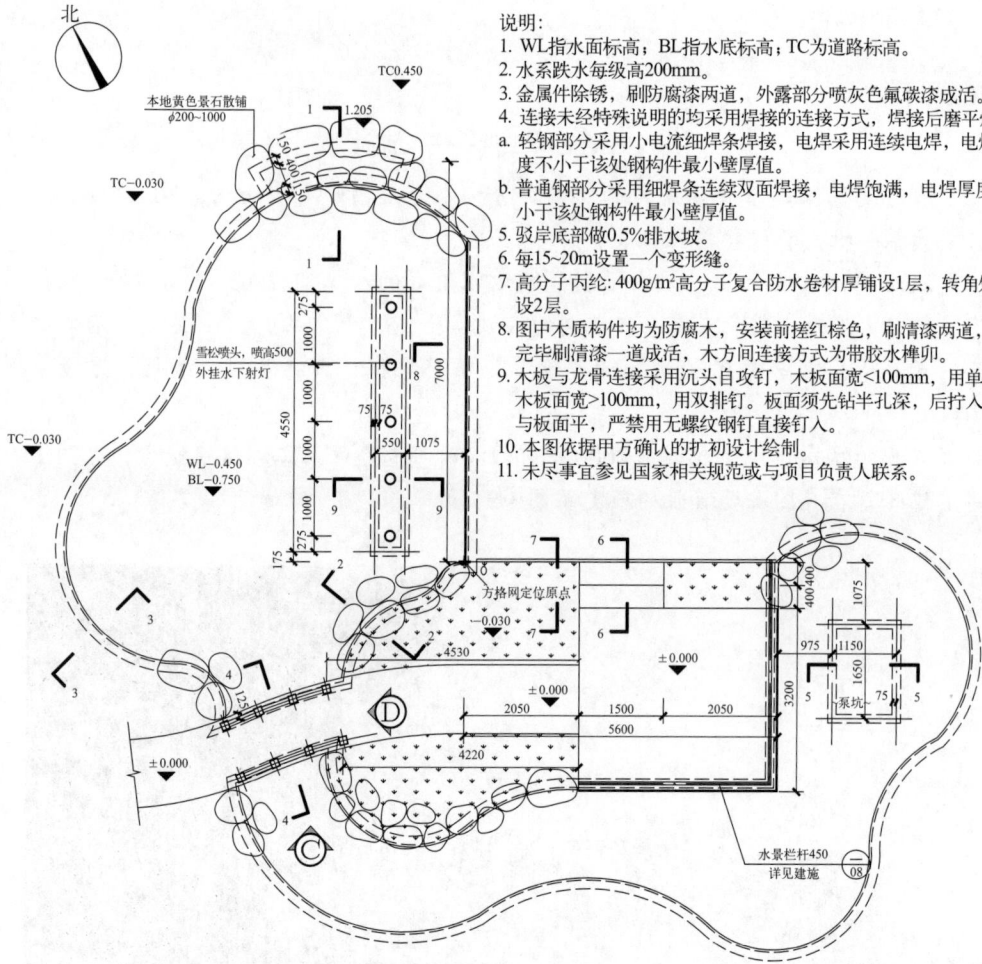

北

TC0.450

本地黄色景石散铺
φ200~1000

1.205

TC-0.030

说明:
1. WL指水面标高;BL指水底标高;TC为道路标高。
2. 水系跌水每级高200mm。
3. 金属件除锈,刷防腐漆两道,外露部分喷灰色氟碳漆成活。
4. 连接未经特殊说明的均采用焊接的连接方式,焊接后磨平焊缝。
 a. 轻钢部分采用小电流细焊条焊接,电焊采用连续电焊,电焊厚度不小于该处钢构件最小壁厚值。
 b. 普通钢部分采用细焊条连续双面焊接,电焊饱满,电焊厚度不小于该处钢构件最小壁厚值。
5. 驳岸底部做0.5%排水坡。
6. 每15~20m设置一个变形缝。
7. 高分子丙纶:400g/m²高分子复合防水卷材厚铺设1层,转角处铺设2层。
8. 图中木质构件均为防腐木,安装前搓红棕色,刷清漆两道,安装完毕刷清漆一道成活,木方间连接方式为带胶水榫卯。
9. 木板与龙骨连接采用沉头自攻钉,木板面宽<100mm,用单排钉;木板面宽>100mm,用双排钉。板面须先钻半孔深,后拧入钉头与板面平,严禁用无螺纹钢钉直接钉入。
10. 本图依据甲方确认的扩初设计绘制。
11. 未尽事宜参见国家相关规范或与项目负责人联系。

TC-0.030

雪松喷头,喷高500
外挂水下射灯

WL-0.450
BL-0.750

方格网定位原点
-0.030

±0.000

±0.000

水景栏杆450
详见建施 08

图3-3-2 水景平面图

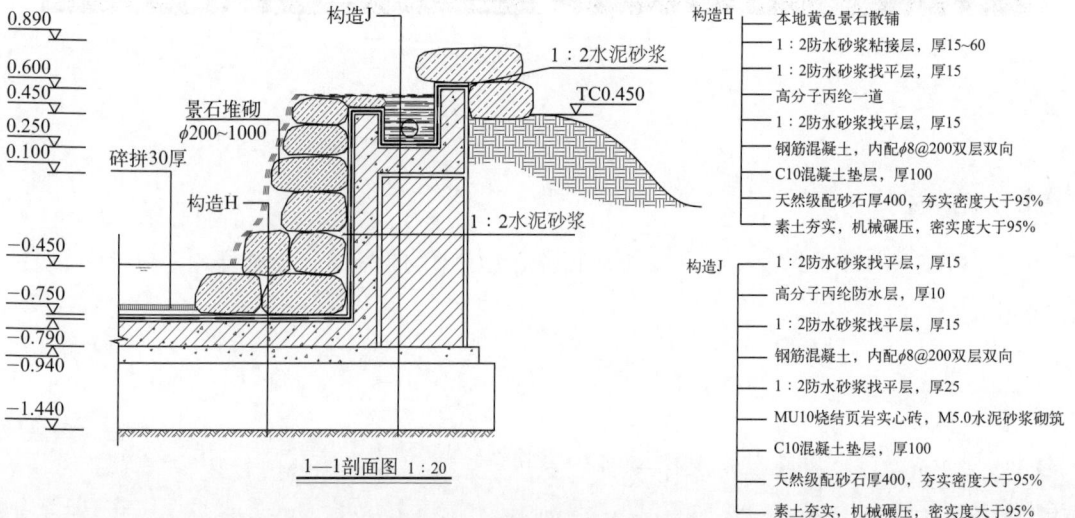

构造J
1:2水泥砂浆
TC0.450

景石堆砌
φ200~1000

构造H

碎拼30厚

构造H

1:2水泥砂浆

构造H 本地黄色景石散铺
1:2防水砂浆粘接层,厚15~60
1:2防水砂浆找平层,厚15
高分子丙纶一道
1:2防水砂浆找平层,厚15
钢筋混凝土,内配φ8@200双层双向
C10混凝土垫层,厚100
天然级配砂石厚400,夯实密度大于95%
素土夯实,机械碾压,密实度大于95%

构造J 1:2防水砂浆找平层,厚15
高分子丙纶防水层,厚10
1:2防水砂浆找平层,厚15
钢筋混凝土,内配φ8@200双层双向
1:2防水砂浆找平层,厚25
MU10烧结页岩实心砖,M5.0水泥砂浆砌筑
C10混凝土垫层,厚100
天然级配砂石厚400,夯实密度大于95%
素土夯实,机械碾压,密实度大于95%

1—1剖面图 1:20

碎拼30厚

本地黄色景石散铺
ϕ200~1000

TC−0.030

构造E

−0.080

−0.300

−0.450

−0.750

−0.790

1：2水泥砂浆

−1.040

−1.440

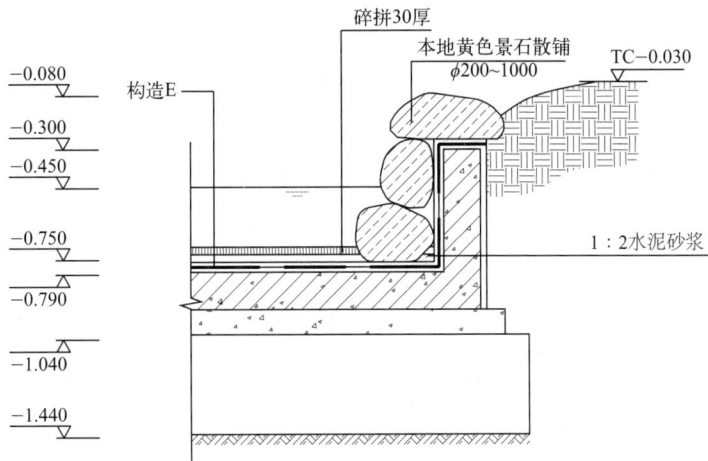

2—2置石驳岸标准段剖面图1：20

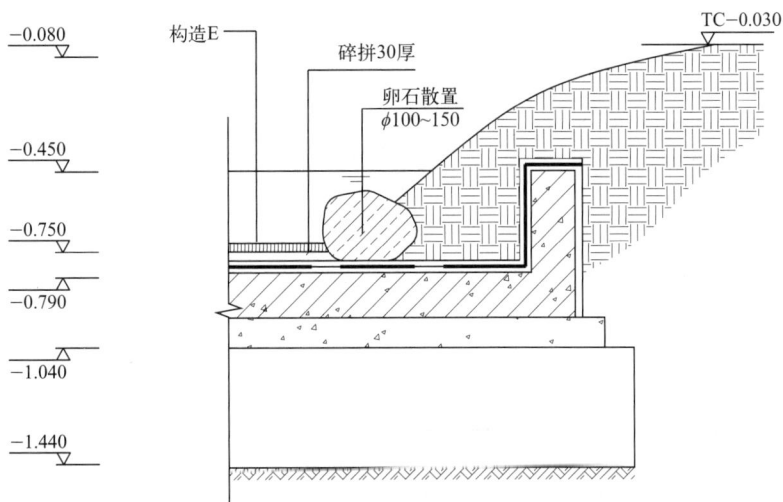

构造E

TC−0.030

碎拼30厚

卵石散置
ϕ100~150

−0.080

−0.450

−0.750

−0.790

−1.040

−1.440

3—3草坡驳岸标准段剖面图1：20

构造E ── 光面杂色碎拼100~300，厚30
　　　── 1：2防水砂浆找平层，厚15
　　　── 高分子丙纶一道
　　　── 1：2防水砂浆找平层，厚15
　　　── 钢筋混凝土，内配ϕ8@200双层双向
　　　── C10混凝土垫层厚100
　　　── 天然级配砂石厚400，夯实密度大于95%
　　　── 素土夯实，机械碾压，密实度大于95%

图3-3-3

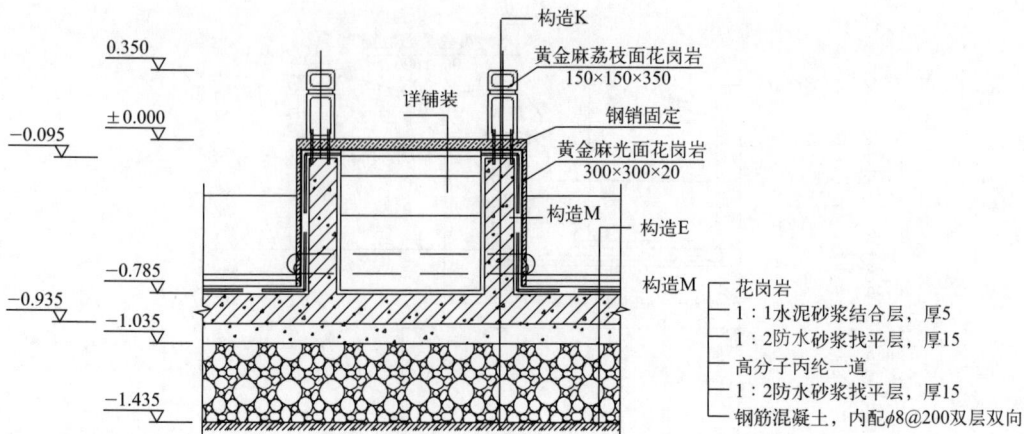

构造K

详铺装

黄金麻荔枝面花岗岩
150×150×350

钢销固定

黄金麻光面花岗岩
300×300×20

构造M

构造E

0.350
±0.000
−0.095
−0.785
−0.935
−1.035
−1.435

构造M 花岗岩
- 1:1水泥砂浆结合层，厚5
- 1:2防水砂浆找平层，厚15
- 高分子丙纶一道
- 1:2防水砂浆找平层，厚15
- 钢筋混凝土，内配φ8@200双层双向

4—4剖面图 1:20

构造K 花岗岩
- 1:1水泥砂浆结合层，厚5
- 1:3干硬性水泥砂浆找平层，厚15
- 高分子丙纶一道
- 1:2防水砂浆找平层，厚15
- 钢筋混凝土，内配φ8@200双层双向
- C10混凝土垫层，厚100
- 天然级配砂石，厚400，夯实密度大于95%
- 素土夯实，机械碾压，密实度大于95%

构造E 光面杂色碎拼100~300，厚30
- 1:2防水砂浆找平层，厚15
- 高分子丙纶一道
- 1:2防水砂浆找平层，厚15
- 钢筋混凝土内配φ8@200双层双向
- C10混凝土垫层，厚100
- 天然级配砂石厚400，夯实密度大于95%
- 素土夯实，机械碾压，密实度大于95%

泵坑盖板详见建施

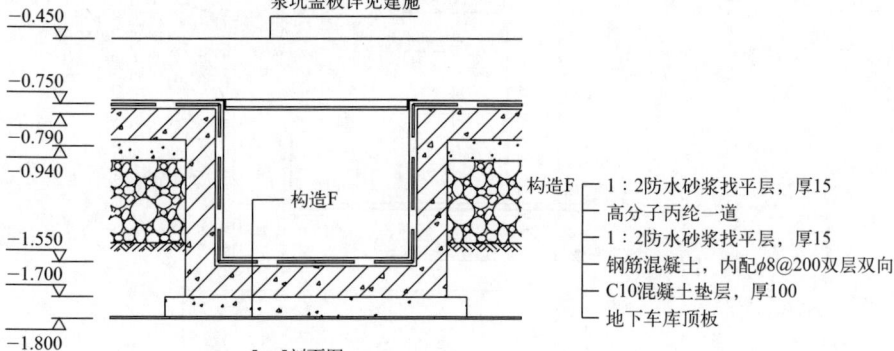

−0.450
−0.750
−0.790
−0.940
−1.550
−1.700
−1.800

构造F

构造F — 1:2防水砂浆找平层，厚15
- 高分子丙纶一道
- 1:2防水砂浆找平层，厚15
- 钢筋混凝土，内配φ8@200双层双向
- C10混凝土垫层，厚100
- 地下车库顶板

5—5剖面图 1:20

a

1500
50   650   50 50   650   50
50
1000   900
50

电焊

−35×5@30 (不锈钢)
与角钢焊接

27
30 30 30

120
120

∟50×5(不锈钢)
与其他角钢焊接成框

a

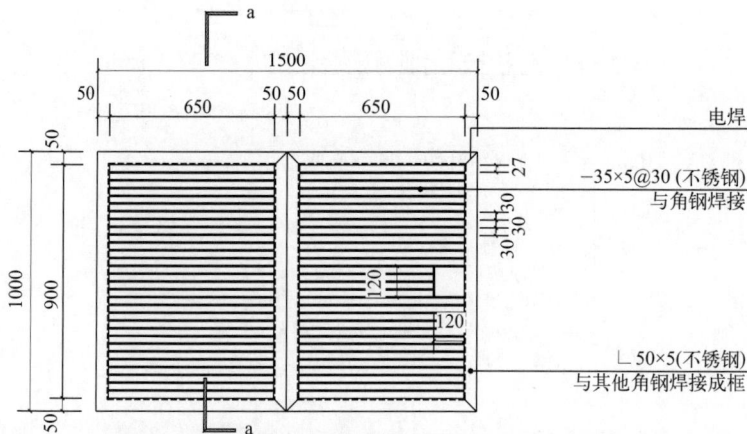

泵坑盖板详图 1:20

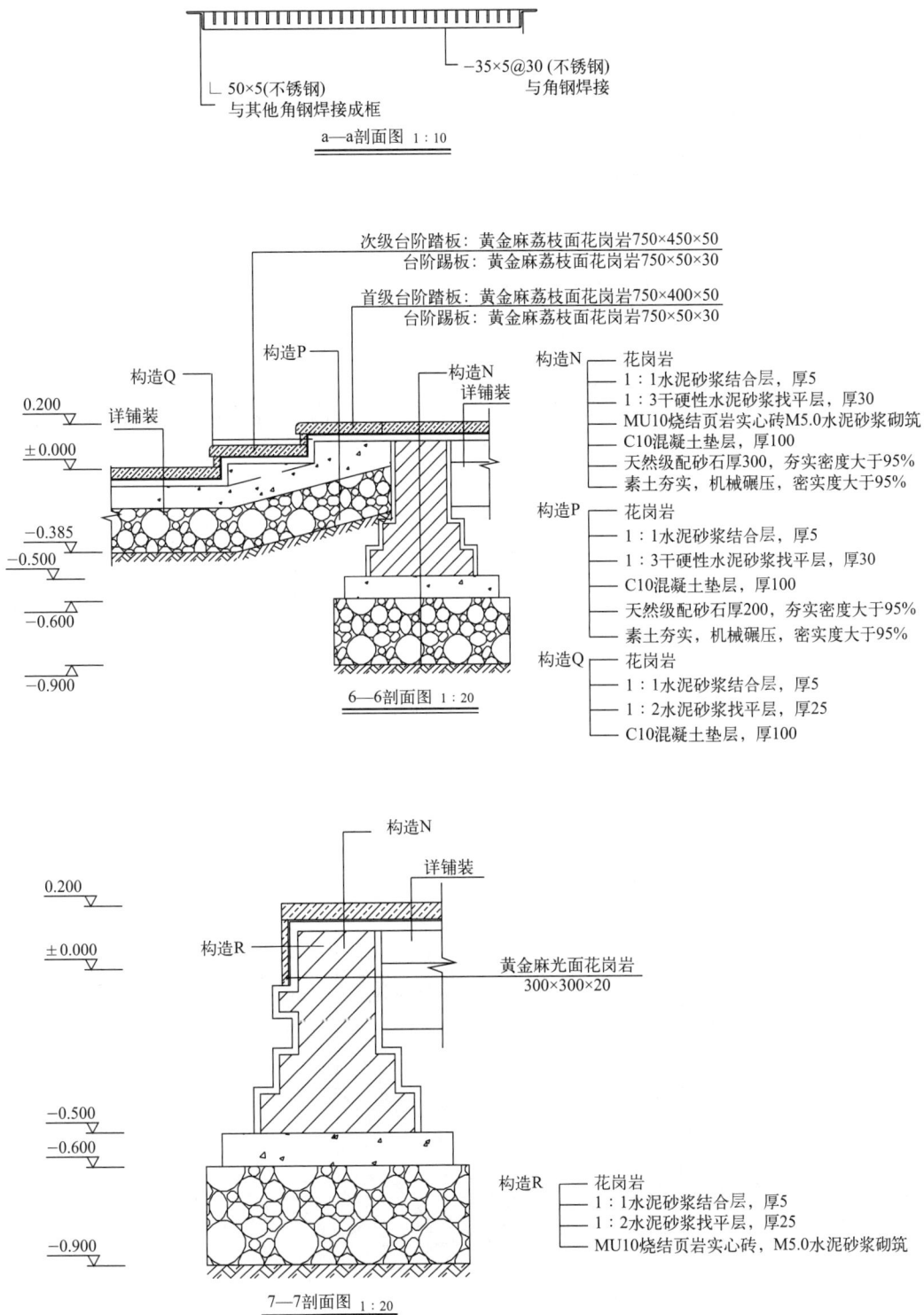

—35×5@30 (不锈钢)
与角钢焊接

∟ 50×5(不锈钢)
与其他角钢焊接成框

a—a剖面图 1：10

次级台阶踏板：黄金麻荔枝面花岗岩750×450×50
台阶踢板：黄金麻荔枝面花岗岩750×50×30
首级台阶踏板：黄金麻荔枝面花岗岩750×400×50
台阶踢板：黄金麻荔枝面花岗岩750×50×30

构造Q 构造P 构造N
详铺装

构造N —— 花岗岩
—— 1：1水泥砂浆结合层，厚5
—— 1：3干硬性水泥砂浆找平层，厚30
—— MU10烧结页岩实心砖M5.0水泥砂浆砌筑
—— C10混凝土垫层，厚100
—— 天然级配砂石厚300，夯实密度大于95%
—— 素土夯实，机械碾压，密实度大于95%

0.200
±0.000
详铺装

构造P —— 花岗岩
—— 1：1水泥砂浆结合层，厚5
—— 1：3干硬性水泥砂浆找平层，厚30
—— C10混凝土垫层，厚100
—— 天然级配砂石厚200，夯实密度大于95%
—— 素土夯实，机械碾压，密实度大于95%

−0.385
−0.500
−0.600
−0.900

构造Q —— 花岗岩
—— 1：1水泥砂浆结合层，厚5
—— 1：2水泥砂浆找平层，厚25
—— C10混凝土垫层，厚100

6—6剖面图 1：20

构造N
详铺装

0.200
±0.000
构造R

黄金麻光面花岗岩
300×300×20

−0.500
−0.600

构造R —— 花岗岩
—— 1：1水泥砂浆结合层，厚5
—— 1：2水泥砂浆找平层，厚25
—— MU10烧结页岩实心砖，M5.0水泥砂浆砌筑

−0.900

7—7剖面图 1：20

图3-3-3

详铺装

构造K

构造M

构造E

0.200
0.105

−0.450

−0.790
−0.940
−1.040

−1.440

黄金麻光面花岗岩
300×300×20

构造M — 花岗岩
1:1水泥砂浆结合层，厚5
1:2防水砂浆找平层，厚15
高分子丙纶一道
1:2防水砂浆找平层，厚15
钢筋混凝土，内配φ8@200双层双向

构造E — 光面杂色碎拼100~300，厚30
1:2防水砂浆找平层，厚15
高分子丙纶一道
1:2防水砂浆找平层，厚15
钢筋混凝土，内配8@200双层双向
C10混凝土垫层，厚100
天然级配砂石厚400，夯实密度大于95%
素土夯实，机械碾压，密实度大于95%

8—8剖面图 1:20

雪松喷头喷高500
外挂水下射灯

钢板
400×400×5

角钢
50×50×5

−0.450

−0.750
−0.790

−1.150
−1.190
−1.340
−1.440

−1.800

9—9剖面图 1:20

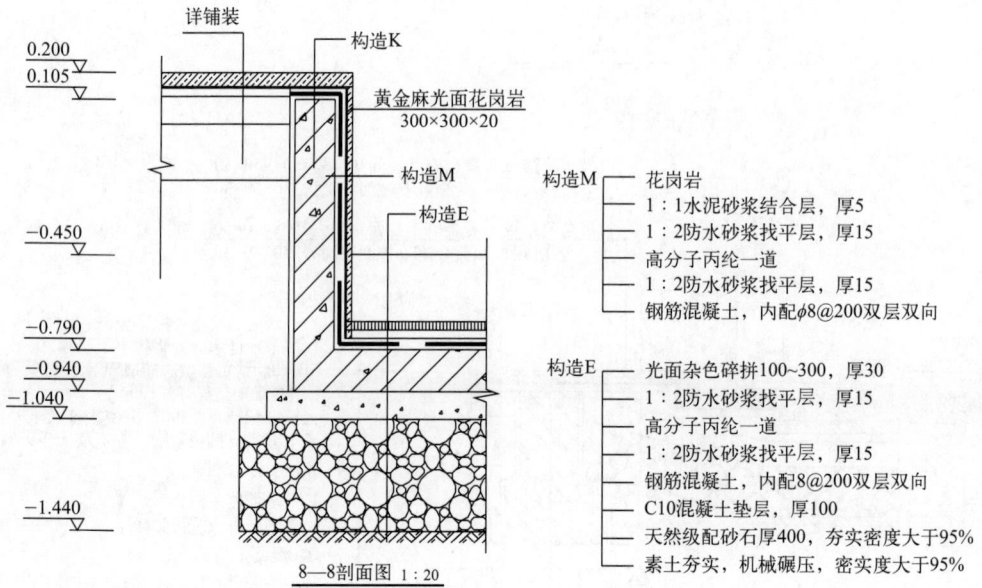

图3-3-3　水景剖面图组图

课后练习

1. 填空题

① 在绘制景观水体构造详图时，首先需要确定水体的（　　），这通常取决于场地的大小和设计的需求。

② 对于不规则形状的景观水体，其边缘处理可以采用（　　）驳岸设计，以增加自然美感。

③ 为了确保景观水体的安全和稳定，需要在水体周围设置（　　），以避免人员跌落或其他安全问题。

2. 选择题

在绘制景观水体构造详图时，以下哪项是确定水体形状的主要考虑因素?（　　）

A. 场地形状　　　　　B. 水源类型　　　　　C. 植被种类　　　　　D. 气候条件

3. 简答题

在绘制水景平面图时应如何表达?

任务四

亭廊构造详图

📚 知识目标

① 掌握亭廊构造详图绘制流程。

② 熟悉亭廊构造详图绘制内容和要点。

③ 明确亭廊构造详图设计深度。

🏀 能力目标

① 能够根据案例项目完成基础资料的收集整理工作。

② 能够根据设计图纸分析、逆推出施工图基本框架。

③ 能够按照相关规范、标准完成亭廊构造详图的绘制。

✳ 任务引入

××环境景观工程项目中，设计有仿古中式长廊一座，双面长廊，一端为四面方亭，另一端为歇山顶建筑。建筑形式颇为独特，古色古香，是该公园核心景点之一。

🐚 任务分析

根据与设计师沟通，了解到此长廊并非纯木结构仿古建筑，而是主体钢筋混凝土结构，局部装饰部位采用防腐木。因此本任务主要是绘制一座钢混结构的仿古建筑。除参照普通规范外，也应参考古建筑图集进行绘制。绘图从建筑顶层平面入手，较为容易，同时便于总揽全局，引出剖切详图。

任务实施

以下是绘制亭廊构造详图的详细流程，具体步骤可能会根据项目的规模和复杂度而有所不同。

1. 分析和前期准备

以深化设计图为依据，分析亭廊等景观建筑小品的外观造型，推导出与之相符的能够实施的施工设计图框架。做好相关规范、标准的整理工作，为施工图绘制做好准备。

2. 现场调研和测量

现场测绘数据完整的，应调取现场实测数据。如果不够完整，则应对设计地点进行实地考察，进行地形测量和环境分析，获取准确的场地尺寸和形态数据。

3. 设计开发

确定结构材料和施工方法。对于在标准施工图集范围内的项目，可以参照图集绘图，对于保证工程质量、提高设计速度、推进标准化施工具有积极意义。对于标准图集中未能涵盖的内容，特别是特异造型的亭廊结构，需进行结构稳定性和耐久性的计算，制定详细的设计方案。

4. 绘制平面图

明确亭子或廊架在整体场地中的位置。标注亭子或廊架的尺寸、边界及与其他结构的相对位置。在平面图中表示所有必要的尺寸标注和注释。

① 了解平面图的基础。平面图是从上方看向地面的视图，显示亭子或廊架的布局和位置。了解比例尺的概念，以确保绘图的准确性。

② 准备绘图材料。使用专业绘图软件（如 AutoCAD）或手绘工具，确定图纸的比例（1∶50、1∶100 等）。

③ 标定参考点和边界。标出场地的边界线和重要的参考点，根据实际测量数据确定亭子或廊架的位置。

④ 绘制主要结构。根据设计绘制亭子或廊架的主体轮廓，包括墙体、柱子、屋顶等的轮廓。

⑤ 添加尺寸和注释。标注主要结构的尺寸，如长度、宽度；添加必要的注释，如材料类型、表面处理方式等。

5. 绘制立面图和剖面图

描绘亭子或廊架的外观和高度信息。显示不同视角下的结构细节，如屋顶、柱子、梁等。标注重要的高度和长度尺寸。

（1）立面图绘制基本步骤

① 选择视角和比例：确定从哪个方向绘制立面图（正面、侧面等），选择合适的比例尺。

② 绘制基本轮廓：绘制亭子或廊架的外轮廓，包括屋顶、墙体等；显示门窗等细节的位置和尺寸。

③ 添加细节和注释：绘制细节，如装饰、材料质感等；标注高度、材料类型和其他

相关信息。

（2）剖面图绘制基本步骤

① 选择剖切位置：确定剖面图的剖切位置，通常选择最能代表结构特点的部位；在平面图上表示剖切线的位置。

② 绘制剖面：按剖切线绘制亭子或廊架的内部结构，显示结构层次，如地基、柱子、屋顶构造等。

③ 标注尺寸和细节：标注重要的垂直和水平尺寸；添加材料、结构细节和特殊的施工要求。

6. 节点详图的绘制

绘制关键节点的放大图，如屋顶结构与柱子的连接、地面与立柱的固定方式等。在节点图中详细标注材料、尺寸和特殊工艺要求。为复杂或非标准的结构部分提供清晰的构造说明。基本实施步骤如下。

① 标定比例和准备图纸：选择适当的比例，如1∶10或1∶20，以确保细节清晰可见；准备好足够大的图纸，以容纳详细的绘图内容。

② 描绘结构元素：从整体到局部，描绘节点附近的结构元素，如梁、柱、屋顶等；使用规定的符号和线型表示不同的构造元素。

③ 详细标注尺寸：使用明确的尺寸标注，包括长度、宽度、高度和其他相关尺寸；确保尺寸标注与比例相符，准确无误。

④ 表示连接方式：描绘结构元素之间的连接方式，包括螺栓、焊接、榫卯等；标注连接部位的细节，如螺栓孔的位置、数量和规格等。

⑤ 注释细节：使用清晰的文字注释解释节点连接的设计意图；注释包括材料规格、施工步骤、关键细节等。

⑥ 绘制截面图：对节点位置进行垂直切面，以绘制节点截面图。显示截面内部的构造细节，强调连接方式和材料。

⑦ 整合到施工图中：将节点详图整合到整体的施工图纸中，确保与其他图纸相协调。

7. 制作材料清单和施工说明

根据施工图纸制作详细的材料清单。撰写施工说明书，包括施工步骤、安全措施和维护要求等。

8. 图纸审查

将图纸提交给项目经理、结构工程师和其他相关专业人员进行审查，根据反馈进行必要的修改和调整。

9. 协调与沟通

与施工团队、供应商和其他参与者进行沟通和协调，确保设计方案的可行性和施工的顺利进行。

10. 提交最终施工图

完成所有必要的修改后，提交最终的施工图纸。确保图纸包含所有必要的信息，以便施工团队按图施工。

这个流程可能会根据项目的特定要求和规模有所变化。在进行设计和绘图时，应遵守当地的建筑规范和安全标准，并与专业人士合作，以确保设计的质量和安全性。

💡 **注意要点** ··

（一）亭廊平面图绘制要点

通常平面图是假想用一个水平剖切平面，在距地（楼）面1.2 m左右标高处，将建筑水平剖切开，对剖切平面以下的部分所作的水平正投影图。平面图主要表达建筑物的平面形状、布局、大小、用途等，亭廊平面图一般包括基础平面图、底层平面图、中间层平面图、屋顶平面图等。当标高变化较多时，则必须增加特定标高处的平面图。

1. 平面图的设计深度要求

① 承重墙、结构柱及其定位轴线和编号。如果是单柱或独片墙也可不对轴线进行编号，但要有两个方向的定位轴线，定位轴线一般为柱中心或墙中心。

② 轴线总尺寸（或外包总尺寸）、轴线间定位尺寸、分段尺寸。

③ 墙身厚度、柱的尺寸及其与轴线的距离。

④ 内外门窗位置、编号及定位尺寸，门的开启方向，注明房间名称。

⑤ 楼梯位置及上下行方向和楼梯详图索引编号，台阶的上下方向和做法索引。

⑥ 地面、楼面标高及廊架屋顶投影轮廓线以下的环境地面标高。景观建筑小品平面图上宜标注小品顶标高（绝对标高）和地面标高。

⑦ 坐凳、栏杆、台基等附属设施或装饰物的位置、尺寸及其做法索引。

⑧ 剖面图剖切线位置及编号，索引剖面详图位置及索引符号。

⑨ 指北针（画在一层平面）、图纸名称、比例。

⑩ 图纸的省略。如果是对称平面，则对称部分的内部尺寸可以省略，对称轴部位用对称符号表示。

2. 平面图的图示要求

① 亭廊平面图也是按剖面图表示方法绘制的，被剖切平面剖到的柱、墙轮廓线用粗实线表示，其轮廓线包围的部分需填充材料图例；未被剖切到的部分，如台阶、花池、坐凳、栏杆等用细实线表示，尺寸线也用细实线表示；被遮挡的部分用虚线表示，一层平面图如果要表示屋顶轮廓投影线，则用虚线表示。如果是俯视图，则平面外轮廓用中粗线；如果是剖切平面图，则剖到的轮廓线用粗线。

② 亭廊等景观建筑的地面铺装设计一般也会在一层平面图中表达，此时要注意与实物轮廓线区分，铺装分隔线用更细的实线，填充材料用灰度线表示，旁边标注相应的文字说明。

③ 亭廊平面图常用的比例有1∶200、1∶100、1∶50、1∶20。亭廊等景观建筑小品一般来说体量小、结构简单，但细节多，通常可采用较大的比例，如（1∶50）～（1∶10）。

④ 比例为1∶100的平面图中，材料图例可用实物填充；比例大于1∶100的平面图（如1∶50、1∶20）等可填充相应的材料图例，以充分显示材料的不同。

⑤ 结构楼面标高与建筑标高会有铺装厚度的差异，因此平面图应标注铺装完成面的

标高。

⑥ 定位标注和定形尺寸标注。平面图中的尺寸标注须与立面图、剖面图中同一尺寸一致。

3. 底层平面图设计深度要求

① 底层地面的相对标高一般为±0.000，其相应的绝对标高应该分别在底层平面图和设计说明中注明。

② 底层与室外连接的出入口一般有台阶，室内外均应标注标高，凡是有标高变化之处，在其两侧均应有标高标注，并应与立面图、剖面图保持一致。

③ 结构柱、承重墙均应标示定位轴线，结构较简单时可不编轴号；标注墙、柱定位轴线间的尺寸以及其他轮廓线与轴线间的尺寸。

④ 剖切面应选在立面变化较多、具有代表性的部位，使剖面能尽量多地反映不同"景深"处的立面形状。剖视方向宜在图面向左和向上的方向。

⑤ 标注剖面图剖切线位置及编号，索引剖面详图位置及索引符号。

⑥ 底层平面图应有指北针。

⑦ 底层平面图的比例应视面积大小和设计细节的多少进行选择，一般1：100、1：50和1：20均可。如果平面图细节很丰富，有较多的文字标注和尺寸标注，则应放大绘制；面积较小的，平面图可选稍大的比例，如1：50或1：20，使图面显得丰满。

4. 中间层平面图

亭廊等景观建筑一般层数不多，但有时也需要绘制二层及以上楼层的平面图；当单层亭廊的梁柱结构较复杂或者不同标高的平面细节较多时，也需要补充平面图，在此均作为中间层平面图说明。

5. 屋顶平面图

（1）设计深度

屋顶平面图的设计深度应确保能够全面、准确地反映屋顶的结构布局、功能分区、材料选择以及细部构造等关键信息，以满足施工和后期维护的需求。具体设计深度应包括以下几个方面。

① 结构布局清晰：

a. 明确标注屋顶的承重结构，如梁、柱、承重墙等的位置和尺寸；

b. 展示屋顶的排水系统，包括排水沟、落水口、天沟等的位置和走向；

c. 如有屋顶绿化或休闲区，需详细标注其布局和承重要求。

② 功能分区明确：对各功能区域进行详细的尺寸标注和说明，确保施工时能准确实施。

③ 材料选择合理：

a. 标注屋顶所用材料（如防水材料、保温材料、饰面材料等）的规格、型号和颜色；

b. 提供材料的技术要求和性能指标，确保材料的质量符合设计要求。

④ 细部构造详尽：

a. 绘制屋顶的细部构造图，如防水层、保温层、找平层等的构造层次和做法；

b. 对屋顶的边角、接缝、排水口等易渗漏部位进行特殊处理，并详细标注其构造做法。

⑤ 标注与说明完整：

a. 在图纸上标注出所有必要的尺寸、标高、索引符号等；

b. 提供详细的施工说明和注意事项，确保施工人员能够准确理解设计意图。

（2）设计方法

屋顶平面图的设计方法应结合项目的实际情况和设计要求进行选择，以下是一些常用的设计方法。

① 手绘与计算机辅助设计相结合：初步设计阶段，可以使用手绘草图进行构思和布局。利用计算机辅助设计软件（如AutoCAD、SketchUp等）进行精确绘制和修改，提高设计效率和准确性。

② 模块化设计：将屋顶划分为若干个模块，对每个模块进行独立设计。通过组合和拼接这些模块，形成完整的屋顶平面图。这种方法便于快速调整和优化设计方案。

6. 基础平面图

基础平面图表达的是结构柱或承重墙在地面以下的基础平面信息。有时会由结构专业来完成。基础平面图要表达结构柱或承重墙的基础平面大小、做法。一般基础材料大多是现浇钢筋混凝土，如果结构柱是木材或钢材等非混凝土材料，则需表达柱与混凝土基础之间的连接关系，如在混凝土基础中预埋钢板或钢管，以完成不同材料之间的衔接。

（二）亭廊立面图绘制要点

立面图表示亭廊立面形状、尺寸、材料等内容，立面图为外垂直面正投影可视部分，是显示建筑外貌特征及装饰的工程图样，是施工图中进行高度控制和装饰的技术依据。

1. 立面图的命名

① 按朝向命名，如南立面图、北立面图等。

② 按外貌特征命名，如正立面图、背立面图、左立面图、右立面图、侧立面图等。

③ 用平面图中两端的定位轴线编号命名，按照观察者面向建筑物从左至右的顺序命名。

2. 标高表示

标高以室内地面作正负零位置，用于天花图中不同吊顶表面距地面高度的表示，以及平面图中室内地台、阳台、厨卫地面等不同高度的表示。

标高以米为单位，小数点后保留3位数。

3. 细部构造与节点详图

细部构造要表达清晰，如檐口、柱脚、门窗洞口等处的处理方式。

节点详图：对于复杂的节点构造，应绘制节点详图进行详细说明，包括材料、做法、尺寸等信息。

（三）亭廊剖面图绘制要点

剖面图是表示建筑物垂直方向各部分组成关系的图纸，用垂直于地面的铅垂面作剖切面。剖面图是与平面图、立面图相配套和表达建筑物构造设计不可或缺的图样。

1. 剖面图的设计深度

① 表达清楚建筑内部情况、分层情况、水平方向的分隔等。

② 剖切到的室内外地面、楼（层）面、内外墙、梁柱等构件的位置、形状及相互关系。

③ 投影可见部分的形状、位置等，用文字引出说明它们的名称、规格、材料等。

④ 地面、楼（屋）面有构造分层情况的，可用文字标注或图例表示。

⑤ 墙、柱的定位轴线和轴号。

⑥ 垂直方向的尺寸和标高。

⑦ 节点构造详图索引符号，构配件、节点等放大详图尽量从剖面图中索引。

⑧ 树（花）池剖面详图中应画出排水孔构造。

⑨ 喷泉水池须标出溢水口、排水口的位置及构造。

⑩ 广场、路边的矮墙式护栏、挡土墙需设排水孔。

⑪ 注写图名和比例。

2. 剖面图的图示要求

剖面图应标出承重墙、结构柱的定位轴线和尺寸，轴号应与平面图、立面图相一致。

3. 剖面图的设计方法

① 剖切符号一般应绘在底（首）层平面图内，剖视方向一般宜向左、向上，以方便看图。

② 标高指建筑完成面的标高，否则应加以说明。

③ 3道尺寸线应与立面图相对应，并应各居其道，不应跳道混注。如果还有细部尺寸，则可以另行标注，以保证标注清晰。如果结构简单，不一定非要标注3道尺寸线。

④ 构造做法、局部节点大样尽量在剖面图中引出，并放大绘制。

4. 剖面图设计中的常见通病

① 剖切位置不合适：剖切位置没有选择在结构较复杂的位置或具有代表性的部位，导致剖面图无法准确反映建筑的空间关系。

② 结构概念淡薄：设计者缺乏对建筑结构的基本理解，导致剖面图中无法准确表达建筑的结构关系和受力情况。

③ 空间过渡处理不当：在亭廊等建筑设计中，空间过渡的处理非常重要。然而，有些设计者忽视了这一点，导致剖面图中空间过渡处理不当，影响建筑的整体美观和实用性。

（四）详图绘制要点

为了更清楚地表达建筑细节构造，对建筑的细部或构配件用较大的比例如1∶20、1∶10、1∶5等将其形状、大小、材料、做法，按正投影画法详细表达出来的图样称为详图。详图可以是平面图、立面图，也可以是剖面图。

详图的特点是大比例、全尺寸、详说明、各方向，有些详图可直接引用标准图集。

📖 **拓展阅读**

———————————— **廊桥——古代中国贡献给世界的建筑智慧** ————————————

廊桥的历史可追溯至春秋战国时期，其起源甚至可追溯至秦蜀栈道。战国时期，栈道作为蜀地对外联络的主要通道，其悬崖上的悬空道路与桥梁相似。在适宜的地方，还设立了阁楼，供人们休息。

在众多木拱廊桥中，编梁木拱廊桥堪称典范，其以最短的材料和最少的种类实现了最大的跨度。当河床较小时，可设计为单孔单跨，无需使用一颗钉子、铆钉或桥墩，便能构建出稳固的桥梁，如屏南溪流河上的廊桥。当河床较大时，可设计为多孔多跨，仅桥墩采用石材，其余部分皆为木质，如五墩六孔的万安桥。

除编梁木拱廊桥外，还有伸臂梁木拱廊桥、石拱木平廊桥、八字撑木平梁廊桥等多种设计。它们反映了当地环境、生活和文化需求的多样性。

木拱廊桥展现了古代卓越的造桥技艺，在世界桥梁史上留下了浓墨重彩的一笔（图3-4-1）。

图3-4-1 濯水风雨廊桥

📚 **实践案例**

图3-4-2~图3-4-11是××环境景观工程施工图中的亭廊构造详图，包括平面图、立面图、剖面图等。

图 3-4-2　亭廊平面图

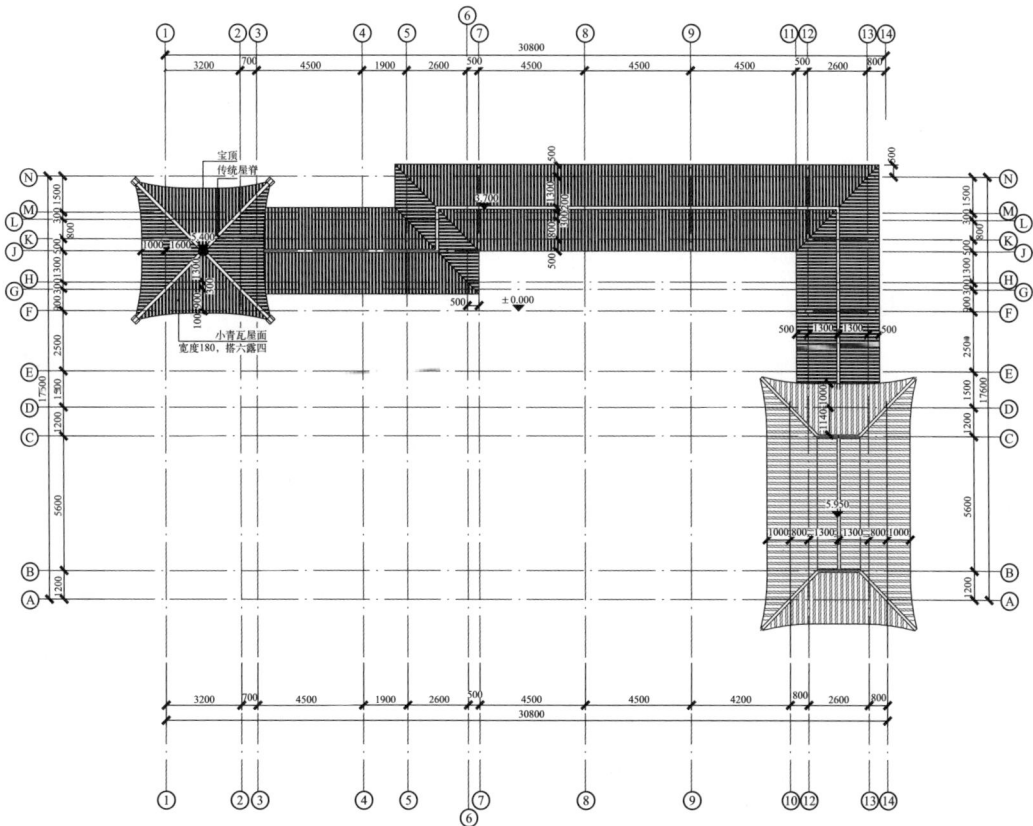

图 3-4-3　亭廊顶平面图

图 3-4-4　亭廊天花平面图

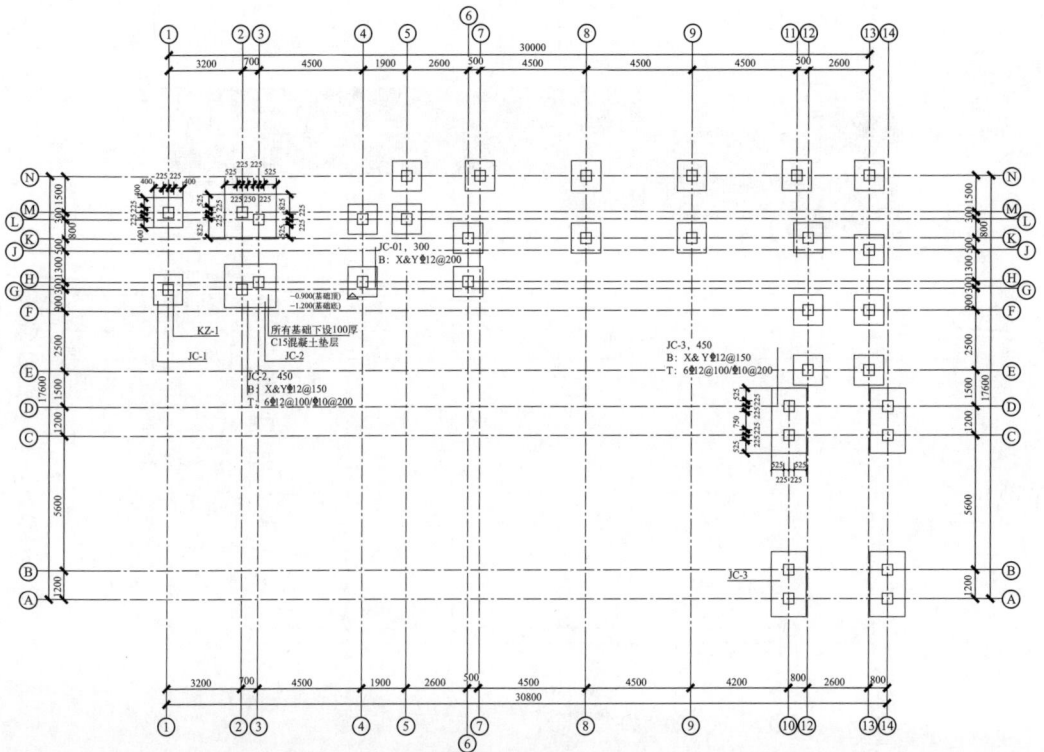

图 3-4-5　亭廊基础平面图

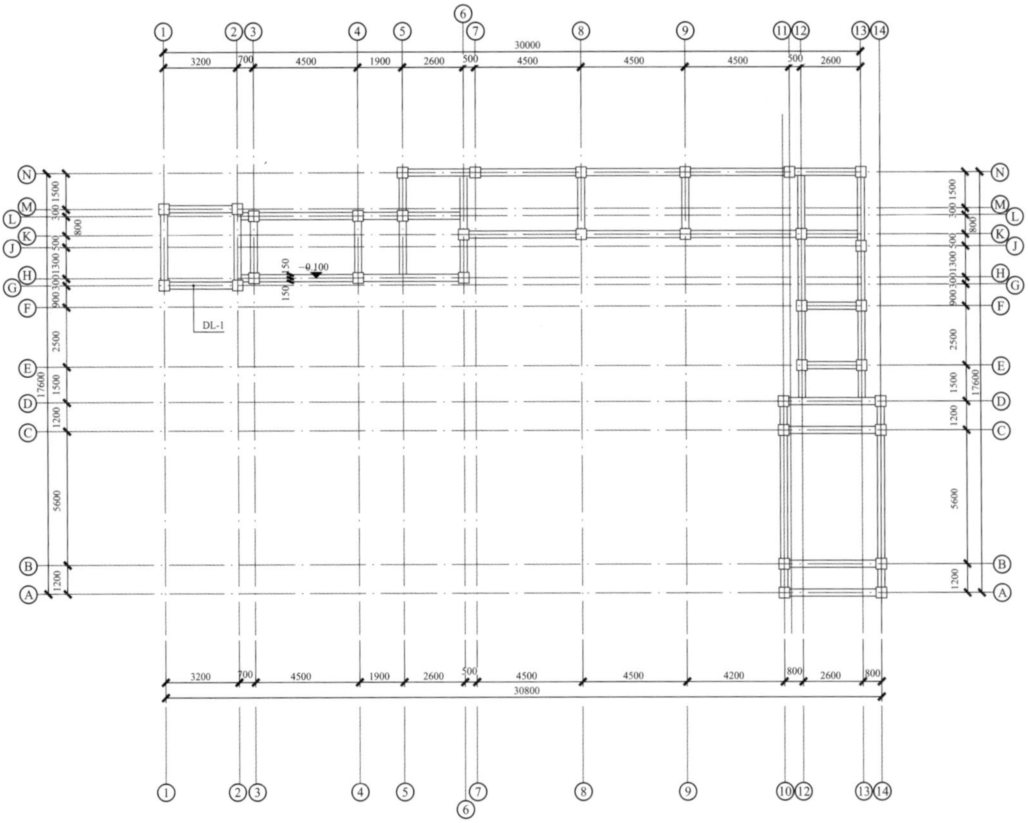

图 3-4-6 亭廊地梁平面图

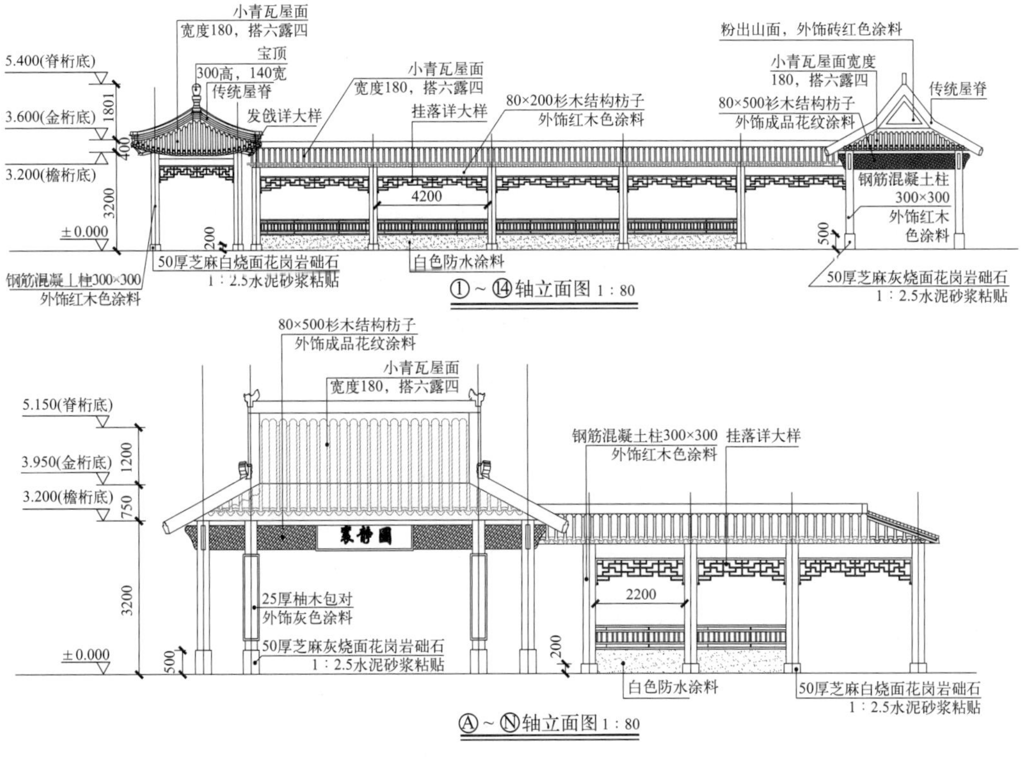

图 3-4-7 亭廊立面图

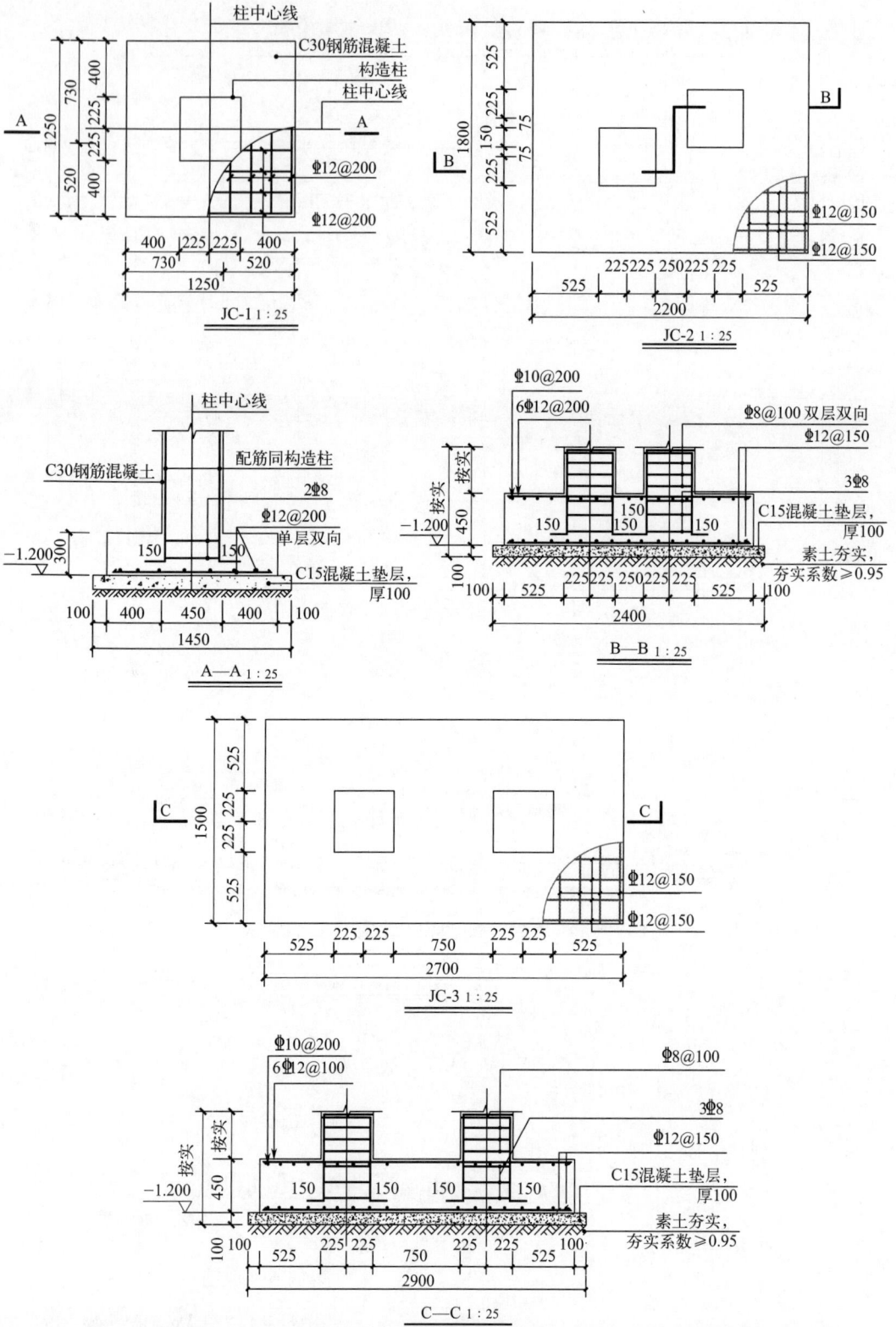

图 3-4-8   亭廊基础细部构造图

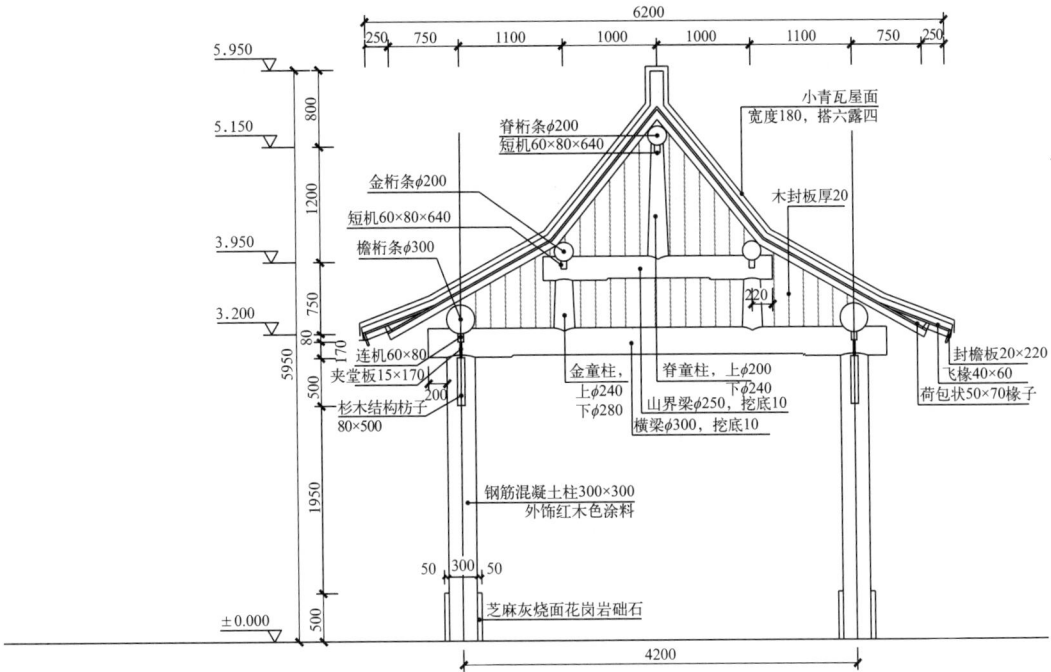

1—1剖面图 1:30

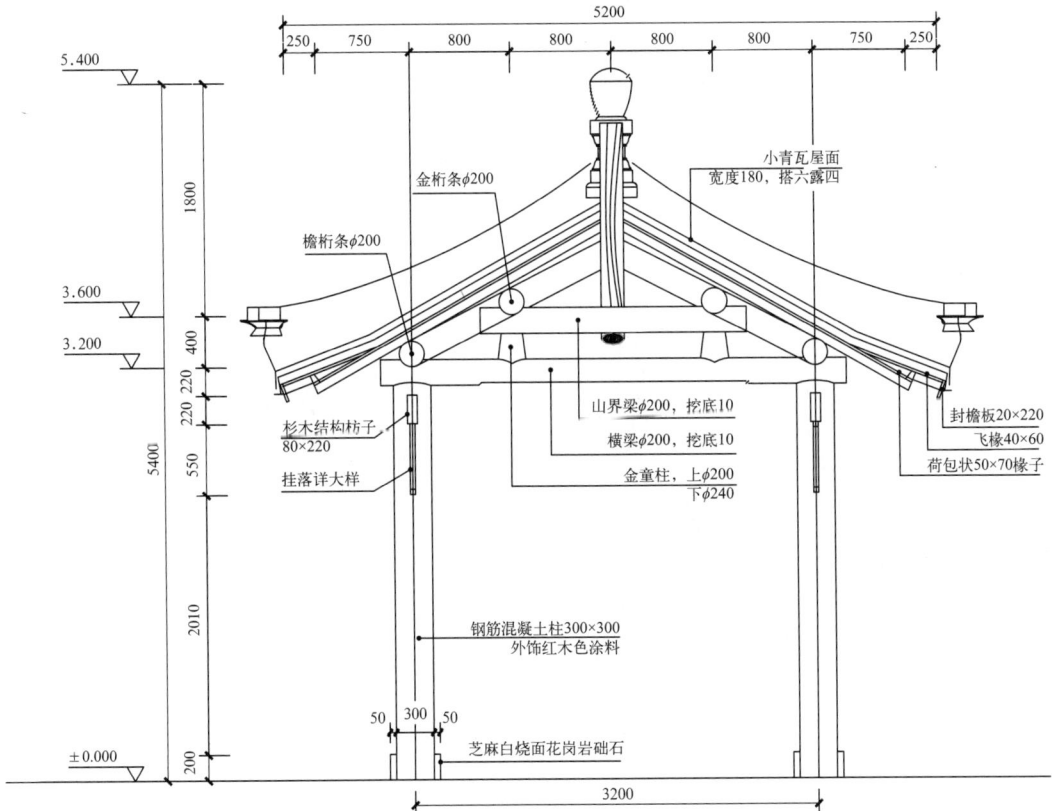

2—2剖面图 1:30

图 3-4-9

3600

500 1235 65 65 1235 500
65

3.700 ▽
500
3.200 ▽
小青瓦屋面
宽度180，搭六露四
桁条φ200

600
2.600 ▽
200
桁条φ200
杉木结构枋子
80×200
挂落详大样

童柱，上φ200
下φ240
短机60×80
廊川φ200，挖底10

封檐板20×220
飞椽40×60
50×70椽子

3700
550
1650

钢筋混凝土柱300×300
外饰红木色涂料

50 300 50

±0.000 ▽
200
芝麻白烧面花岗岩础石

2600

3—3剖面图 1:30

0.85 ▽

0.50 ▽

400 350
50
青石驳岸

防腐木美人靠
另见详图

镀锌钢管@600
40×40×3
镀锌钢管
40×40×3

25 150 150 25

140×200木梁
100厚C20混凝土

FL+0.000 ▽

450 450

30厚1:2.5水泥砂浆
饰面白色涂料

WL−0.320 ▽

320 200 120

BL−1.020 ▽
350

做法一

50 40 200 300

100

960

MU10砖M7.5水泥砂浆砌筑

640

100 300

120 120

100厚C15混凝土垫层

120 120 100

原土夯实，素土回填
机械碾压，夯实密度≥94%

4—4剖面图 1:30

做法一
— 50厚青石板碎铺
— 50厚C10细石混凝土
— 1:2防水水泥砂浆找平层，厚20
— 高分子丙纶复合防水卷材，铺设两道，转角处铺设三道
— 1:2防水水泥砂浆找平层，厚20
— 150厚C30P6抗渗钢筋混凝土，Φ8@200双层双向
— 100厚C15混凝土
— 200厚天然级配砂石(机械碾压，夯实密度≥94%)
— 原土夯实，素土回填(机械碾压，夯实密度≥94%)

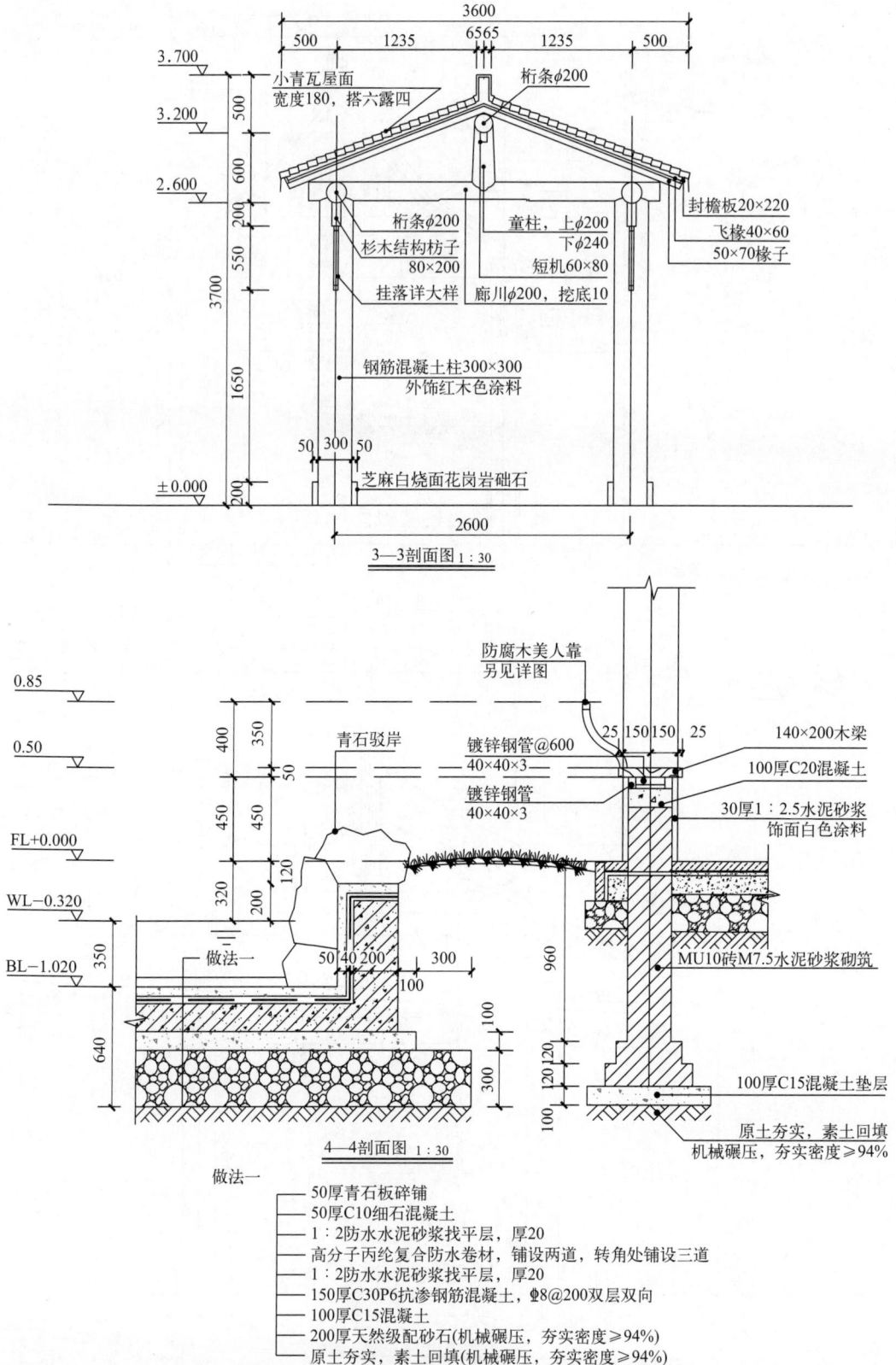

图3-4-9 亭廊剖面图

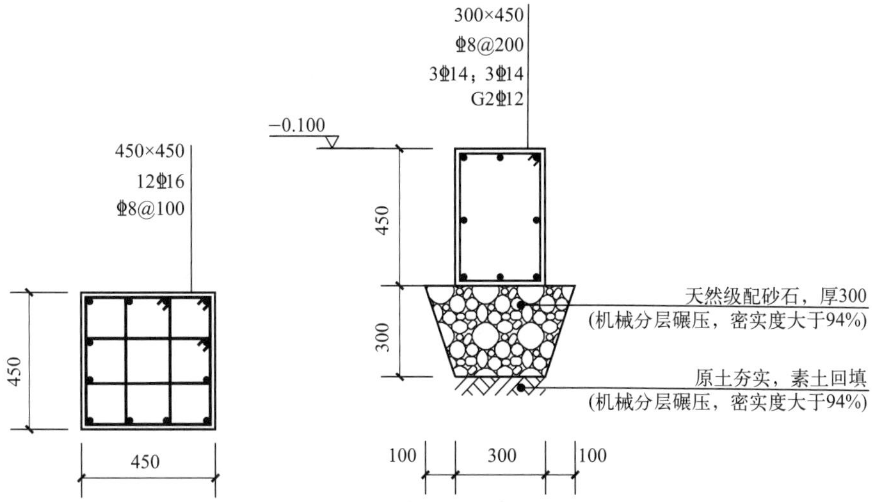

450×450
12Φ16
Φ8@100

−0.100

300×450
Φ8@200
3Φ14；3Φ14
G2Φ12

450

450

300

天然级配砂石，厚300
(机械分层碾压，密实度大于94%)

原土夯实，素土回填
(机械分层碾压，密实度大于94%)

100 300 100

KZ-1 1：25

DL-1 1：25

图 3-4-10 亭廊配筋结构图

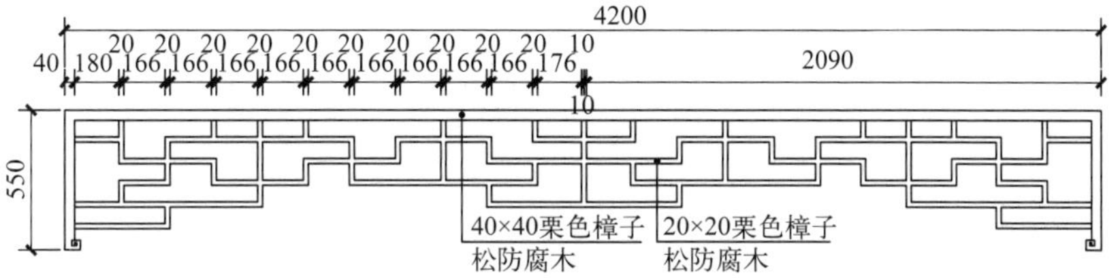

4200

40 180 166 166 166 166 166 166 166 166 176
20 20 20 20 20 20 20 20 20 20 10

2090

550

10

40×40栗色樟子
松防腐木

20×20栗色樟子
松防腐木

挂落大样图一 1：20

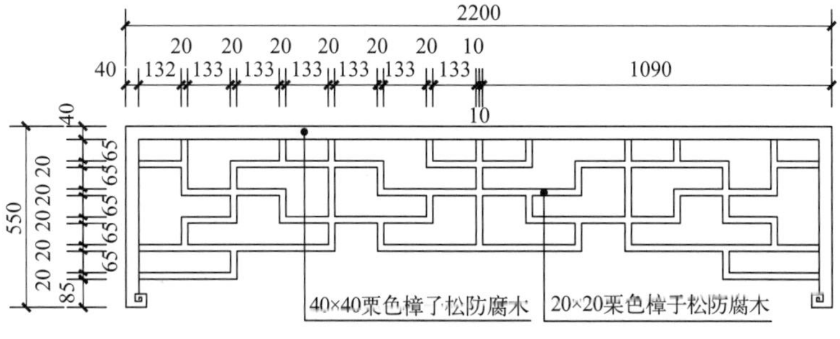

2200

40 132 133 133 133 133 133 133
20 20 20 20 20 20 20 10

1090

550

40

65 65 65 65

20 20 20 20

85

10

40×40栗色樟子松防腐木

20×20栗色樟子松防腐木

挂落大样图二 1：20

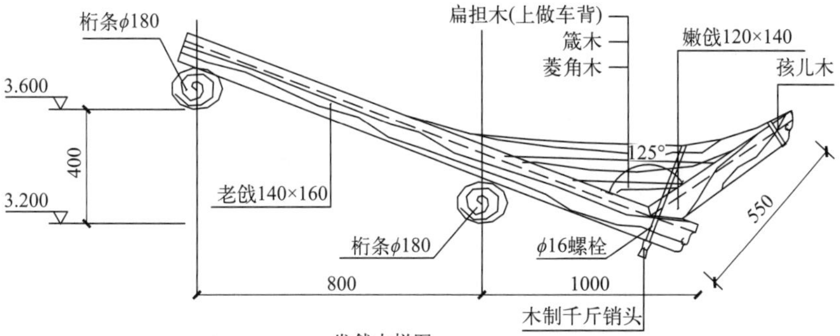

桁条φ180

扁担木(上做车背)
篾木
菱角木

嫩戗120×140

孩儿木

3.600

400

3.200

老戗140×160

桁条φ180

φ16螺栓

125°

550

800

1000

木制千斤销头

发戗大样图 1：50

图 3-4-11

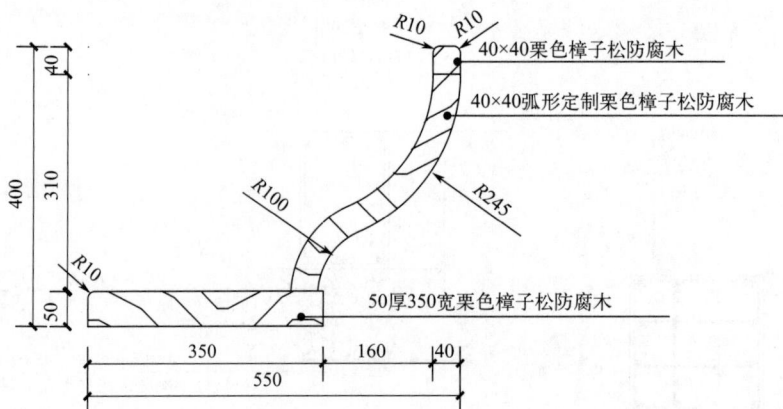

美人靠大样图　1:10

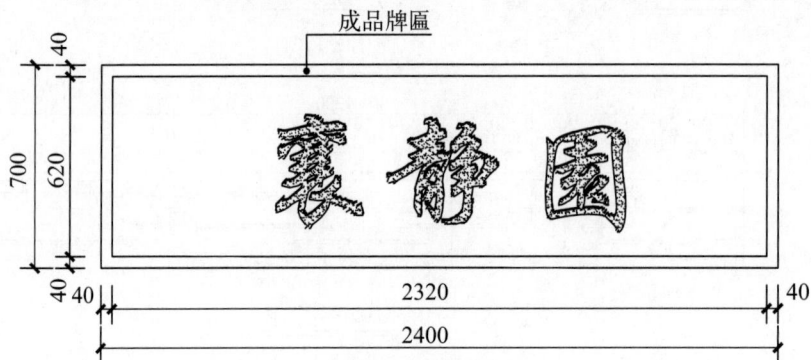

牌匾大样图　1:20

木料：柚木，厚度40mm

图3-4-11　建筑大样图

课后练习

1. 选择题

在绘制亭廊构造详图时，（　　）是设计初期的首要考虑因素。

A. 景观风格　　　　　B. 材料选择　　　　　C. 预算　　　　　　　D. 场地尺寸

2. 填空题

① 绘制亭廊构造详图时，需要准确标注（　　）、（　　）和（　　）等信息。

② 亭廊的平面设计图中，应包含（　　）、（　　）和（　　）等元素。

3. 简答题

① 简述亭廊构造详图绘制的主要步骤。

② 亭廊设计中需要注意哪些安全问题？

任务五

挡土墙详图

📘 知识目标

① 掌握挡土墙详图绘制流程。

② 熟悉挡土墙详图绘制内容和要点。

③ 明确挡土墙详图设计深度。

⚙ 能力目标

① 能够根据案例项目完成基础资料的收集整理工作。

② 能够根据设计图纸分析、逆推出施工图基本框架。

③ 能够按照相关规范、标准完成挡土墙详图的绘制。

✳ 任务引入

××环境景观工程项目内含一段地形变化，设计图中设置了对应的挡土墙，但对挡土墙没有做明确的外形设计。现进入施工图设计阶段，需要绘制出项目中的挡土墙施工图。

📑 任务分析

设计图中有明确的挡土墙意向图、效果图的，应根据意向图、效果图进行挡土墙施工图设计；没有明确可参考的意向图和效果图的，在与设计师充分沟通的前提下，选择符合场地实际情况的挡土墙结构，并绘制施工图。无论哪一种情况，因为涉及挡土的功能，都应优先考虑墙体的各方面性能，在满足功能的前提下完善外观设计。

🏔 任务实施

1. 项目调查与资料收集

收集工程地点的地质和土壤信息。获取相关的地形图、水文地质图等资料。考虑周边环境，包括气象条件和附近的建筑结构。

2. 初步设计与计算

此处需明确，是绘制挡墙施工图还是挡土墙施工图。挡墙是以维护为主的景观墙，侧重在装饰围挡，与景观墙类似。挡土墙是具有明确挡土功能要求的墙体，需要根据土壤力学原理和地质条件进行设计。一般需要计算土壤的承载能力、水压力等。后者还需要选择合适的类型，如重力式、撑挡式等。

3. 结构分析

对于挡土墙，进行结构分析是必要的。结构分析包括静力分析和动力分析。确定挡土墙的稳定性、抗滑稳定性、抗倾覆稳定性等关键要求。这个环节单纯依靠施工图绘制员难以妥善完成，还需要其他专业人员配合完成。

4. 绘制基础平面图

根据初步设计，在施工图上标注墙体的位置、尺寸和高程。绘制基础平面图，包括墙体的轮廓和基础的布置。挡土墙基础平面图的绘制步骤参考如下。

① 标明墙体位置：根据设计要求，在总平面图上标明墙体的位置，包括长度、宽度、高度等信息。

② 标注地质条件：根据前期的地质勘察数据，标注不同土层的性质和厚度，指出可能存在的地基问题，如软土层、岩石等。

③ 确定基础形式：根据土壤条件和挡土墙类型，确定挡土墙的基础形式，如浅基础或深基础；在基础平面图上标注基础的形状和尺寸。

④ 标绘排水系统：标注挡土墙的排水系统，包括排水沟、渗流管道等；确保排水系统合理布局，以防止土壤饱和和墙体受压。

⑤ 标示标高和坡度：在基础平面图上标注挡土墙各个部位的标高，确保高程的一致性；标示挡土墙表面和坡度，以确保土体的稳定。

⑥ 标注监测点和检测孔：标注挡土墙上设置的监测点和检测孔的位置，以便后期监测挡土墙的变形和稳定性。

⑦ 考虑附属构筑物：如果挡土墙需要与其他附属构筑物结合，如护坡、护岸等，则应在基础平面图上标注其位置和形状。

⑧ 添加文字说明和图例：在基础平面图上添加文字说明，解释图中的各种标记和符号；编制图例，以便施工人员和监理理解图纸内容。

5. 绘制剖面图

绘制墙体的剖面图，标注土壤层、墙体的结构细节、排水系统等。确保墙体在各个剖面上符合设计要求。挡土墙截面图绘制参考步骤如下。

① 选择典型剖面位置：在挡土墙的长度范围内，选择几个典型位置进行剖面分析，以确保设计的全面性。

② 标绘土壤层：在剖面图上标绘不同土层的性质和厚度，包括土壤的抗剪强度等关键信息。

③ 绘制挡土墙结构：标注挡土墙的结构细节，包括墙体厚度、均布荷载、抗滑支撑等；绘制墙体内的排水系统和渗流管道。

④ 标绘加固措施：如果有加固措施，如钢筋加固、土钉墙等，需在剖面图上详细标绘。

⑤ 标示水位和荷载：在剖面图上标注设计水位和可能的荷载情况，以进行结构计算和分析。

⑥ 考虑防护措施：在剖面图上标示挡土墙的防护措施，如护坡、护岸等，确保防护措施与挡土墙结构相协调。

⑦ 添加文字说明和图例：在剖面图上添加文字说明，解释图中的各种标记和符号；编制图例，以便施工和监理人员理解图纸内容。

⑧ 绘制不同阶段的剖面图：如果挡土墙施工有不同阶段的变化，则需要绘制不同阶

段的剖面图，以便施工人员理解施工过程。

6. 标注材料和规格

在施工图上详细标注墙体所使用的材料，包括混凝土、钢筋等；标注各个构件的规格和要求。

7. 加固与防护设计

单纯围挡性质的挡墙基本不涉及此环节。但是如果绘制挡土墙，则需要根据工程实际情况，设计挡土墙的加固与防护措施，包括挡土墙的渗流防护、防冻设计等。

8. 施工顺序图

绘制墙体的施工顺序图，明确施工过程中的步骤和顺序。考虑施工现场的实际情况，确保施工的合理性和安全性。

9. 审核与审图

由专业工程师对施工图进行审核，确保设计的合理性和安全性。提交审图机构进行审查，获取审图意见并进行修改。

10. 完成图纸

根据审核和审图意见进行修改，形成最终的施工图。

以上步骤是一般性的挡土墙详图绘制过程，具体的步骤和要求可能会根据实际工程的特点和地质条件而有所不同。总体而言，绘制挡土墙的相关要求高于普通挡墙，绘制流程也更为复杂。在实际操作中，需由专业土木工程师进行设计和绘制，确保墙体的安全可靠。

注意要点

① 设计规范：确保绘图符合相关的设计规范和标准，包括建筑规范、结构设计规范等，具体要求可能因地区而异。

② 详细标注：在绘图中提供详细的标注，包括尺寸、材料规格、连接方式等，有助于施工人员准确理解设计意图。

③ 周边环境：考虑挡土墙与周围环境的关系，包括与相邻建筑物、道路、植被等的距离。确保挡土墙的设计与周围环境协调一致。

④ 地形和排水：如果挡土墙位于坡地上，则要考虑地形和排水情况，确保挡土墙的设计能够有效处理水流，防止土壤侵蚀和滑坡。

⑤ 材料选择：在图中明确挡墙所使用的材料，并确保这些材料符合相应的建筑和结构标准；材料的选择应考虑气候条件、耐久性和美观性。

⑥ 基础设计：绘制清晰的基础设计，包括基础类型、尺寸和深度。挡土墙的稳定性直接与其基础的设计和施工质量有关。

⑦ 施工顺序：在绘图中标明施工顺序和步骤，确保施工过程有条不紊。这可以帮助监理和施工人员更好地理解工程计划。

⑧ 安全要求：考虑到挡土墙的高度和位置，图纸中要包括相关的安全要求，以确保施工和使用过程中的安全。

⑨ 审查和修改：在提交施工图之前，要进行审查并根据需要进行修改，确保图纸中

的信息准确、完整，并与其他相关图纸协调一致。

⑩ 遵守法规：确保挡土墙的设计和施工符合当地的法规和规定，包括土地使用规划、建筑许可等。

以上内容是挡土墙详图绘制过程中一般性的注意事项，具体的要点可能会因项目的特殊性质而有所不同。在绘制挡土墙详图时，最好与专业的建筑设计师、结构工程师和相关的建筑部门进行密切合作。

✔ 知识链接 ......

1. 挡土墙的基本概念

挡土墙是支承路基填土或山坡土体，防止填土或土体变形失稳的构造物。

在挡土墙横断面中，与被支承土体直接接触的部位称为墙背；与墙背相对的、临空的部位称为墙面；与地基直接接触的部位称为基底；与基底相对的、墙的顶面称为墙顶；基底的前端称为墙趾；基底的后端称为墙踵。

2. 挡土墙的种类

（1）重力式挡土墙

重力式挡土墙靠自身重力平衡土体，一般形式简单、施工方便、圬工量大，对基础要求也较高。依据墙背形式不同，其种类有普通重力式挡土墙、不带衡重台的折线墙背式重力挡土墙和衡重式挡土墙。

衡重式挡土墙属重力式挡墙；衡重台上填土使得墙身重心后移，增加了墙身的稳定性；墙胸很陡，下墙背仰斜，可以减小墙的高度和土方开挖；但基底面积较小，对地基要求较高。

（2）锚定式挡土墙

锚定式挡土墙属于轻型挡土墙，通常包括锚杆式和锚定板式两种。

① 锚杆式挡土墙主要由预制的钢筋混凝土立柱和挡土板构成墙面，与水平或倾斜的钢锚杆联合作用支挡土体，主要是靠埋置于岩土中的锚杆的抗拉力拉住立柱保证土体稳定的。

② 锚定板式挡土墙则将锚杆换为拉杆，在其土中的末端连上锚定板。这种结构在路堤施工中容易实现，但在路堑施工中则不太适用。

（3）薄壁式挡土墙

薄壁式挡土墙是钢筋混凝土结构，主要包括悬臂式和扶壁式两种。

悬臂式挡土墙由立壁和底板组成，有三个悬臂，即立壁、趾板和踵板。当墙身较高时，可沿墙长一定距离立肋板（即扶壁）联结立壁板与踵板，从而形成扶壁式挡土墙；老路加固时，由于扶壁难以在踵板侧做，也可考虑将其做在趾板侧，同样可以发挥作用，但须进行设计计算确定。

（4）加筋土挡土墙

加筋土挡土墙是由填土、填土中的拉筋条以及墙面板三部分组成的。它通过填土与拉筋间的摩擦把土的侧压力削减到土体中起到稳定土体的作用。

加筋土挡土墙属于柔性结构，对地基变形适应性强，适用于填土路基；但须考虑其挡板后填土的渗水稳定及地基变形对它的影响，需要通过计算分析选用。

（5）其他挡土墙

其他挡土墙有柱板式挡土墙（沿河路堤及基坑开挖中常用），桩板式挡土墙（基坑开挖及抗洪中使用），垛式挡土墙（又称为框架式挡土墙）。

3. 挡土墙的作用

① 路肩墙或路堤墙设置在高填土路堤或陡坡路堤的下方，可以防止路基边坡或基地滑动，确保路基稳定，同时可收缩填土坡脚，减少填土数量，减少拆迁和占地面积，并且保护临近线路的既有建筑物。

② 滨河及水库路堤，在傍水一侧设置挡土墙，可防止水流对路基的冲刷和侵蚀，也是压缩河床或少占库容的有效措施。

③ 设置在隧道口或明洞口的挡土墙，可缩短隧道或明洞长度，降低工程造价。

④ 设置在桥梁两端的挡土墙，作为翼墙或桥台，起着护台及连接路堤的作用。

⑤ 抗滑挡土墙则可用于防止滑坡。

📖 **拓展阅读**

────── **挡土墙国内外发展现状及趋势** ──────

1. 国内发展现状

① 技术水平提升：随着科技的不断进步，挡土墙的施工技术和材料性能得到了极大的提高。

② 应用领域广泛：挡土墙已广泛应用于公路、铁路、水利工程以及城市建设等领域。

③ 设计方法创新：在设计方法方面，出现许多新的理论和方法，如土体侧移法、桩土共同作用理论等。

2. 国际发展现状

① 新材料应用：在国外，挡土墙的建设已经采用了许多新材料，如无机胶土墙、格栅框架墙等。

② 绿色环保：国际上对挡土墙的环保要求越来越高，大量应用了环保材料和技术。

3. 挡土墙发展趋势

① 新材料应用：随着科技的进步，新材料的应用将进一步丰富挡土墙的类型和性能。

② 绿色环保：未来挡土墙的建设将更加注重环保和可持续发展。

③ 智能化施工：随着智能化技术的广泛应用，挡土墙的施工将更加高效和精确。

📇 **实践案例**

图3-5-1～图3-5-3是××环境景观工程施工图中的挡土墙详图，包括立面图、剖面图等。

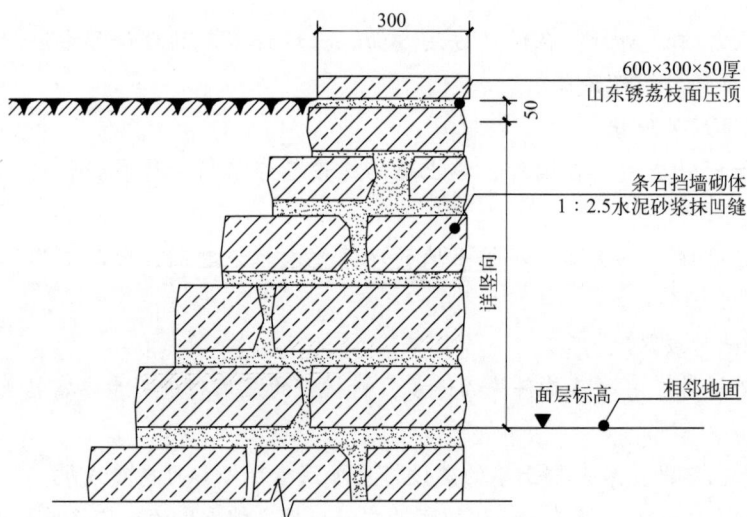

图 3-5-1　条石挡土墙立面、剖面图

2A

600×300×50厚
山东锈荔枝面，压顶

50

详见竖向平面图

600×300×30厚
山东锈荔枝面，工字铺

相邻地面

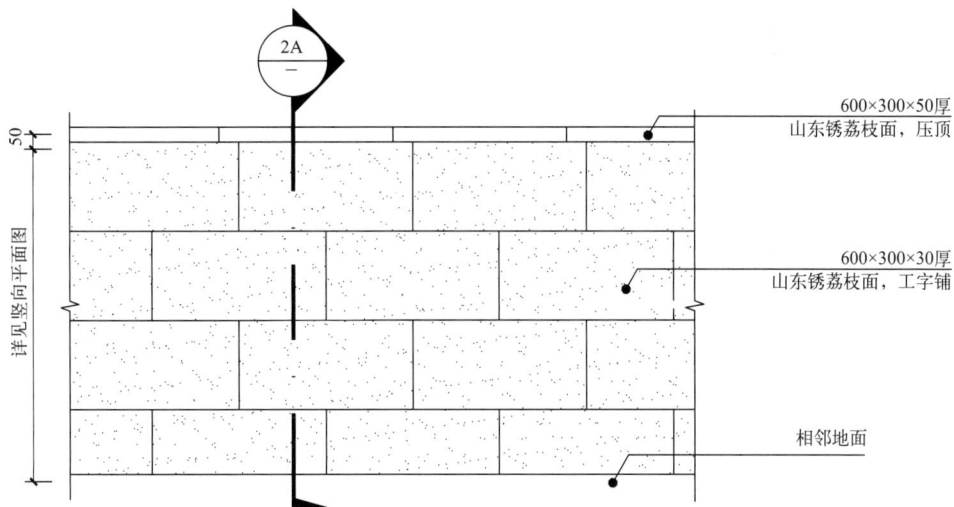

② 砖砌挡土墙立面图　　　　1：20

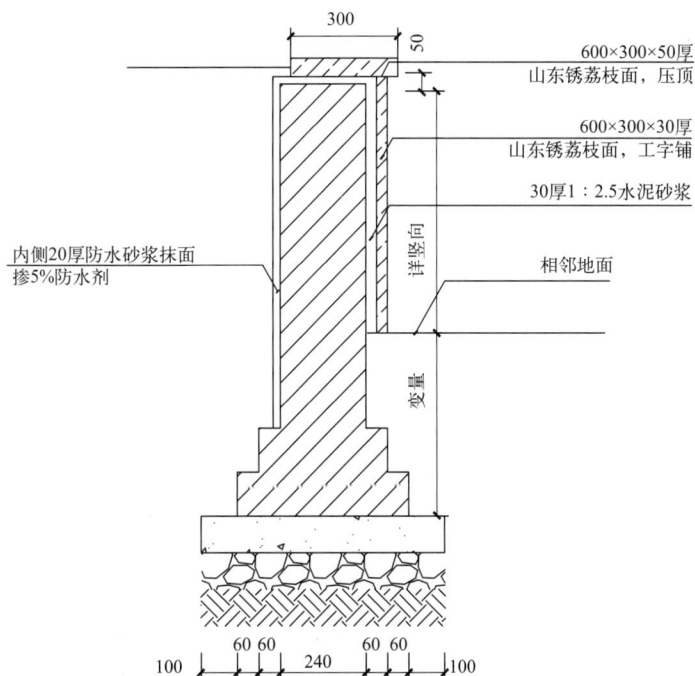

300

50

600×300×50厚
山东锈荔枝面，压顶

600×300×30厚
山东锈荔枝面，工字铺

30厚1：2.5水泥砂浆

详竖向

相邻地面

内侧20厚防水砂浆抹面
掺5%防水剂

变量

100　60 60　240　60 60　100

2A 砖砌挡土墙剖面图　　　　1：20

注：1. 图中挡土墙挡土深度小于900mm时用240mm砖砌体砌筑；大于900mm小于1500mm时用370mm砖砌体砌筑；
　　　大于1500mm时详见建施。
　　2. 图中挡土墙基础埋深深度不小于挡土深度的1/3。

图3-5-2　砖砌挡土墙立面图、剖面图

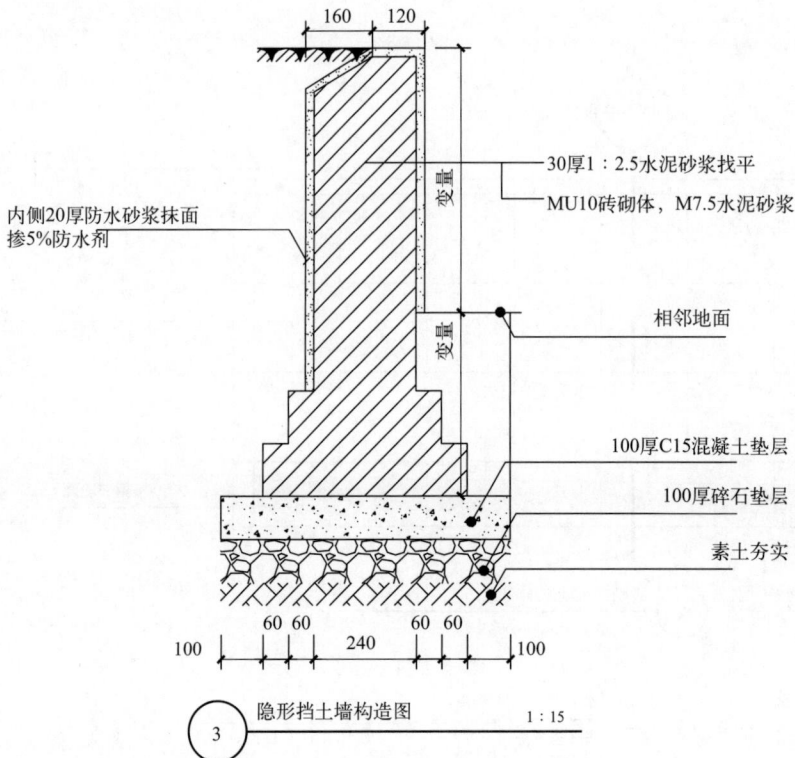

图3-5-3　隐形挡土墙构造图

注：1. 图中挡土墙挡土深度小于900mm时用240mm砖砌体砌筑，大于900mm小于1500mm时用370mm砖砌体砌筑，大于1500mm时详见建施。
　　2. 图中挡土墙基础埋深深度不小于挡土深度的1/3。

课后练习

1. 选择题

① 在绘制挡土墙详图时，首先需要考虑的是（　　　）。

A. 挡土墙的高度　　　　　　　　　　　　B. 挡土墙的材料

C. 挡土墙的基础类型　　　　　　　　　　D. 挡土墙的施工方法

② 当挡土墙的高度为8m时，其基底宽度通常不宜小于（　　　）m。

A. 1.5　　　　　　　B. 2.0　　　　　　　C. 2.5　　　　　　　D. 3.0

2. 填空题

① 挡土墙详图中应明确标注的信息包括挡土墙的（　　　）、（　　　）、（　　　），以及所使用的（　　　）。

② 在绘制挡土墙详图时，若采用重力式挡土墙设计，其抗滑稳定系数一般应满足（　　　）的要求。

3. 简答题

① 简述绘制挡土墙详图的主要步骤。

② 简述在绘制挡土墙详图时需要考虑的安全因素。

任务六

景观平台详图

知识目标

① 掌握景观平台详图绘制流程。

② 熟悉景观平台详图绘制内容和要点。

③ 明确景观平台详图设计深度。

能力目标

① 能够根据案例项目完成基础资料的收集整理工作。

② 能够根据设计图纸分析、逆推出施工图基本框架。

③ 能够按照相关规范、标准完成景观平台详图的绘制。

任务引入

环境景观工程项目中，常会应用到景观平台。现有一邻水观景平台设计方案，需要进行施工图绘制。设计方案中平台地面为实木或塑木地板，棕色；支柱为钢结构，显得轻便美观；平台有扶栏，确保人员安全；扶栏造型简洁，不饰花纹，以实用为主。

任务分析

由于该景观平台临水而建，实木地板并非首选，因此选择了外观和质感接近于实木的塑木，不影响设计效果，同时经久耐用，安全可靠。扶栏采用最常见的钢材，与简洁的造型相匹配，且强度够用。支柱遵从方案设计者意图，采用钢结构，基础采用混凝土，与钢柱连接部分采用螺栓固定，并浇筑在混凝土内部。至此基本确定施工图绘制的主体内容。

任务实施

以下是景观平台详图绘制的基本流程。

1. 理解设计意图和需求

详细了解设计师的设计意图和项目需求。确认景观平台的功能、风格、主要材料和预算限制。

2. 收集和分析基础资料

收集场地的详细测量数据和现有条件，如地形、地貌、周边环境等。分析地质报告和土壤状况，以评估地基的承载能力和排水需求。

3. 详细设计和绘图

在总体规划的基础上，绘制详细的平面图、立面图和剖面图。在图纸中标明尺寸、高差、坡度等重要信息。

4. 选材和细节处理

根据设计要求和功能需求，选择合适的材料和构造方法。绘制构造细节图，如栏杆、台阶、排水系统等。

5. 图纸标注和说明

在图纸上清晰标注所有的尺寸、材料类型、施工方法等。提供详细的技术说明和施工要求。

6. 审核和修改

审核图纸，确保所有细节准确无误，符合设计规范和建筑标准。根据反馈进行必要的修改和调整。

7. 图纸更新和归档

根据施工过程中的实际情况更新和修订图纸，将最终版图纸和相关文件归档保存。

在整个过程中，注重细节、精确度和与团队的沟通至关重要，以确保景观平台的施工图既能准确反映设计意图，又能满足施工的实际需求。

💡 **注意要点** ....

景观平台是景观设计内容中重要的功能空间和组成形态，通常在小区景观、公园景观中比较常见，具有一定的参与性、体验性、交往性及娱乐性。在不同的场地现状中，景观平台的具体形式也是不同的，如庭院平台、观湖平台、亲水平台等；根据面层材料的不同，景观平台又有木质平台、花岗岩平台、玻璃平台等类型。其中，木质平台的设计较为常见。

在施工图设计过程中，需要根据具体现状条件绘制相应的设计图纸。绘制景观平台详图的基本要点如下。

1. 平台尺寸平面图

图纸中需要清楚地表达场地所处的位置以及周边环境，明确场地的属性。图中平台周边主要是小区建筑，并以道路和绿植穿插其中，无须标示植物图例，用PA注释代表绿化种植区域，以突出平台的平面细部，并针对具体的平台构造形式详细标注尺寸，用以明确平台细部之间的构造关系，达到指导施工的目的。

2. 平台竖向标高平面图

竖向标高平面图主要用来确定场地的高程（标高）关系，即根据场地的地形特点和施工技术条件，综合考虑建筑、构筑物、道路、绿植等之间的标高关系，并以最经济、合理的方式确定场地中的竖向设计。进行景观平台竖向设计时，主要注意以下几个方面。

① 合理选择竖向布置方式，确定各级变坡点的标高，标注起坡线和止坡线，相邻变坡点标高之间标注坡长、坡向和坡度。

② 在满足景观要求的前提下，减少土石方工程量，尽量达到挖填方平衡。

③ 拟定排水方式，防止场地积水或水淹。

④ 合理确定附属工程构筑物（护坡、挡土墙）及排水构筑物（散水坡、排水沟）。

⑤ 确定场地排水方向，并在图中标注。

3. 平台物料平面图

物料平面图主要表达场地中硬质材料的名称及规格，一般是材料尺寸规格（长×宽×厚，图中尺寸单位为毫米）在前，材料名称和面层做法在后，也可通过索引的方式进一步说明设计的细节。

4. 平台立面图及剖面图

立面图及剖面图是对场地设计的进一步深化，反映空间的立面效果及高差，显示剖切线上结构的起伏状况。在绘制的过程中需要标注标高符号、对应的剖切符号、索引符号、尺寸、材料、图名、比例尺等细节。图中尺寸除标高以米为单位以外，其余均以毫米为单位。

5. 平台基础结构图

基础结构图主要是表达景观平台基础平面布置的位置和方式，确定柱、坡道、梁等结构的构造细节和配筋方式等内容。在绘制的过程中，一是需要根据柱、梁的具体位置设定 x、y 轴线，以利于施工定位。在 x 轴方向上用阿拉伯数字表示，从左至右依次标记，在 y 轴方向上用大写字母表示，从下至上依次标记。二是需要合理地标记柱、梁等的细节尺寸，也可用索引的方式进行深入说明，如角度、配筋直径、间距、顶标高等细节。三是结合实际场地的现状，如果有补充说明的文字，需在图纸旁边进行备注强调。

⌁ 知识链接

一、景观木平台设计事项

景观木平台设计是一个集美观性、功能性和持久性于一体的过程。以下是在设计景观木平台时的一些关键事项。

1. 选材和耐久性

选择适合户外使用的木材，如防腐木、硬木或经过特殊处理的木材，以抵抗天气、虫害和腐蚀。使用复合材料（如木塑复合材料）可以作为一个可持续且维护成本较低的选择。

2. 结构稳定性和安全性

确保平台结构稳固，符合当地建筑规范和安全标准。设计合理的承重结构，确保平台能够承受预期的使用负荷。在必要的位置安装栏杆和护栏，特别是在高差较大的地方。

3. 排水和通风

设计良好的排水系统，防止雨水积聚和木材腐烂。保持木板之间适当的间隙，以便空气流通，减少木材膨胀和收缩。

4. 功能性和多样性

根据使用需求设计平台的大小和形状，如休闲区域、观景点或步道。考虑集成座椅、花箱、照明或其他景观元素。

5. 美观与环境协调

设计时考虑周围环境和景观，确保木平台与环境和谐融合。选用颜色和材质与周边自然环境相协调的材料。

6. 无障碍设计

考虑轮椅用户和行动不便者的需求，设计合理的坡度和无障碍通道。

7. 可持续性和环境影响

优先选择可持续采伐的木材，减少对环境的影响。考虑生态影响，尽量减少对周围环境的干扰和破坏。

8. 维护和耐用性

设计易于维护和清理的平台。考虑定期的保养和修复，以延长木平台的使用寿命。

在设计景观木平台时考虑这些事项，可以确保创建一个既美观又实用的户外空间，为使用者提供舒适和愉悦的体验。

二、景观平台基础设计

1. 土壤条件

对土壤进行详细的勘测，了解土壤的承载能力、排水性能等。根据土壤条件选择合适的基础类型，包括浅基础（如扩展底座）或深基础（如桩基）等。

2. 结构设计

根据平台的形状和尺寸设计稳固的结构，确保其能够承受使用荷载和环境荷载。考虑使用木材时，确保所选木材的强度、耐久性和防腐性。

3. 使用安全

确保平台的设计符合相关的安全标准，避免尖锐的边缘或突出物。考虑添加防滑表面，以提高在潮湿条件下的使用安全性。

具体的景观木平台基础设计要点可能会因项目的具体需求、地理位置和预算而有所不同。在实际设计过程中，建议与专业的结构工程师和景观设计师合作，以确保设计的可行性和持久性。

📖 **拓展阅读**

世界最大双层玻璃观景平台在中国

"天子地生态风景旅游区"坐落于桐庐和千岛湖之间的连绵山岭中，是一处著名的国家4A级旅游景区。

世界最大的双层玻璃观景平台就是这里的紫金花悬崖眺台。紫金花悬崖眺台的观景台分为两层，下层是紫金花形的透明玻璃平台，上层则是"天空之镜"。紫金花悬崖眺台由"世界纪录认证公司 WRCA"认证为世界最大的双层玻璃观景平台（图3-6-1）。

图3-6-1　平台鸟瞰

实践案例

图3-6-2为××环境景观工程施工图中的景观平台详图，包括平面图、剖面图等。

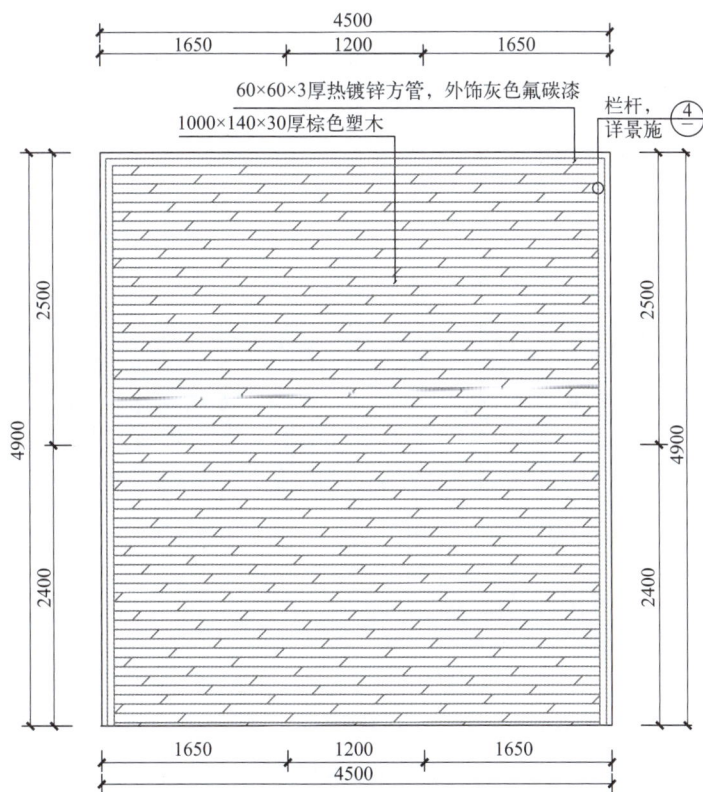

景观小平台平面图　1∶30

图3-6-2

1.000

30

60×30×3厚热镀锌矩形管
外饰棕色仿木纹氟碳漆两道

1000

970

1

60×30×3厚热镀锌矩形管，
外饰棕色仿木纹漆两道

60

1

± 0.000

80

60×80×3厚热镀锌矩形管
外饰灰色氟碳漆

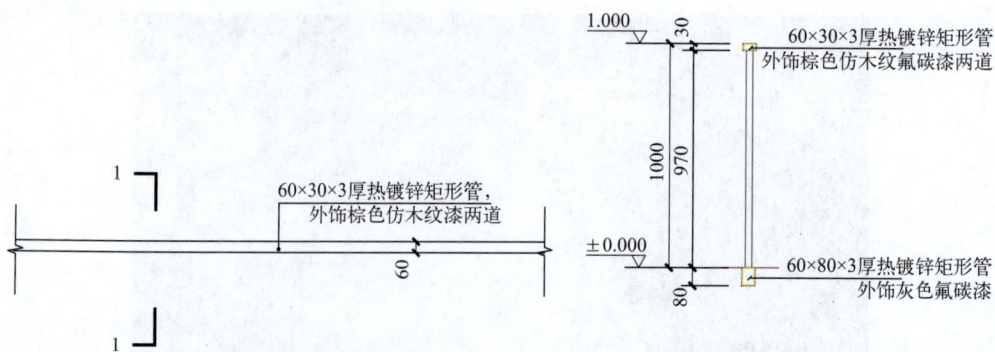

④ 栏杆标准段平面图 1：20

栏杆1—1剖面图　1：20

注：1.若栏杆底部为钢构件，焊接固定即可。
　　2.所有金属末端进行封口处理。

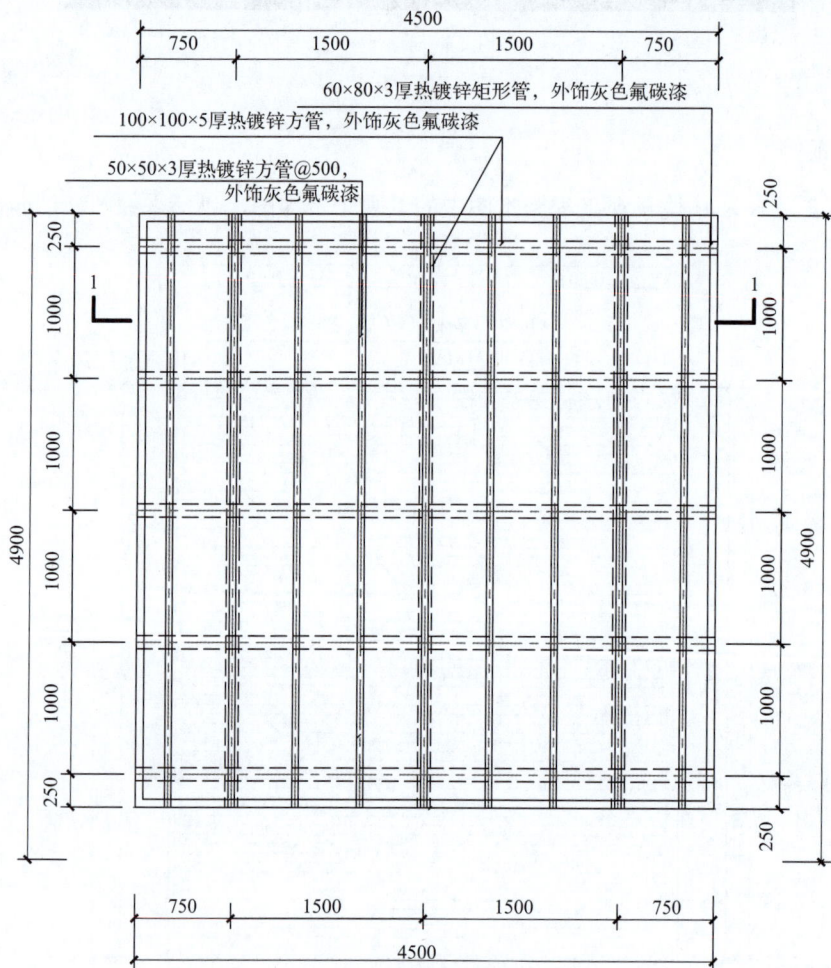

4500

750　　　1500　　　1500　　　750

60×80×3厚热镀锌矩形管，外饰灰色氟碳漆

100×100×5厚热镀锌方管，外饰灰色氟碳漆

50×50×3厚热镀锌方管@500，
外饰灰色氟碳漆

250

250

1

1

250

1000

1000

1000

1000

4900

1000

1000

4900

1000

1000

250

250

750　　　1500　　　1500　　　750

4500

景观小平台龙骨布置平面图　1：30

60×80×3厚热镀锌矩形管，外饰灰色氟碳漆

1000×140×30厚棕色塑木

100×100×5厚热镀锌方管，
外饰灰色氟碳漆

50×50×3厚热镀锌方管@500，
外饰灰色氟碳漆

180

250　500　500　500　500　500　500　500　250

4500

2500

2320

150×150×6厚热镀锌方管，
外饰灰色氟碳漆

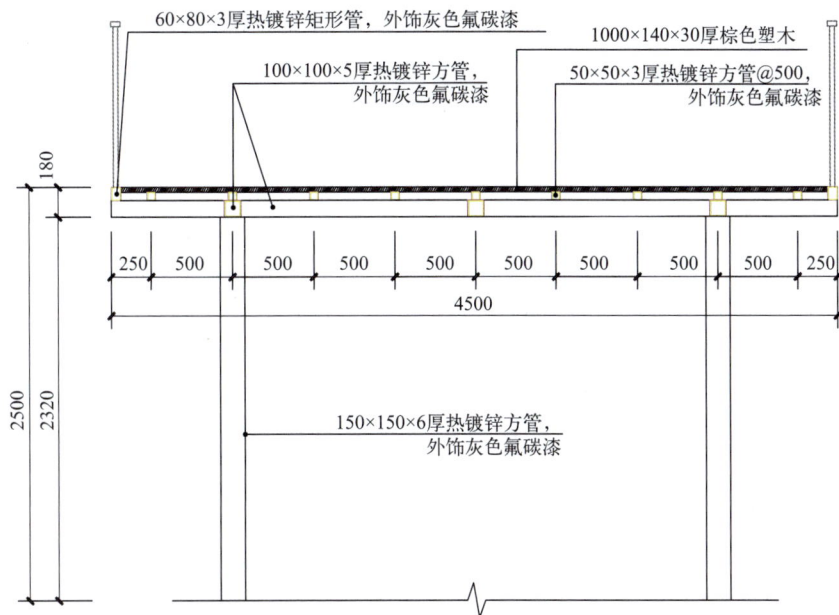

景观小平台1—1剖面图　1∶30

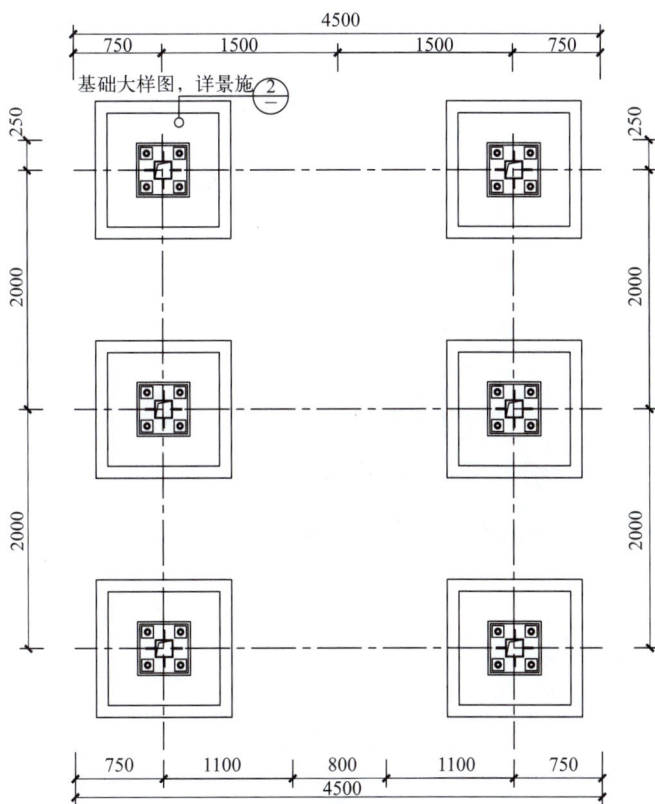

4500

750　1500　1500　750

基础大样图，详景施 ②
　　　　　　　　　一

250

2000

2000

250

2000

2000

750　1100　800　1100　750

4500

① 景观小平台基础布置平面图　1∶30

图3-6-2

基础1—1剖面图 ③
—

4M24锚栓(Q235B，双螺母)
垫板：−100×100×20，开孔φ27

② 基础平面图 　1：20

150×150×6厚热镀锌方管
外饰灰色氟碳漆两道，埋入土中的刷两道沥青油
C30细石混凝土外包
150×80×12厚加劲板
配套双螺母
底板PL−410×410×20厚，Q235B
配套平衡螺母
10#槽钢抗剪键
4M24锚栓
Φ8@150
C30钢筋混凝土
抗渗等级P6
垫层C20混凝土
素土夯实，夯实系数≥0.94
Φ12@150双向
8Φ16

③ 基础1—1剖面图 　1：20

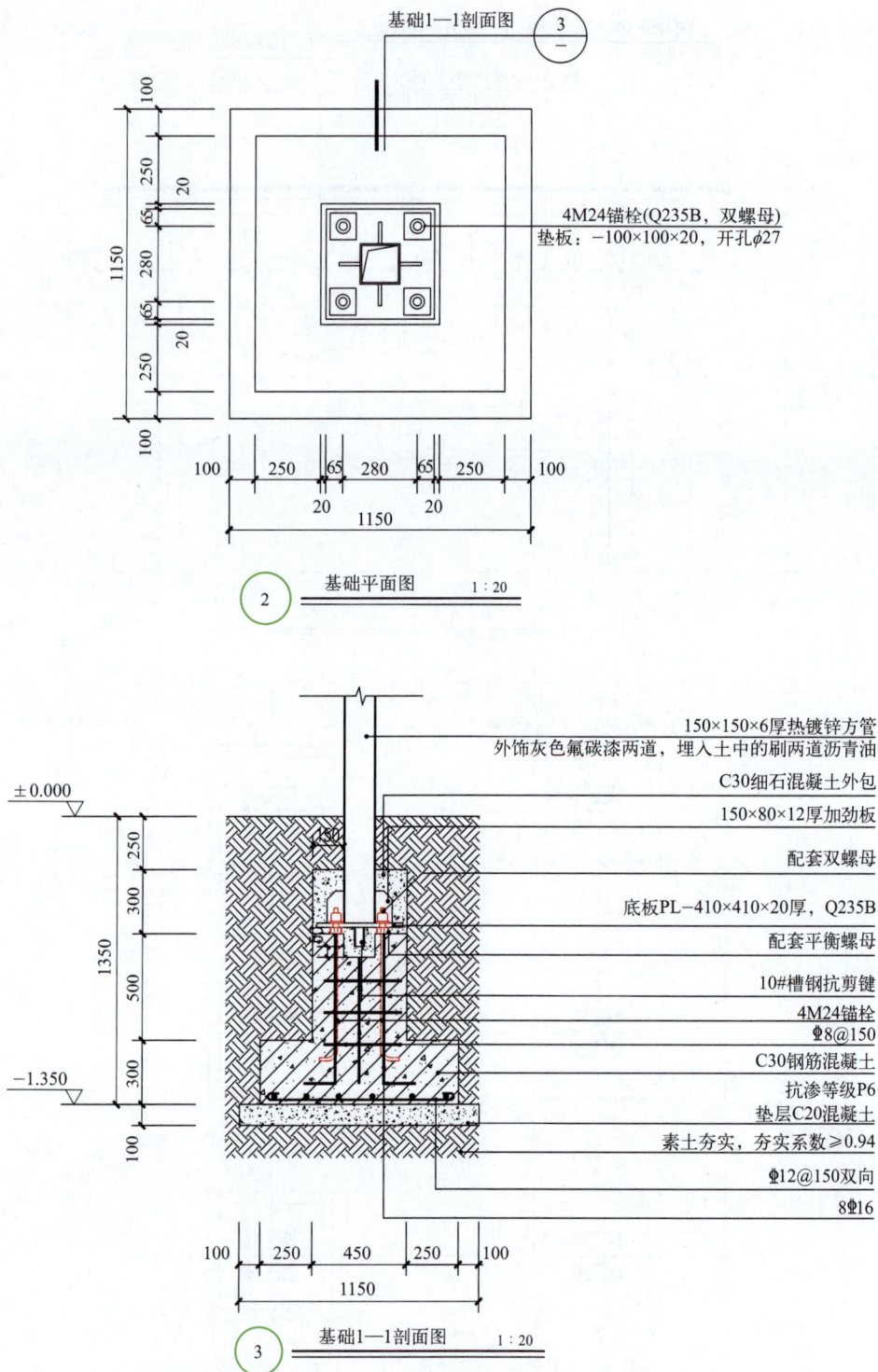

注：1.基础底部应落于老土层或采用砂石垫层换填。
　　2.若基础挖至基底标高，土层未能达到持力层要求应通知设计人员。

图3-6-2　景观平台详图

课后练习

1. 选择题

① 在绘制景观平台详图时，首先需要确定的是（　　　）。

A. 平台的大小和形状 　　　　　　　　B. 平台的材料和颜色

C. 平台的结构形式 　　　　　　　　　D. 平台的景观配置

② 对于一个面积为200m²的景观平台，其承重能力应至少满足（　　　）人的同时使用（假设每人平均占地面积为1m²）。

A. 50 　　　　　　B. 100 　　　　　　C. 150 　　　　　　D. 200

2. 填空题

① 景观平台详图中应明确标注的要素包括平台的（　　　）、（　　　）、（　　　），以及使用的（　　　）等。

② 绘制景观平台详图时，应考虑到平台的（　　　），确保在使用时不会发生倾覆或沉降。

3. 简答题

① 简述绘制景观平台详图的主要步骤。

② 在绘制景观平台详图时，需要考虑哪些安全因素？

笔记

笔记

项目四
环境景观种植施工图设计

任务一

种植设计说明

知识目标

① 掌握种植设计说明编写流程。
② 熟悉种植设计说明编写内容和要点。
③ 明确种植设计说明编写内容。

能力目标

① 能够根据案例项目完成基础资料的收集整理工作。
② 能够按照相关规范、标准完成种植设计说明的编写。

任务引入

种植设计说明是种植施工图设计不可缺少的组成部分，是对种植施工图中的设计和施工要点进行交代的文件。在种植设计说明中，要对种植施工的各个主要环节提出要求，并对设计中所采用的植物苗木规格进行严格的规定，以满足植物造景的需要和不同种植区域功能的要求。

任务分析

种植设计说明是对种植施工图设计的概括总结和必要补充。植物种植设计说明需以新建项目种植施工图设计为主要依据，结合项目实际情况准确编写。

种植设计说明包括栽植施工说明和种植详图两部分。种植设计说明中需体现种植设计的原则、景观和生态要求；对种植土壤的规定和建议；树木与建筑物、构筑物、管线之间的距离要求；对树穴、种植土、树木支撑等做的必要规定；对植物材料提出设计要求等。

🔥 任务实施

种植设计说明编写步骤和流程大致如下。

1. 准备工作

① 搜集项目场地条件信息。分析新建项目场地条件，如土壤、地形、气候等。

② 熟悉种植设计方案。了解设计整体构思和苗木总体质量要求。

③ 熟悉植物种植平面图设计内容。了解乔木、灌木、地被、草坪等植物设计的总体布局与配置形式，以及植物间距、排列方式、位置信息等。

④ 熟悉苗木表选用苗木规格。通过识读苗木表确定苗木的胸径、树高、冠幅、造型形式等信息。

⑤ 了解植物种植方法、养护要求。具体包括挖孔尺寸、施肥方法、浇水频率等具体步骤，土壤的处理、施肥养护、支撑结构，以及修剪管理等建议。

⑥ 了解质量控制及验收规范。确定种植工作的验收标准和方法，列出种植施工图设计过程中参照的国家、省市相关设计与验收规范。

⑦ 明确绿化与其他设施的联系。如场地内的高大建筑和构筑物，绿化范围内的电力电缆、给水管、排水管埋设情况。

2. 栽植施工说明

编制设计说明具体内容。结合拟建项目实际情况逐项编写栽植施工说明。

3. 绘制种植详图

对某一类植物的施工方法进行详细说明，说明施工过程中挖坑、覆土、施肥、支撑等种植施工要求。种植详图一般并入种植设计说明中，也可独立成图。

💡 注意要点

种植设计说明是种植施工图的重要组成部分，主要描述植物种植施工的要求，应根据具体的项目要求进行编写。种植设计说明主要包括以下几个方面的内容。

① 种植设计的整体构思和苗木总体质量要求。

② 种植土壤条件及地形的要求，包括土壤的 pH、土壤的含盐量以及各类苗木所需的种植土层厚度。

③ 各类苗木栽植穴（槽）的规格和要求。

④ 苗木栽植时的相关要求。应按照苗木种类以及植物种植设计特点分类编写，包括苗木土球的规格、观赏面的朝向等。

⑤ 苗木栽植后的相关要求。应按照苗木种类以及是否为珍贵树种分类编写，包括浇水、施肥以及根部是否采用喷布生根激素、保水剂和抗蒸腾剂等措施。

⑥ 苗木后期管理的相关要求。应按照苗木种类结合种植设计构思，通过文字说明植物的后期管理要求，尤其是重要景观节点处植物的形态要求。合理的苗木后期管理要求是后期管理的重要依据。

⑦ 说明所引用的相关规范和标准。

⑧ 说明园林种植工程同其他相关单项施工的衔接与协调，以及对施工中可能发生的未尽事宜的协商解决办法。

⑨ 当对植物立面造型要求较高时，应补充立面图以便规定植物的立面种植效果。如结合山石的植物，应以立面图表明与山石的构图关系、位置、数量等。如果对特殊树木种植方式有特殊规定时，如边坡绿化、水池绿化等，也需要以剖面图形式进行表达。

实践案例

×××小区景观工程种植设计说明

第一部分　景观绿化工程施工管理

一、技术规范依据及要求

① 通过甲方审查的景观设计方案。

② 设计人员现场考察、测量记录，相关专业施工设计图。

③《园林绿化工程施工及验收规范》（CJJ 82—2012）。

④《园林绿化木本苗》（CJ/T 24—2018）。

⑤《公园设计规范》（GB 51192—2016）。

⑥ ××省相关绿化标准。

⑦ 必须严格按照设计图纸要求的树种规格进行购苗、施工。若因季节、场地、气候等因素而必须进行变更，则变更前须征得甲方和设计单位的同意，在设计方提交变更说明文件或变更图纸后方可继续施工。

第二部分　主要分项工程施工方法（种植细则）

1.施工前准备

① 绿化工程必须按照甲方审查批准的绿化种植设计图纸施工，施工人员应掌握设计意图，进行工程准备。施工前应先由设计单位进行设计交底，施工人员应按设计图进行现场核对。

② 根据绿化设计要求，选定的种植材料应符合设计标准的规定。

③ 对施工现场进行的调查包括：施工现场的土质情况，以确定所需客土量；施工现场的交通状况；施工现场的供电、供水情况；对原地遗留物的保留和处理；如有地下管线，需详细了解地下各种电缆及管线情况，以免施工时造成破坏或意外事故。

2.平整场地

① 土方施工应严格遵循《建筑地基基础工程施工质量验收标准》（GB 50202—2018）中的相关规定。

② 土方施工前，场地应进行基底清理，清除树根（特别是主根）及垃圾杂物、草及草皮、含盐碱土质。

③ 挖方土质在回填前应根据规范要求进行区分使用。

④ 每层填土土类、厚度、土的含水量、压实度、压实机具应根据规范确定，并经严格检查，测定压实后的干密度，检验压实系数符合设计要求后，方能进行下一层的土壤

压实工作。用于填方区的石块及其他颗粒的粒径不得大于15cm，人工夯实的骨颗粒径不得大于5cm。

3. 土球要求

① 根据胸径大小确定土球规格。土球直径一般为树木胸径的7～10倍，同时根据树种及当地的土壤条件来确定土球大小。树木土球规格如表4-1-1所示。

② 土球的挖掘。挖掘前先铲除树干周围的浮土，然后以树干为中心，比规定土球大30～50mm画圆，并沿着此圆向外挖沟，沟宽600～800mm。

表4-1-1　树木土球规格

树木胸径 /mm	土球规格		
	土球直径 /mm	土球高度 /mm	留底直径
100～120	胸径 8～10 倍	600～700	土球直径的 1/3
130～150	胸径 7～10 倍	700～800	土球直径的 1/3
160～180	胸径 7～10 倍	800～900	土球直径的 1/3
190～200	胸径 6～10 倍	850～950	土球直径的 1/3
210 以上	胸径 6～10 倍	950 以上	土球直径的 1/3

注：如图纸上无特殊说明，苗木土球规格均以此表为准。

③ 土球的修整。应用锋利的铁锹修整土球，遇到较粗的树根时，应用锯或铲将其切断，不得用铁锹硬扎，以防土球松散。当土球修整到1/2深度时，可逐步收底直至土球直径的1/3为止，然后将土球表面修整平滑，下部成小平底。

④ 土球的包装。土球修整后，应立即用绳打上腰箍，其宽度为200mm左右，然后将土球包严并用草绳将腰部捆好，还要打花箍。土球包好后，将树推倒，将底堵严，并用草绳捆好。若土质较黏重可直接用草绳包装。

⑤ 土球与穴坑大小示意。土球的大小应依据下图视树种和苗木具体生长状况及种植季节而定，苗木清单中不作具体规定，以确保成活为标准。若市场上有容器苗或袋苗，应尽量优先采用。土球与穴坑大小示意如图4-1-1所示。

4. 大树定植

① 做好定点放线和挖种植穴的准备工作。

② 用人力或起重机将移来的树木置入种植穴时，应掌握好方向，并在设计师的指导下布置朝向，使树姿与周围环境相配合并尽量符合原来的朝向。当树木植种方向确定后，在坑内垫一土台并根据需要给土台一定坡度，确保大树定植后与地面垂直。大树落地前，应迅速拆去包装材料，将大树放置在土台上调整位置，然后填土压实。如穴深达400mm以上，应在夯实1/2时浇踏足水。为促使大树增生新根、恢复生长，可适当使用植物生长调节剂。

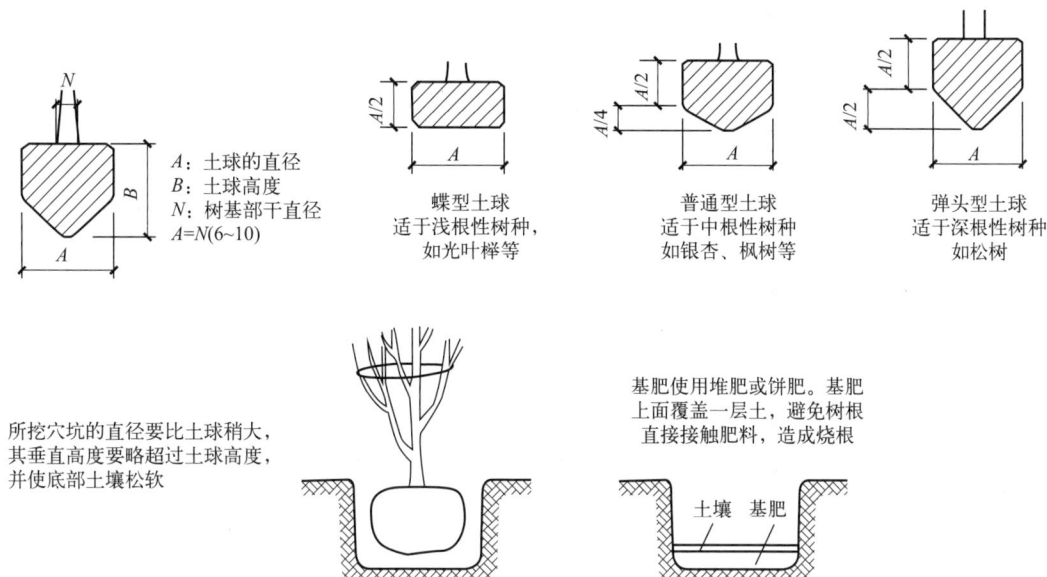

图4-1-1 土球与穴坑大小示意

A：土球的直径
B：土球高度
N：树基部干直径
A=N(6~10)

蝶型土球
适于浅根性树种，
如光叶榉等

普通型土球
适于中根性树种
如银杏、枫树等

弹头型土球
适于深根性树种
如松树

所挖穴坑的直径要比土球稍大，其垂直高度要略超过土球高度，并使底部土壤松软

基肥使用堆肥或饼肥。基肥上面覆盖一层土，避免树根直接接触肥料，造成烧根

土壤 基肥

5.孤植树、树丛林带的施工

（1）选定适宜的方法定位放线

以所定灰点为中心沿四周向下挖坑，坑的大小依土球规格及根系情况而定，带土球的应比土球大16~20cm，裸根苗应保证根系充分舒展，坑的深度应比土球高度深100~200mm。除行道树的坑外，坑的形状一般宜用圆形，且须一致。挖穴时要小心，发现电缆、管道等必须停止操作，及时找有关部门配合解决。绿化栽植土壤有效土层厚度要求如表4-1-2所示。

表4-1-2 绿化栽植土壤有效土层厚度

植被类型	草坪、花卉、草本地被	小灌木、宿根花卉、小藤本	大、中灌木、大藤本	浅根乔木（胸径＜20cm）	深根乔木（胸径＜20cm）	乔木（胸径≥20cm）
土层厚度/cm	≥30	≥40	≥90	≥100	≥150	≥180

（2）挖穴后均换新土

根据土质情况和植物生长特点施加基肥。

（3）起苗

苗木要求杆形通直，分叉均匀，树冠完整；茎体粗壮，无折断损伤；土球完整，无破裂或松散；无病虫害。特殊形态的苗木要符合设计要求。起苗时间宜选在苗木休眠期，并保证栽植时间与起苗时间紧密配合，做到随起随栽。起苗前1~3天应适当淋水使泥土松软，起苗时要保证苗木根系完整，裸根起苗应尽量多保留根系并留宿土。若掘出后不能及时运走，应埋土假植。

（4）苗木修剪、运输及假植

种植前，应对苗木进行适度修剪；苗木的装车、运输、卸车等各项工序，应保证树木的树冠、根系、土球完好，不应折断树枝、擦伤树皮或损伤根系。苗木运到后应尽快种植，若不能及时种植，应进行假植，裸根苗木可平放地面覆土或盖湿。可事先挖好宽1200~1500mm，深400mm的假植沟将苗木摆放整齐，周围用土培好。若假植时间过长，则应适量浇水，保持土壤湿润，同时注意防治病虫害。

（5）苗木栽植

以拌有基肥的土作为树坑底植土，使穴深与土球高度相符，尽量避免深度不符来回搬动。将苗木土球放到穴内，土球较小的苗木应拆除包装材料再放入穴内，土球较大的苗木，宜先放入穴内把长势好的一面朝外，垫土固定土球，再剪除包装。行列树一般要求从粗到细、从高到低进行排列。在接触根部的地方应铺一层没有拌肥的干净植土。填土至树穴的一半时，用木棍将四周的松土插实，然后继续用土填满种植坑并插实，使植土均匀、密实地分布在土球的周围。然后淋定根水，立支架。栽植后，应定时浇水。苗木成活期养护应符合当地园林绿化管养规范的规定。

（6）种植与支撑要求示意

种植乔木时，应根据人的最佳观赏点及乔木本身的阴阳面来调整乔木的种植。将乔木的最佳观赏面正对人的最佳观赏点，同时尽量使乔木种植后的阴阳面与乔木本身的阴阳面保持一致，以利植物尽快恢复生长。种植与支撑要求示意如图4-1-2所示。

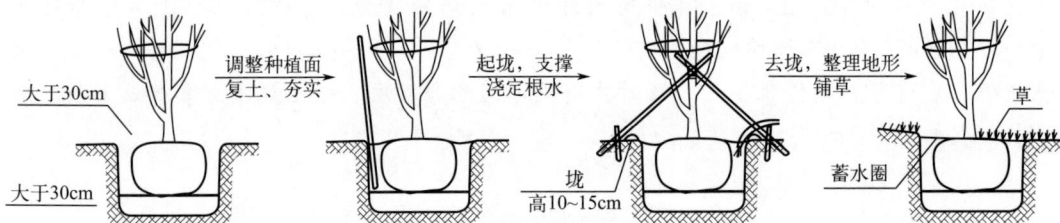

图4-1-2 种植与支撑要求示意

在干旱少雨地区，应给植物保留一个低于草坪面3cm左右的蓄水圈，以利植物吸收水分。以上操作方法仅作参考，施工方在确保成活率和景观效果的基础上，可结合工程实际进行施工。

为了使种植好的苗木不因土壤沉降或风力的影响而发生歪斜，需对刚完成种植尚未浇定根水的苗木进行支撑处理，不同类型的苗木可采用不同的支撑手法（行道树必须四角支撑），如图4-1-3所示。

6.绿篱施工

① 绿篱定位应以路牙或道路中心线为参照物。绿篱垂直绿化宜开沟种植，沟槽的大小依土球规格及根系情况而定。

② 开沟后，均换新土。根据土质情况和植物生长特点施加基肥，如用堆沤蘑菇肥或木屑，必须用3%的过磷酸钙加上4%的尿素进行堆沤后方可使用。基肥必须与泥土充分拌匀。

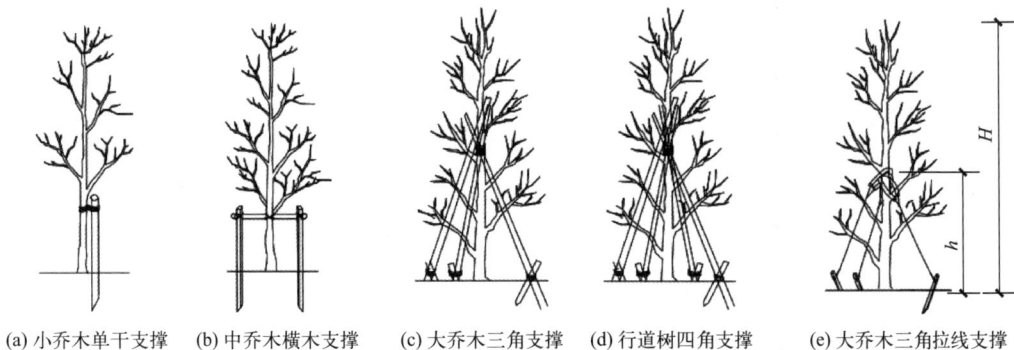

(a) 小乔木单干支撑　(b) 中乔木横木支撑　(c) 大乔木三角支撑　(d) 行道树四角支撑　(e) 大乔木三角拉线支撑

图4-1-3　支撑方式

（三角支撑高度$h=1/2\sim2/3H$）

③绿篱种植应按以下要求进行

a. 作为苗木的灌木攀缘植物要求冠幅完整、匀称，符合规格；土球完整，无破裂或松散，无病虫害，特殊形态苗木要符合设计要求。起苗时间宜选苗木休眠期，并保证与栽苗时间紧密配合做到随起随栽。起苗前$1\sim3$天应淋水使泥土松软，起苗时要保证苗木根系完整，裸根起苗应尽量多保留根系并留宿土。如果挖掘后不能及时运走栽植，应进行假植。带土球苗木起苗应根据气候及土壤条件决定土球规格，土球应严密包装，打紧草绳确保土球不松散，底部不漏土。

b. 绿篱绿化植物种植前应对苗木进行修剪，保证绿篱土球完好，不应折伤树枝、擦伤苗皮或误伤根系。苗木运到种植现场若不能及时种植，应进行假植，裸根苗可平放地面覆土或盖湿，可事先挖好宽$1500\sim2000$mm深400mm的假植沟，将苗木排放整齐，逐层覆土。带土球苗木应尽量集中，将其直立，将土球垫稳，周围用土培好。若假植时间长，则应定时适量浇水，保持土壤湿润；同时注意防治病虫害。

c. 回填底部植土：以拌有基肥的土作为底部植土，在接触根部的地方应铺放一层没有拌肥的干净植土，使沟深与土球高度相符。排放苗木于种植沟内，土球较大的苗木宜先放入沟内，把生长姿态好的一面朝外，垫土固定土球，再剪除包装材料。填满种植土并插实。载植后，应及时对绿篱和垂直绿化植物淋定根水。

d. 绿篱绿化成活期养护按当地现行规定执行。

7. 铺砌草皮

（1）对土壤进行换填改良

土层厚度不得小于250mm，若在屋顶种植，则种植土下还须考虑至少100mm厚的排水层。为避免草坪建成后杂草生长面影响草坪纯度和景观效果，植草前必须消除杂草。必须将石块、石砾、垃圾等杂物全部清出场地外，平整地面，去高填低的平整，坡度为$2.5\%\sim3.0\%$的边缘要低于路面道牙$30\sim50$mm。表面要平整，平整后撒施基肥。缓坡排水，其最低的一端可设雨水口接纳排出的地面水，并经地下管道排走。地形过于平坦的草坪及地下水过高或过多的草坪应均等设置暗管或明沟排水。草坪必须设置自动或人工灌溉系统。

（2）铺种草皮

本工程要求采用符合要求的种植土壤，然后进行草皮不留缝铺种。铺种后必须淋透水然后压平。

8. 花卉和灌木的施工

种植土必须为壤土类，采用符合种植要求的种植土壤。种植土厚度不得小于500mm，若在屋顶种植，则种植土下还须考虑排水层。攀缘植物种植后，应根据植物生长需要进行绑扎或牵引。片植植物不同种植密度示意如图4-1-4所示。

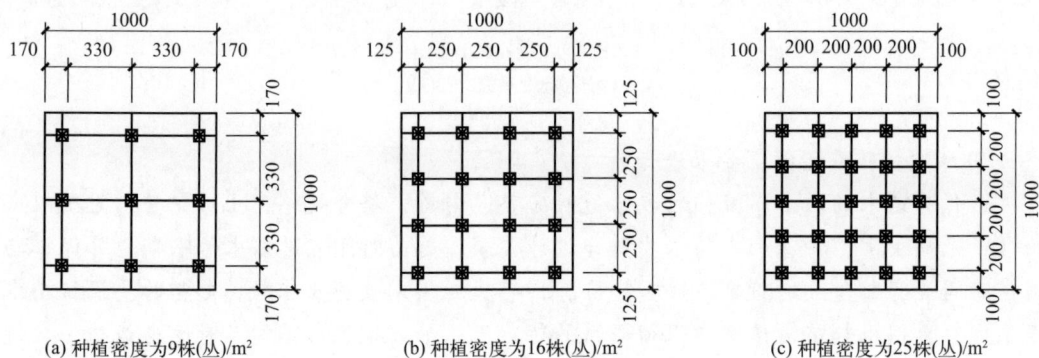

(a) 种植密度为9株(丛)/m²   (b) 种植密度为16株(丛)/m²   (c) 种植密度为25株(丛)/m²

图4-1-4　片植植物不同种植密度示意

二、成活期的养护

1. 养护内容

① 绿化区内，对所有植物进行浇水、施肥、中耕、除草、病虫害防治、自然灾害防治等工作。

② 尽快达到设计要求的景观效果，进行修剪、整形，对老化花草及时更新换代等工作。

2. 工程养护

① 灌水与排水：针对草坪、花卉、灌木、乔木的不同特性保证充分的灌水量，尤其是对于新载植物；同时要注意排水效果，尤其是施工完成后地面出现沉降的要及时改善和修补。

② 施肥：针对不同植物、不同时期使用相应的肥料，并保证每年大量、大面积施肥1~2次，冬季可施有机肥，其他时间可施无机肥。

③ 中耕除草：新植林须保证每年2~3次，其他时间按相关国家及地方规范施行。

④ 整形并修剪：依据设计图纸要求进行。

⑤ 自然灾害防治：在暴风雨季节来临之前，对易倒的植物进行固定，其他措施按相关国家和地方规范进行。

⑥ 病虫害防治：施工完成后，应定期对植物生长情况及病虫害情况进行检查，及时做好养护工作。

第三部分　成品保护及养护的措施

① 在工程施工时按标准放水泥桩，将行道树用横木固定，避免风吹或碰击造成损伤。

② 施工是在冬季进行，苗木反季节种植，主要防寒、防日灼措施如下。

a.防寒：将苗木假植，提前铲根；用黑色遮光网积温，使苗木在夜晚气温下降后，网内温度下降不会太快；种植后用禾草包扎树身。

b.防日灼：种植后用禾草包扎苗木以防止日灼；将树身浇水，淋透，也可防止日灼。

③ 工程完成后，每天安排固定的工人及水车淋水两次，提高成活率。绿化带加装防护网，免遭行人践踏。对所完成的工程自始至终进行保护，确保工程各部分符合质量验收规定。

④ 长期保持草地青绿无杂草，灌木长势良好，绿化环境干净卫生。

⑤ 要对植物进行不定期修剪，对不同的植物品种采取不同的修剪方法，包括拾枯枝黄叶、病虫害的枝条、长枝等，定期修剪整形灌木及地被，以保持其植株的美观及线条的优美。

⑥ 对草地要进行适时的疏草处理，灌木要定时进行松土。

任务二

种植施工图

知识目标

① 熟悉种植施工图的绘制流程。

② 熟悉种植施工图的设计内容和要点。

③ 明确种植施工图的设计深度。

能力目标

① 能够根据案例项目完成基础资料的收集整理工作。

② 能够根据设计图纸分析、逆推出施工图基本框架。

③ 能够按照相关规范、标准完成种植施工图的设计与绘制。

任务引入

××环境景观工程项目，总平面设计图已完成，现需绘制种植施工图。要求绘制软件使用CAD。施工图绘制小组拿到任务后首先进行任务分析。

任务分析

种植施工图设计阶段是对照设计意向书，结合现状分析、功能分区，对初步设计方案进行修改和调整。应该从植物的形状、色彩、质感、季相变化、生长速度、生长习性等多个方面进行综合分析，还应该参考有关设计规范、技术规范中的要求。

任务实施

种植施工图的设计与绘制流程如下。

1. 资料收集

① 方案阶段资料：方案文本、模型、效果图、CAD方案图、方案制作的苗木表（非必要）、造价估算、概算等。

② 建设单位提供资料：项目所在地的水文气候情况、地形图、道路设计的相关资料、项目红线范围等，并确认现场有无保留区、有无需利用的移栽苗木。

③ 设计单位确定的资料：单位标准图框、设计人员、工程名称、设计日期等。

2. 设置参照底图

对接施工图项目负责人，获取拟建项目设计总平面图，将绘制完成的总平面图作为绘制种植施工平面图的参照底图。

3. 整理拟建项目平面树例列表

熟悉方案设计文件，获取植物品种信息，根据项目需求品种和规格，在软件中绘制平面树例。树例大小反映点状乔、灌木冠幅实际大小，树例的圆心位置表示点状乔、灌木种植点位置，树例样式不宜过于复杂且辅以文字、字母或数字标识，以免打印出图效果杂乱。每种树例绘制完成后需定义为"块"，方便随时调取复用及数量统计。

4. 绘制种植施工总平面图

以"总平面图"作为参照底图，结合方案设计思路，遵循植物配置的基本原则，运用丰富的植物配置形式，在总平面图（参照底图）上确定苗木点位关系。种植点位关系按"大乔木→小乔木→大灌木→小灌木→地被"的顺序将已建好树例复用到指定位置。从大到小，从高到低依次分层配置。针对植物种植方案设计中不合理的植物配植形式需及时调整优化。

需要注意的是，如果地块内植物数量多、种植层次复杂，绘图时就要保证乔木、灌木、地被植物处于不同的图层，即在绘图前要按项目实际情况新建图层，如新建"现状乔木""常绿乔木""落叶乔木""点状灌木""片状灌木及地被"等图层。

5. 绘制种植施工平面图

在已绘制完成的种植施工总平面图基础上，对每株植物进行文字说明（苗木种类、数量）。其中，点状种植植物位于同一组团的，将同种植物的种植点进行连线，并标注苗木种类名称及数量（株数），如图4-2-1所示；片状种植灌木及地被需标注苗木种类及面积，如图4-2-2所示。

如地块内植物数量多、种植层次较为复杂，则应绘制分层种植平面图，即分别绘制上层乔木的种植平面图和中下层灌木及地被的种植平面图；如地块内植物数量较少、种植层次单一，则可将乔木、灌木、地被汇总在一张平面图上表示。

当场地面积过大时，受出图比例、图幅限制，为打印出图清晰，出图前需做分区处理。同一拟建项目，种植施工平面图的分区划分需与总平面图的分区划分界限保持一致。

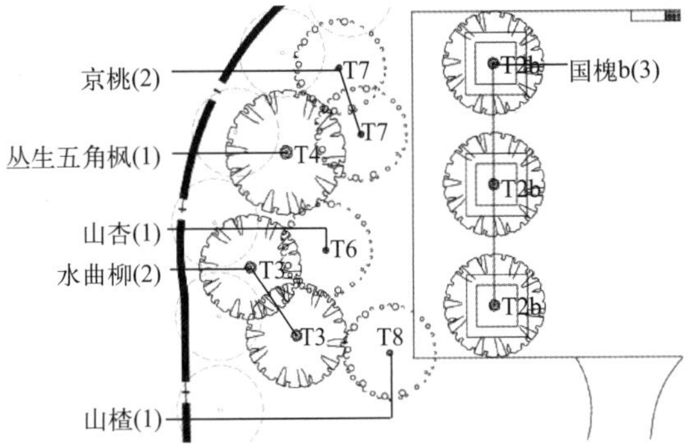

图4-2-1 点状种植植物标注

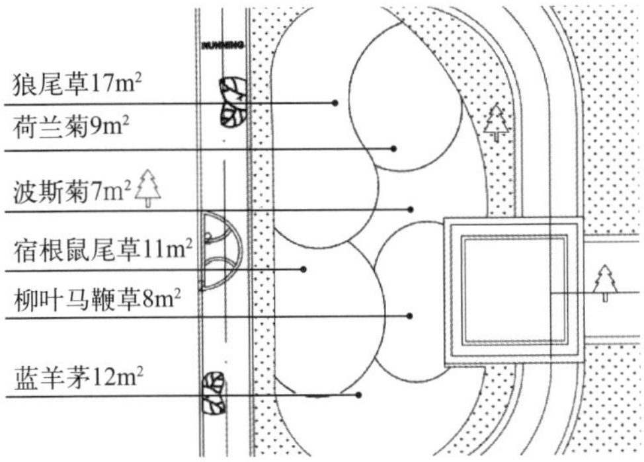

图4-2-2 片状种植植物标注

6.绘制种植定位定线图

在已绘制完成的种植施工平面图基础上，标注苗木定位信息。其中，规则式种植应标注出株间距、行间距以及端点植物与参照物之间的距离，如图4-2-3所示；自然式种植应借助坐标网格定位，放线尺寸以米为单位，方格网设置为大方格10m×10m，内设小方格2m×2m，如图4-2-4所示。标记方格网放线定位原点，通常选择场地中原有的建筑角点或重要标志物为定位点。

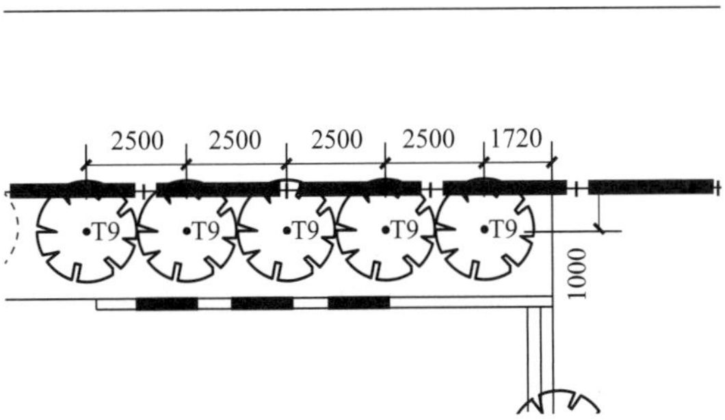

图4-2-3 规则式种植

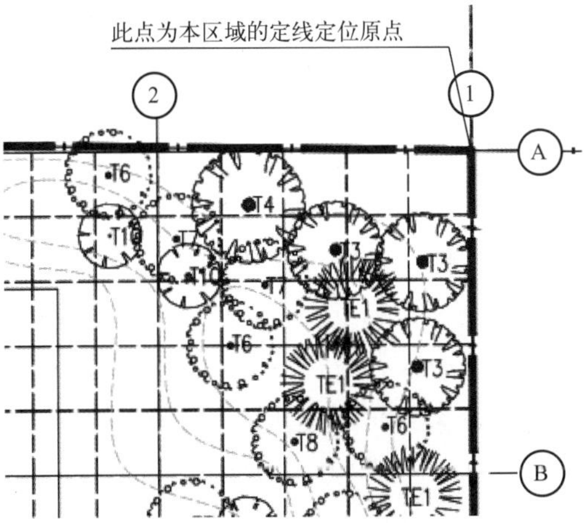

图4-2-4 自然式种植

一般来说，种植定位定线图与种植施工平面图的分层划分和分区划分应保持一致。

7.编制苗木表

统计苗木品种、规格、数量，编制苗木表（植物材料表）。具体要求如下。

① 点状种植常绿乔木、点状种植落叶乔木苗木表信息，包括图例、植物名称、学名（拉丁名）、规格（胸径/cm、冠幅/m、高度/m）、数量/株。其他特殊的植物形态要求在备注中注明。

② 点状种植灌木苗木表信息，包括图例、植物名称、学名（拉丁名）、规格（株高/m、冠幅/m、枝条数）和数量/株。其他特殊的植物形态要求可在备注中注明。

③ 片植灌木及地被苗木表信息，包括图例、植物名称、学名（拉丁名）、株高/cm、冠幅/cm、密度/（株/m²）、面积/m²、数量/株。其他特殊的植物形态要求可在备注中注明。

④ 草坪苗木表信息，包括图例、植物名称、学名（拉丁名）、高度/cm 和面积/m²。其他特殊的植物形态要求可在备注中注明。

⑤ 列出苗木表信息，依次在植物种植平面图中统计苗木数量。

注意要点

一、种植施工图的基本要求

（1）合理选择树种，满足功能需求

种植施工图和环境设计总图、详图施工图不同，在种植设计方案阶段，重点关注种植风格、种植构思、植物景观全局设计。在前期方案中往往不能明确选择种植哪些植物和植物的规格大小等，因此在种植施工图设计阶段，需要充分解读设计方案，根据绿地的性质和功能要求合理地选择植物的种类、规格的大小和种植方式。

（2）熟悉植物生态习性，科学配置植物

明确植物的种类及规格，充分了解植物的生态习性，如喜光、喜阴等。在进行种植施工图绘制时要求适宜的环境种适宜的植物，满足植物生态要求，使立地条件与植物生态习性接近，做到适地适树。同时要注意速生与缓生植物、根深性与根浅性植物、喜光与耐阴植物搭配栽植，最后要充分考虑合理的种植密度。

（3）融入艺术思维，提升景观效果

所谓种植施工的艺术性就是要考虑园林植物的艺术构图需要，使其符合美的范畴，满足艺术性一般要求。即，植物配植要与总体艺术布局协调；植物配植要有季相的变换；要充分发挥植物形、色、味、声的效果，如马褂木、银杏的叶形奇特，可赏叶形；紫荆可赏花色；桂花香气醉人，雪松林可听其松涛声；要注意植物景观的整体效果。种植施工图最终要使植物的形、色、姿态搭配符合大众的审美习惯，能够做到植物形象优美，色彩协调，景观效果良好。

（4）经济合理，满足预算要求

好的种植施工还要做到"花钱少，效果好"，既要美观又要经济。不能盲目追求使用过大的苗木，应尽可能使用当地树种，因为当地树种的苗木容易得到，后期适应能力强，经济实惠。也可考虑使用一些经济树种，比如橘子、枇杷、杜仲等。

二、种植平面图的基本内容

（1）绘图比例

种植平面图的绘图比例一般采用 1∶200、1∶300、1∶500。图上应标注指北针或风玫瑰图。

（2）图例

植物图例应具有可识别性，简明易懂；保留的古树名木应单独用图例标明；图例绘制可参考《风景园林制图标准》（CJJ/T 67—2015）和《总图制图标准》（GB/T 50103—2010）。

① 点状种植的植物需设置植物图例，不同的植物设置不同的图例，图例中应画出种植点位置。

② 片状种植的植物不需设置植物图例，应绘出清晰的种植范围边界线。

③ 草皮种植的图例是在草皮种植范围边界线中，采用打点的方式表示。

（3）文字

种植平面图中，应在植物附近用文字标注植物的名称和数量。

① 点状种植的植物，应将相同树种的图例用细线通过种植点连成一体，以免误会或漏掉，并在连线的末端用引出线标注植物名称和这一组植物的数量（单位：株）。注意避免不同植物树种的连线交叉。不同规格的相同树种，要分别标注名称，如"银杏 A、银杏 B"，并且分别连线计数。

② 片状种植和草皮种植的植物，应在种植范围边界线附近用引出线标注植物名称和种植面积（单位：m^2）。

（4）定位

植物种植平面图中应标注尺寸或绘制方格网进行定位，为施工放线提供依据。

① 规则式点状种植，可在图中用尺寸标注出植物种植点的间距、种植点与周围固定建（构）筑物和地下管线之间的距离，作为施工放线的依据。

② 自然式点状种植、片状种植和草皮种植，可以用方格网定位植物位置和种植距离。方格网可采用2m×2m～10m×10m，方格网应与总图的坐标网一致。孤植树也可用坐标进行精准定位。对于边缘线呈规则几何形状的片状种植或草皮种植，也可用尺寸标注方式定位。

三、种植平面图的分类

植物种植平面图作为施工阶段的指导性图纸，要清楚地表达各种植物的规格、冠幅、数量、界线、定位等信息。图面上标注的文字、图例、符号等内容须疏密错落、清楚美观、易辨认。由干种植平面图涵盖的设计内容较多，单　图纸上很难表达全面清晰，因此，在实践中往往将种植平面图拆分为种植总平面图、分区种植平面图、分区种植定位定线图几个单项进行表达。根据设计内容的繁简和图纸表达的需要，有时单项分区平面图会有增减。

① 植物种植总平面图：是概括整个设计范围内植物种植关系的图样。图面上需要将乔木、灌木、绿篱、地被等全部体现出来，但不需要标注植物的种类、个数和面积。

② 分区种植平面图：是详细表示乔木、灌木、地被的数量、品种、种植密度的图样，需要对每株乔木或灌木、每丛地被或绿篱进行文字连线说明（种类、数量）。对于地块面积较大的项目，受打印输出图幅尺寸限制，应对植物种植平面图进行分区处理。

如地块内植物数量多、种植层次较为复杂，则应绘制分层种植平面图，即分别绘制上层乔木的种植平面图和中下层灌木及地被的种植平面图；如地块内植物数量较少、种植层次单一，则可将乔木、灌木、地被汇总在一张分区图上表示。

③ 分区种植定位定线图：标注乔、灌木种植点、地被种植区域的平面定位尺寸，规则式栽植标注出株间距、行间距以及端点植物与参照物之间的距离；自然式栽植借助坐标网格定位。对于地块面积较大的项目，受打印输出图幅尺寸限制，应对植物种植定位定线图进行分区处理。

如地块内植物数量多、种植层次较为复杂，应绘制分层种植定位定线图，即分别绘制上层乔木的种植定位定线图和中下层灌木及地被的种植定位定线图；如地块内植物数量较少、种植层次单一，则可将乔木、灌木、地被汇总在一张分区定位定线上表示。

🔖 知识链接

一、植物配置的基本原则

（1）自然原则

在植物的选择方面，尽量以自然生长状态的植物为主，在配置中要以自然植物群落构成为依据，模仿自然群落组合方式和配置形式，合理选择配置植物，从而避免单一物种的配置形式。

（2）生态原则

在植物材料的选择、搭配等方面，必须以最大限度地改善生态环境、提高生态质量为准则，尽量多地选择和使用乡土树种，创造出稳定的植物群落设计。以生态学理论为基础，在充分掌握植物的生态学、生物学特征的基础上，合理布局、科学搭配，使各种植物和谐共存、植物群落稳定发展，从而发挥出最大的生态效益。

（3）文化原则

在植物配置中坚持形态与文化相结合的原则，通过特殊的植物特质将人文内涵、精神品格融入植物景观配置中，使城市园林景观在满足人们环境需求的同时，向着充满人文内涵的高品位方向发展。

（4）美学原则

植物景观不只是植物的简单组合，也不是对自然的简单模仿，而是在审美基础上的艺术创作，是园林艺术的进一步发展和提高。在植物景观配置中，植物的形态、色彩、质地及比例应遵循统一、调和、均衡和韵律四大艺术手法。既要突出植物的个体美，同时又要注重植物的群体美，从而获得整体与局部的调和统一。

二、植物配置的基本形式

1. 乔、灌木的配植形式

（1）孤植

是指在空旷地上孤立地种植一株或几株（一丛）同种树种，表现单株栽植效果的种植形式。常用于广场、庭院、草坪、水面附近、桥头、园路尽头或转弯处等位置。

孤植树有两种类型，一种是与景观艺术构图相结合的庇荫树（如图4-2-5所示），另一种单纯作为孤赏树应用（如图4-2-6所示）。前者往往选择体型高大、枝叶茂密、姿态优美的乔木；而后者更加注重孤植树的观赏价值。

图4-2-5 庇荫树

图4-2-6 孤赏树

（2）对植

是指用两株或两丛（多株）相同或相似的乔木以相互呼应之势种植在构图中轴线的两侧，以主体景物中轴线为基线依照景观的均衡关系对称的种植方式。对植多用于公园、建筑的出入口两旁或纪念物、蹬道台阶、桥头、园林小品两侧，可以烘托主景，也可以形成配景、夹景。按照构图形式，对植可分为对称式和非对称式两种类型。

① 对称式对植。以主体景观的轴线为对称轴，对称种植两株（丛）品种、大小、高度一致的植物，如图4-2-7所示两株植物种植点的连线应被中轴线垂直平分。对称式对植的两株植物大小、形态、造型需要相似，以保证景观效果的统一。

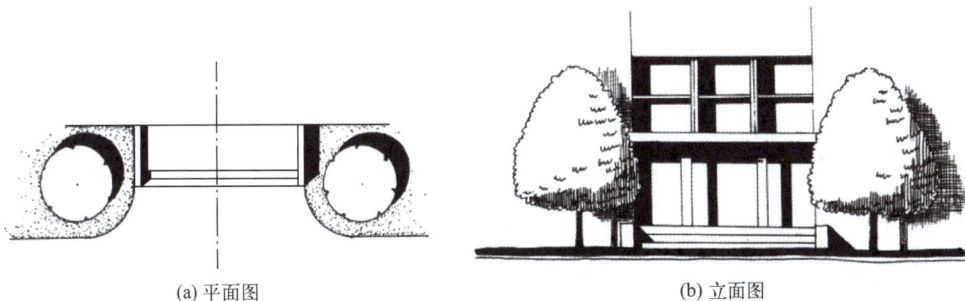

(a) 平面图   (b) 立面图

图4-2-7 对称式对植

② 非对称式对植。两株或两丛植物在主轴线两侧按照中心构图法或者杠杆均衡法进行配置，形成动态的平衡。非对称式对植的两株（丛）植物的动势要向着轴线方向，形成左右均衡、相互呼应的状态，如图4-2-8所示。

（3）丛植

是指将两三株或一二十株植物紧密地种植在一起，其树冠线彼此密接形成一个整体轮廓线的种植方式。丛植多用于自然式园林中，树丛通常以观赏为主，作主景，也可作配景、背景或遮阴用。树丛作主景时，宜配植在有通透视线和适宜观赏距离的地方，构成主景突出的园林小景，如空旷草坪（或其周围）、水边、河畔、岛上、斜坡、山岗上、公园入口处、园路岔口或转弯处、岩石旁、庭院角隅、白墙前。在道路转弯处若配置树丛引导视线或遮挡视线，效果较好。一般观赏距离以树高的3～4倍为宜。树丛还可以作假山石、建筑物的配景或背景，如以广玉兰、雪松等深色树丛作背景，前置红枫、白玉兰、樱花或布置花坛、花境，陪衬效果非常好。

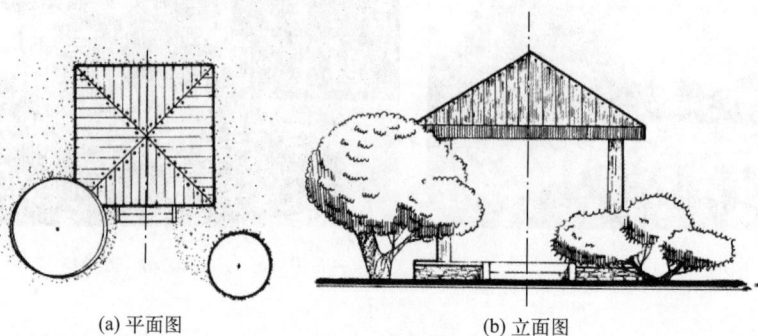

(a) 平面图   (b) 立面图

图4-2-8　非对称式对植

自然式丛植的植物品种可以相同，也可以不同，植物的规格、大小、高度尽量要有所差异，按照美学构图原则进行植物的组合搭配。一方面对于树木的大小、姿态、色彩等都要认真选配，另一方面还应该注意植物种植密度以及景观观赏距离等。根据丛植植株数量，有以下几种配置形式。

① 两株一丛。两株丛植必须严格遵循多样统一原理，一般由同一树种组成，但在体量、姿态、动势上要有所差异。如选用两个不同树种，则必须注意外形差异不可太大，两株树的间距不能大于两树冠径之和的一半，这样才能形成一个整体。

② 三株一丛。三株丛植（图4-2-9）配置在平面布置上构成不等边三角形。其中大体量的一株与小体量的一株距离较近，立面上以一树为主，其余两树为辅，构成主从相宜的画面。树种数量为一种较好，最多不超过两种。

③ 四株一丛。四株丛植（图4-2-10）搭配以三株与一株结合为宜。在平面上，四株丛植分布在不等边四边形的四个角上，任意三株不能在一条直线上；在立面上，主体树在三株树的组合中形成一对三的关系，且单独的一株不能太远离三株组合。树种宜选择1~2种，如果有3种，则在体形姿态上应相似，以求协调。

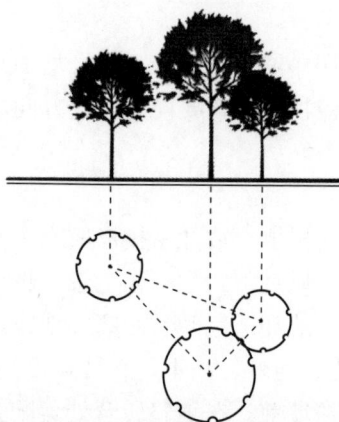

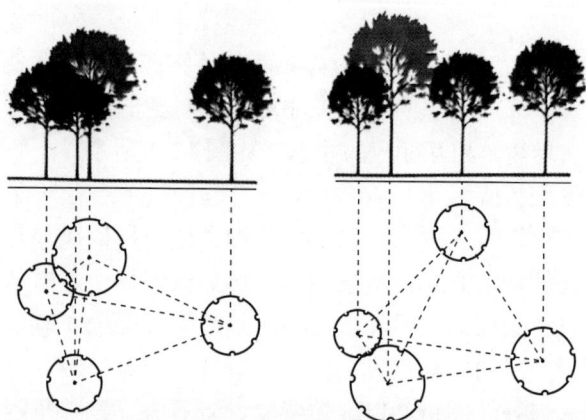

图4-2-9　三株一丛   图4-2-10　四株一丛

④ 五株一丛。五株丛植（图4-2-11）可组合为四株与一株或三株与两株的形式，构成不等边的五边形、四边形或三角形。立面上以株数多的组合为主体，其他为陪衬。两组的距离不能太大，树种选择可为1种或2～3种，为求呼应与统一，同一树种应分布在各个组群中。

⑤ 六株及以上丛植。六株及以上丛植（图4-2-12）的配置较为复杂，但构图方法与前面相同，关键是在调和中求对比，在差异中求统一，要有主从关系。树种不宜太多，一般7株以下的，树种不宜超过3种；15株以下的，树种也不宜超过5种。

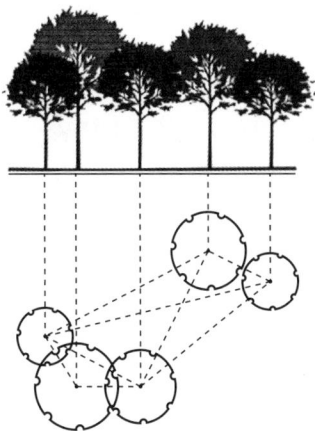

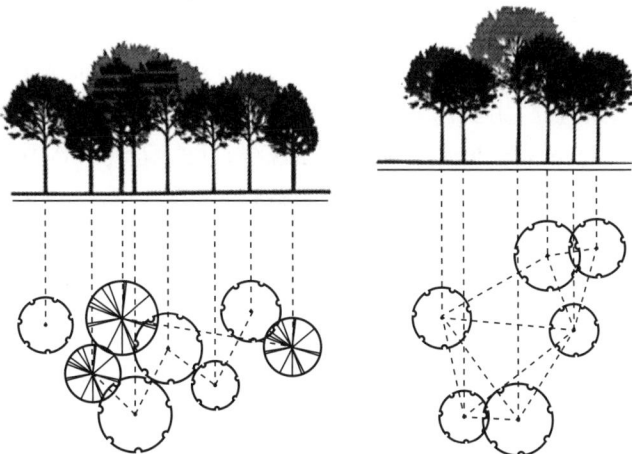

图4-2-11　五株一丛　　　　　　　　　　　图4-2-12　六株及以上丛植

（4）群植

以一种或两种乔木为主体，与多种乔木和灌木搭配，组成较大面积的树木群体，称为群植或树群（图4-2-13）。群植所用植物数量较多，一般在10株以上，具体的数量还要取决于空间大小、观赏效果等因素。树群可作主景或背景，如果两组树群分列两侧，还可以起到透景、框景的作用。按照组成品种数量，树群可分为单纯群植和混交群植两种。

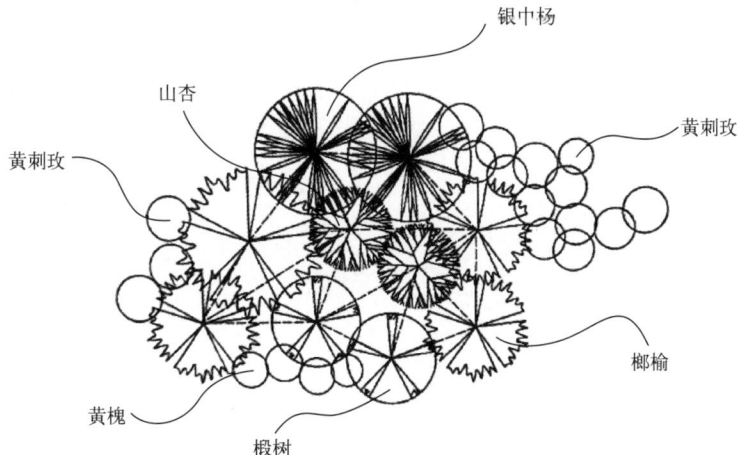

图4-2-13　群植

① 单纯群植以一种树木组成，可应用宿根花卉作地被观赏。单纯群植整体性强，壮观、大气。但由于其植物种类单一，因此在树种选择上要注意选用抗病虫害树种，防止病虫害的传播。

② 混交群植是群植的主要形式，这种群植一般不允许游人进入，采用郁密式多层次群落结构，包括乔木层、亚乔木层、大灌木层、小灌木层及草本层。与单纯群植相比，混交群植景观效果较为丰富，且可避免病虫害的传播，使用率较高。但要注意树群品种数量宜多不宜杂，即植物种类不宜过多，一般采用1～2种骨干树种，并有一定数量的乔木和灌木作陪衬。

（5）列植

列植是指乔灌木按照一定的株行距，成行成列地种植。其景观整齐、单纯、气势宏大。列植多出现在规则式园林中，常用于建筑旁、水边、公路旁、铁路及城市街道沿线等地方。列植树木常起到引导视线、提供遮阴、作背景、衬托气氛等作用。如幽密的行道树，既提供荫凉，还能体现整齐的对称美感。假如前方有观赏景点，列植树木还能起到夹景作用。

列植的基本形式有两种：一是等行等距，常用于规则式园林中，如城市广场；二是等行不等距，用于规则式或自然式园林局部，如河岸边。等行不等距的株距富有变化，显得灵活、景观多变，如果在树种及体量上稍做变化，景观效果更好。从规则式到自然式的过渡，也可通过调整株距而达到目的。列植应处理好与地上地下管线的关系，还要保障行车行人的安全。

（6）带植

带植的长度应大于宽度，并应具有一定的高度和厚度。按配置植物的种类划分，带植可分为单一植物带植和多种植物带植。前者利用相似的植物颜色和规格形成类似"绿墙"的效果，统一规整，而后者变化更为丰富。

带植可以是规则式的，也可以是自然式的，设计师需要根据具体的环境和要求进行选择。比如防护林带多采用规则式带植，其防护效果较好；游步道两侧可以采用自然式种植方式，以达到步移景异的效果（图4-2-14），也可采用混合式布局方式，既有规则式的统一整齐，又有自然式的随意洒脱（图4-2-15）。

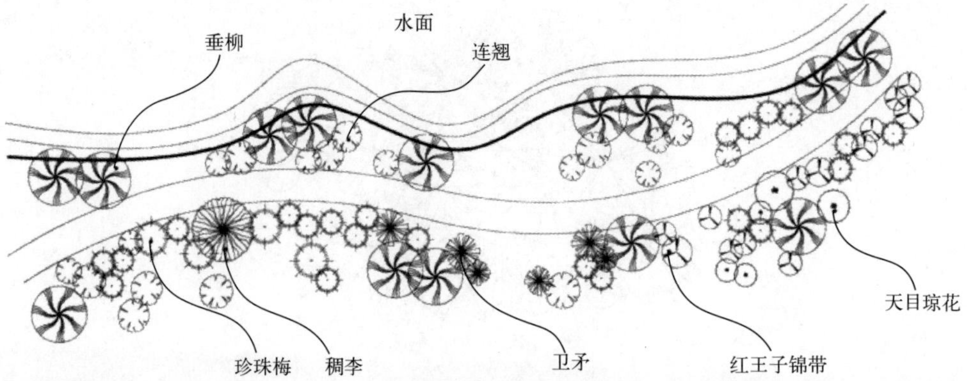

图 4-2-14   自然式带植

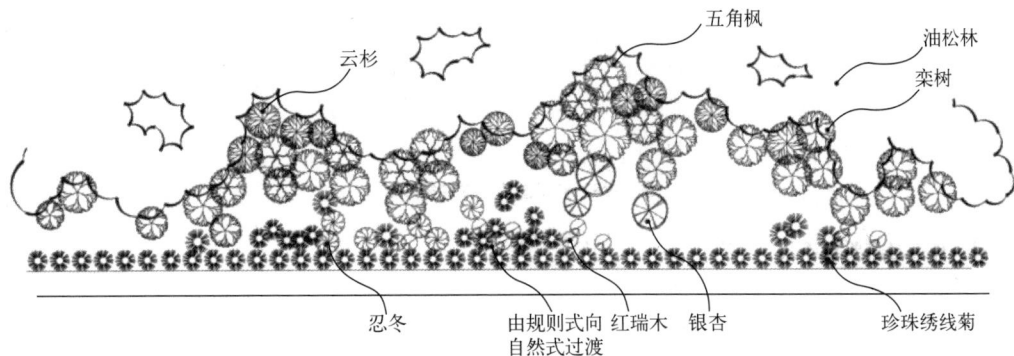

图4-2-15　混合式带植

2. 草坪、地被的配植形式

（1）草坪

草坪空间能形成开阔的视野，增加景深和景观层次，并能充分表现地形美，一般铺植在建筑物周围、运动场、林间空地等，供观赏、游憩或作为运动场地使用。

设计草坪景观时，需要综合考虑景观的观赏、实用功能，以及环境条件等多方面的因素。

① 面积。尽管草坪景观视野开阔、气势宏大，但由于养护成本相对昂贵、物种构成单一，所以不提倡大面积使用，在满足功能、景观等需要的前提下尽量减少草坪的面积。

② 空间。从空间构成角度，草坪景观不应一味开阔，要与周围的建筑、树丛、地形等结合，形成一定的空间感和领地感，即达到"高""阔""深""整"的效果。

③ 形状。为了获得自然的景观效果，方便草坪的修剪，草坪的边界应该尽量简单而圆滑，尽量避免复杂的尖角（图4-2-16）。在建筑物的拐角、规则式铺装的转角处可以栽植地被、灌木等植物，以消除尖角产生的不利影响。

图4-2-16　草坪的边界简单而圆滑

（2）地被植物

地被植物具有品种多、抗性强、管理粗放等优点，并能够调节气候，组织空间，美化环境，吸引昆虫等。因此，地被植物在园林中的应用越来越广泛。

地被植物常用于需要保持视野开阔的非活动场地；阻止游人进入的场地；可能会出现水土流失，并且很少有人使用的坡面，比如高速公路边坡等；栽培条件较差的场地，如沙石地、林下、风口、建筑北侧等；管理不方便，如水源不足、剪草机难进入、大树分枝点低的地方；杂草猖獗，无法生长草坪的场地；有需要绿色基底衬托的景观，希望获得自然野化的效果，如某些郊野公园、湿地公园、风景区、自然保护区等。

地被植物的配置，先明确需要铺植地被的地段，在图纸上圈定种植地被的范围，结合环境条件、使用功能、景观效果等因素合理选择地被植物。利用地被植物造景与草坪造景相同，目的是获得统一的景观效果，所以在一定的区域内，应有统一的基调，避免应用太多的品种。基于统一的风格，可利用不同深浅的绿色地被取得同色系的协调，也可配以具有斑点或条纹的种类，或植以花色鲜艳的草花和叶色美丽的观叶地被，如紫花地丁、白三叶、黄花蒲公英等。

三、植物景观的空间设计

1. 林缘线设计

林缘线指树林或树丛、花木边缘上树冠垂直投影于地面的连线，是植物配置在平面构图上的反映，也是植物空间划分的重要手段。林缘线的作用在于通过林缘线的设置产生空间的大小和景深，开辟透视线，形成气氛等。林缘线设计的形式特点如下。

① 一片树林中用相同或不同的树种独自围成一个小空间，就可以形成如建筑物中套间般的封闭空间。当游人进入空间时，便会产生别有洞天之感。

② 仅仅在四五株乔木旁，密植较高的花灌木来形成隐蔽的小空间。

③ 如果乔木选用落叶树，则到了冬天，这个荫庇的小空间就不存在了。

④ 可将面积相等，形状相仿的地段与周围环境、功能、立意要求结合起来，创造不同形式与情趣的植物空间。

如图4-2-17所示，视线朝向一个以观赏樱花为主的植物空间，上层为落叶乔木丛，中下层为常绿乔木丛，形成半开敞的空间，引导人们的视线，并留有一定的空间观赏樱花。

如图4-2-18所示，视线朝向鱼池，路的一边是密实的广玉兰，另一边为稀疏的紫薇，形成虚隔的空间，将游人的视线引向湖边。湖边则自然零星配置一些垂柳，但垂柳的种植不能遮挡观赏湖面的视线。

如图4-2-19所示，地形由北向南缓坡倾斜，所以其林缘线设计应呈南北长、东西接近的手法，这样就可以加强地形的倾斜感，拉长景深。

2. 林冠线设计

林冠线指树林或树丛空间立面构图的轮廓线。不同高度树木所组合的林冠线，决定着游人的视野，影响着游人的空间感受，或者封闭或者开阔。林冠线设计的形式特点如下。

① 同一高度级的树木配置，形成等高的林冠线，平直而单调，简洁而壮观。

② 能表现出某一特殊树种的形态美，如雪松树群的挺拔、垂柳树丛的柔和。

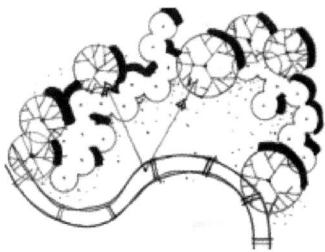

图4-2-17　配置形式1　　　图4-2-18　配置形式2　　　图4-2-19　配置形式3

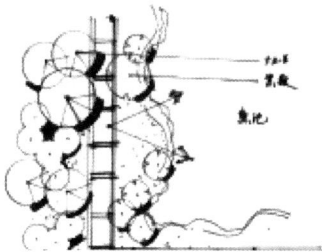

③ 不同高度的树木配置可以形成起伏多变的林冠线，在地形平坦的植物空间里，林冠线的构图不仅要求有起伏，有韵律，有重点，而且要注意四季色彩的变化。

④ 在林冠线起伏不大的树丛中，突出一株特别高的孤立树，可以起到标志与导游的作用。

如图4-2-20所示，林冠线高低起伏，曲折有致，增加了植物空间的美。

图4-2-20　林冠线高低起伏，曲折有致

拓展阅读

植物作为地球上古老的生命体，经历了漫长的进化历程。在这个过程中，一些植物因其独特的生命特性和重要的生态价值被誉为"活化石"。在我国，有四种有代表性的植物界"活化石"，它们分别是银杏、银杉、水杉和珙桐。

1. 银杏

为中生代孑遗的稀有树种，系中国特产。银杏在我国的栽培非常广泛，北自东北沈阳，南达广州，东起华东海拔40～1000m地带，西南至贵州、云南西部（腾冲）海拔2000m以下地带均有栽培。其姿态孤傲挺拔，每逢秋季来临，金黄的叶片在阳光的照耀下熠熠生辉，令人陶醉。在生态方面，银杏能够在多种土壤类型和气候条件下生长繁衍，秋季的落叶也为土壤提供了丰富的有机质，进一步促进了生态系统的良性循环。在药用领域，银杏叶中含有的黄酮类化合物具有显著的药理活性，对于治疗心血管疾病、改善记忆功能等方面都有独特的功效；银杏果在治疗咳嗽、哮喘等面具有独特的效果。

2. 银杉

为中国特产的稀有树种，生于海拔900～1900m地带的局部山区，分布于广西东北部（金秀、龙胜）、湖南南部、重庆（南川、武隆）、贵州北部（道真、桐梓）等地。城步沙角洞银杉自然保护区有中国最大的银杉分布群落。银杉为常绿乔木，高度可达20m，其树皮暗灰色，不规则块状剥落。走进银杉的栖息地，会发现这里充满了生机与活力，银杉与这片土地形成了一种难以言喻的默契，它们互相依存，共同成长。银杉对于维护植物群落的生态平衡和生物多样性具有重要作用；在科学研究领域，通过对银杉的研究，科学家们可以更加深入地了解地球的历史和生物的演化过程。

3. 水杉

作为一种珍稀的子遗植物，水杉主要分布在中国的湖北、湖南、重庆、江苏等地。在这些地方，湿润的气候和肥沃的土壤为水杉提供了得天独厚的生长环境。高可达35m，胸径可达2.5m，树干基部膨大，树皮灰色、灰褐色或暗灰色，幼树裂成薄片脱落，大树裂成长条状脱落。水杉对于维护生态平衡和生物多样性具有重要的作用。在湿地生态系统中，水杉能够吸收大量的二氧化碳和其他有害气体，净化空气，改善环境质量。它的根系还能够稳固土壤，防止水土流失，保护土地资源。水杉还为众多生物提供了栖息地和食物来源，是生态系统中不可或缺的一部分。

4. 珙桐

为中国特有的单属植物，又被称为"鸽子树"，因其花朵形状似鸽子展翅而得名。这种植物主要分布在中国的四川、湖北、贵州等地，是世界上最珍稀的植物之一。高可达25m；树皮深灰色或深褐色，常裂成不规则的薄片而脱落。珙桐的花朵大而美丽，每当春天来临，满树的花朵就像一群群鸽子在空中飞翔，非常壮观。作为世界著名的珍贵观赏树，常植于池畔、溪旁及疗养所、宾馆、展览馆附近，并有和平的象征意义。

实践案例

图4-2-21～图4-2-25为××环境景观工程施工图中的种植施工图。

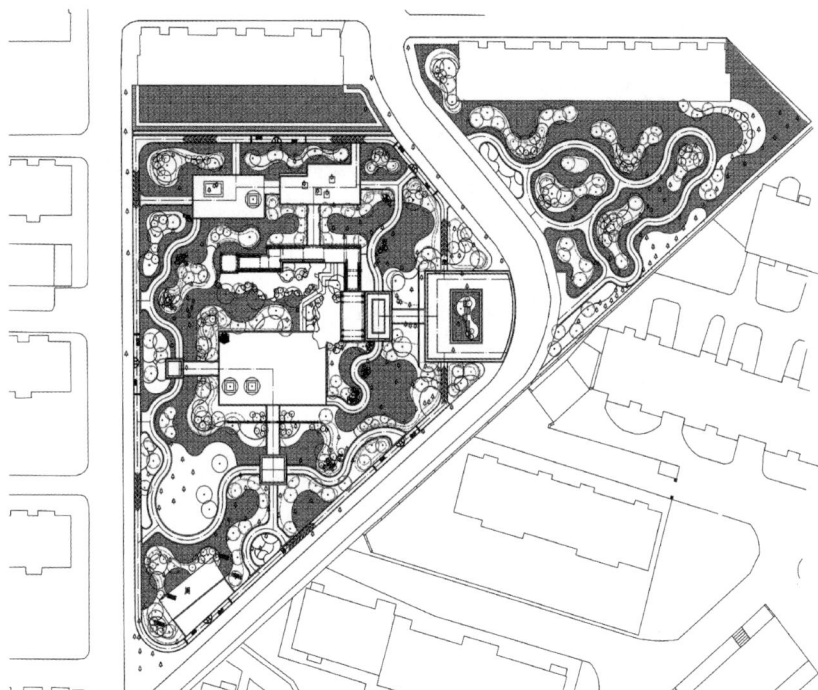

图4-2-21　种植施工总平面图
（扫封底二维码查看施工图文件）

图4-2-22　乔木种植施工平面图
（扫封底二维码查看施工图文件）

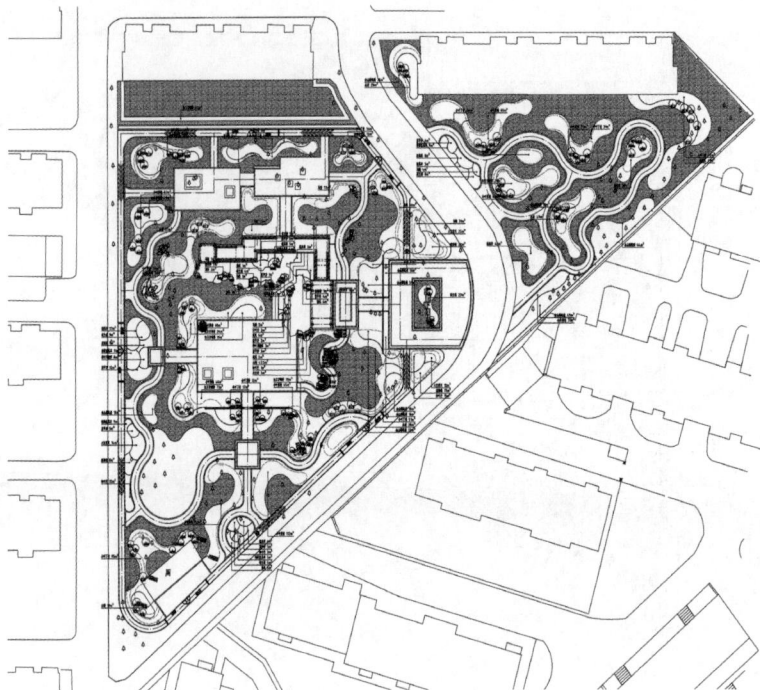

图4-2-23　灌木、地被种植施工平面图
（扫封底二维码查看施工图文件）

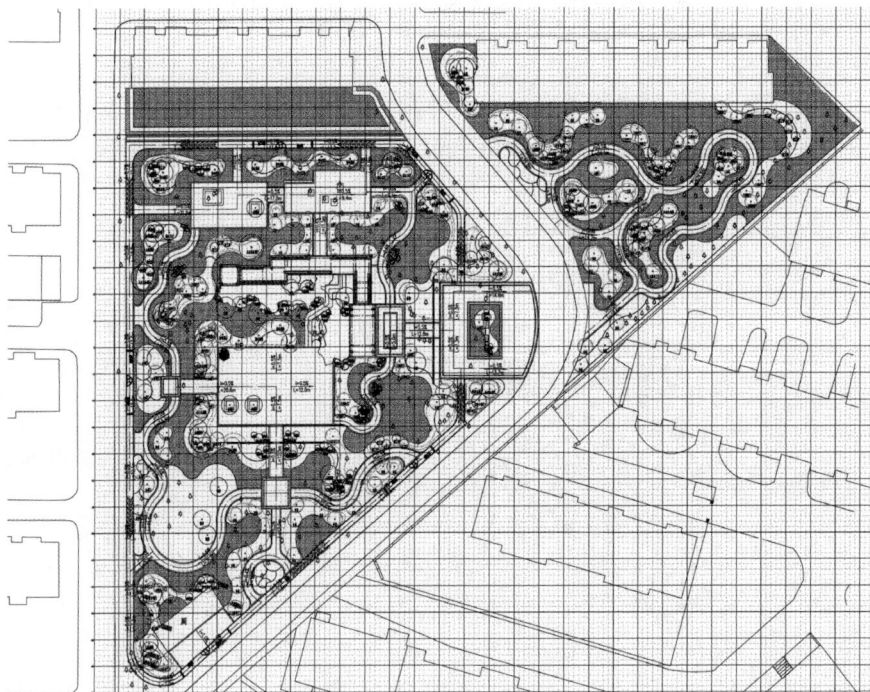

图4-2-24　种植定位定线图
（扫封底二维码查看施工图文件）

乔灌木数量统计表

序号	图例	名称	规格				数量	单位	备注
			胸(地)径/cm	高度/m	冠幅/m	枝下高/m			
1		青扦云杉A	—	6.0	3.0	—	4	株	造型丰满，自然形态，无病虫害
2		青扦云杉B	—	4.0	2.0	—	6	株	造型丰满，自然形态，无病虫害
3	0.2	垂柳	22	8.0	4.5	2.0	5	株	主干清晰，树冠丰满，无病虫害
4		山槐	20	8.0	4.5	2.0	5	株	主干清晰，树冠丰满，无病虫害
5		银杏	12	7.0	3.0	2.0	3	株	主干清晰，树冠丰满，无病虫害
6		白蜡B	18	7.0	3.5	1.5~1.8	3	株	主干清晰，树冠丰满，无病虫害
7		蒙古栎B	20	8.0	4.0	1.8~2.0	8	株	主干清晰，树冠丰满，无病虫害
8		稠李	15	6.0	4.0	1.5~1.8	1	株	主干清晰，树冠丰满，无病虫害
9		山桃稠李	15	5.0	3.0	1.2~1.5	8	株	树形好，全冠种植，低分枝
10		紫叶稠李	12	5.0	3.5	1.2~1.5	17	株	树形好，全冠种植，低分枝
11		桃叶卫矛	12	4.0	3.0	1.0~1.2	6	株	树形好，全冠种植，低分枝
12		山杏B	地径12	3.5	3.0	<0.8	17	株	树形好，全冠种植，低分枝
13		山楂B	地径12	3.5	3.0	<0.8	10	株	树形好，全冠种植，低分枝
14		光辉海棠	地径12	4.0	3.0	<0.8	26	株	树形好，全冠种植，低分枝
15		京桃	地径10	3.5	3.0	<0.8	58	株	树形好，全冠种植，低分枝
16		丛生花曲柳B	—	9.0	5.0	—	2	株	枝条丰满，树形端正，无枯死枝，树形优美，可环观，主枝>8mm，4~6分枝
17		丛生九角枫	—	5.0	3.0	—	5	株	枝条丰满，树形端正，无枯死枝，树形优美，可环观，主枝>8mm，6~8分枝
18		丛生暴马丁香	—	3.5	3.0	—	6	株	枝条丰满，树形端正，无枯死枝，树形优美，可环观，主枝>8mm，6~8分枝
19		小叶黄杨球a	—	1.2	1.2	—	31	株	修剪成球形
20		小叶黄杨球b	—	1.2	1.2	—	39	株	修剪成球形
21		水蜡球b	—	1.5	1.5	—	10	株	修剪成球形
22		水蜡球c	—	1.2	1.2	—	8	株	修剪成球形
23		连翘a	—	1.5	1.5	—	15	株	轻修剪，自然形态，枝条开展，无病虫害，20~30个分枝
24		东北珍珠梅	—	1.5	1.5	—	11	株	轻修剪，自然形态，枝条开展，无病虫害，20~30个分枝
25		紫丁香	—	1.8	1.8	—	18	株	轻修剪，自然形态，枝条开展，无病虫害，20~30个分枝
26		金银忍冬	—	1.8	1.8	—	8	株	轻修剪，自然形态，枝条开展，无病虫害，20~30个分枝
27		重瓣榆叶梅	—	1.8	1.8	—	17	株	轻修剪，自然形态，枝条开展，无病虫害，20~30个分枝

灌木、地被面积表

序号	名称	规格		密度/(株/m^2)	面积/m^2	数量/株	备注
		高度/m	冠幅/m				
1	金山绣线菊	0.3	0.25×0.25	100	303	30300	轻修剪，种植不露土
2	小叶黄杨	0.4	0.25×0.25	100	614	61400	修剪成整形绿篱，种植不露土
3	小叶丁香	0.4	0.25×0.25	64	408	26112	修剪成整形绿篱，种植不露土
4	红王子锦带	0.6	0.3×0.3	64	289	18496	修剪成整形绿篱，种植不露土
5	水蜡	0.6	0.3×0.3	64	235.5	15072	修剪成整形绿篱，种植不露土
6	红瑞木	0.8	0.5×0.5	49	49	2401	修剪成整形绿篱，种植不露土
7	蓝羊茅	0.2	0.1×0.1	100	42.4	4240	盆苗，自然生长，种植不露土
8	金娃娃萱草	0.2	0.1×0.1	100	81	8100	盆苗，自然生长，种植不露土
9	荷兰菊	0.3	0.1×0.1	100	74	7400	盆苗，花浅紫色，自然生长，种植不露土
10	宿根鼠尾草	0.4	0.1×0.1	100	40.3	4030	盆苗，自然生长，种植不露土
11	马蔺	0.4	0.1×0.1	100	220.9	22090	盆苗，自然生长，种植不露土
12	鸢尾	0.5	0.1×0.1	100	21	2100	自然生长，种植不露土
13	八宝景天	0.6	0.1×0.1	100	67	6700	盆苗，自然生长，种植不露土
14	狼尾草	0.3~0.5	0.1×0.1	100	143.1	14310	盆苗，自然生长，种植不露土
15	细叶芒	0.5~0.8	0.1×0.1	100	33.2	3321	盆苗，自然生长，种植不露土
16	波斯菊	0.3~0.8	0.1×0.1	100	69	6900	盆苗，花杂色，自然生长，种植不露土
17	柳叶马鞭草	0.5~0.8	0.1×0.1	100	12.1	1210	盆苗，花蓝紫色，自然生长，种植不露土
18	草坪	—	—	—	2912	0	早熟禾，草皮卷铺设

说明：

1. 上木表显示的数量如与图中显示数量有差额，承包商应因地制宜作出相应的调整，以达到最佳的效果，工程估算则以大数为准。
2. 所有地被小灌上木数量，只作参考之用，承包商应以实际种植面积及制定的上木间距为准，计算实际上木的数量，效果以覆盖其泥土为准。
3. 清单中苗木规格为修剪后到场规格，须保证枝叶茂盛，具体形态参照植物选样表。
4. 地被密度种植方法参照其他密度种植方法，且单株冠幅要达到设计要求，地被种植以不漏土为最佳，具体形态参照植物选样表。
5. 未标注的地被区域均种植草坪。

图4-2-25　苗木表

课后练习

1. 选择题

① 植物种植设计说明应包含哪些内容?(　　　)

A. 需体现种植设计的原则、景观和生态要求

B. 对种植土壤的规定和建议

C. 树木与建筑物、构筑物、管线之间的距离要求

D. 对树穴、种植土、树木支撑等做的必要规定

E. 对植物材料提出设计要求

② 植物种植设计应遵循哪些基本要求?(　　　)

A. 合理选择树种,满足功能需求

B. 熟悉植物生态习性,科学配置植物

C. 融入艺术思维,提升景观效果

D. 满足植物的形、色、姿态的搭配,符合大众的审美习惯,做到植物形象优美,色彩协调

E. 在满足基本要求的前提下,尽可能降低成本,提高性价比

③ 丛植是指将两三株或一二十株植物紧密地种植在一起,其树冠线彼此密接形成整体轮廓线的种植方式。丛植的配置形式主要包括(　　　)。

A. 两株一丛　　　　B. 三株一丛　　　　C. 四株一丛　　　　D. 五株一丛

E. 六株及以上丛植

2. 简答题

简述植物配置的基本原则。

笔记

项目五
环境景观电气施工图设计

在环境景观设计中，电气照明系统可以为各种室内和室外环境提供光线。高质量的照明系统可以为人们提供明亮、舒适的休憩游览环境，在满足夜间游园活动、节日庆祝活动及保安工作需要等功能需求外，还能丰富环境景观层次，提升环境景观艺术效果。

环境景观电气施工图设计的主要范围包括照明及动力系统配电设计。具体设计内容包括电气设计说明、电气系统图（配电箱系统图、配电箱定时控制原理图等）、电气平面（布置）图、电气安装详图（主要灯具安装示意图、拉线手井及盖板结构图）等。

任务一
电气设计说明

▣ 知识目标

① 掌握电气设计说明编写流程。
② 熟悉电气设计说明编写内容和要点。
③ 明确电气设计说明编写内容。

▣ 能力目标

① 能够根据案例项目完成基础资料的收集整理工作。
② 能够按照相关规范、标准完成电气设计说明的编写。

▣ 任务引入

电气设计说明是对电气施工图纸中尚未表达或表达不清楚的问题进行说明。例如，对工程设计依据，设计范围，建筑特点及等级，供电电源，配电设备及线路的型号规格、安装敷设方式，电气安全，主要设备材料表等分别进行说明。

🔖 **任务分析** ··

设计说明是电气施工图的重要组成部分，是对平面图和系统图的补充及延伸，是进行设计、施工的重要依据。它能够让施工人员充分理解设计意图，起到指导现场施工、提高施工质量的作用。不同项目的设计说明不尽相同，应结合各项目实际情况，对必要的说明内容进行详细阐述。

⛰ **任务实施** ··

电气设计说明的编写步骤和流程具体如下。

1. 准备工作

① 搜集项目场地条件信息，分析场地条件。

② 熟悉电气设计方案，明确照明标准，确定照明方式、照明种类等。

③ 熟悉照明平面布置图、电气系统图，补充说明供电电源、控制方式、设备选择与安装、导线选择及敷设方式、电气安全等说明信息。

④ 研究设计规范。在电气施工图设计过程中，平面布置图及系统图的绘制均应符合电气设计相关规范和标准，包括电气安全规范、建筑电气设计规范、行业标准等。设计规范需在电气设计说明中逐一列明。

2. 编写电气设计说明具体内容

结合拟建项目实际情况逐项编写设计说明。

3. 编制材料明细表

参照照明平面布置图编制材料明细表，材料明细表应有明确的型号、技术规格和参数，能满足订货、采购或招标的需要。内容应包括灯具、光源和镇流器、触发器、补偿电容器、配电箱、控制装置、开关、插座及其他附件，还有导线、套管等材料的名称、型号、技术规格、技术参数及单位、数量等。

4. 电气施工安装详图

对于较复杂的设备基础、平台、栈道，需要增加剖面图或节点详图，以表明灯具与这些设备基础、平台、栈道的位置关系及连接方式。电气施工安装详图可独立成图，也可并入电气设计说明中。

💡 **注意要点** ··

电气设计说明编制的内容和要点如下。

1. 设计依据

包括规划设计文件、方案设计文件、施工图纸，以及国家或地方的相关电气安全规定、建筑电气设计规范、行业标准和用户需求等。

2. 供电电源

负荷分级部分应明确本项目的负荷等级划分。根据建筑物的重要性、使用性质和用电设备的重要程度等因素，可将负荷分为一级、二级和三级等不同等级，并为每个等级提供相应的供电保障措施。

电气设计说明中应描述供电电源的来源、电压等级、容量以及供电方式。同时，应明确备用电源和发电设备的配置，以确保在主电源出现故障时设备仍能正常运行。此外，还应描述配电系统的架构，包括各级开关的配置和保护措施。

3. 配电设备及线路型号规格

设备、线路选型部分应根据负荷计算和短路电流计算的结果，选择合适的电气设备。选择时应考虑到设备和线路的性能、可靠性、经济性和维护的便利性等因素。

4. 设备安装及导线敷设方式

明确设备的规格、型号和安装要求。

5. 防雷接地

防雷接地部分应包括防雷措施的描述，包括接闪器、引下线和接地装置的设置。同时，应明确接地系统的类型和接地电阻的要求，以确保建筑物和设备的安全。

6. 主要设备材料表

即材料明细表，应有明确的型号、技术规格和参数，能满足订货、采购或招标的需要，内容应包括灯具、光源和镇流器、触发器、补偿电容器、配电箱、控制装置、开关、插座及其他附件，还有导线、套管等材料的名称、型号、技术规格、技术参数及单位、数量。

实践案例

×××小区景观工程电气设计说明

（一）设计依据

① 建设单位与建设单位签订的工程设计合同。
② 由建设单位提供的本项目工程图纸及相关建筑、电气、给排水、暖通图纸。
③ 建设单位认可的景观规划方案文件。
④ 国家及省、市现行各专业的有关规定、图集。

（二）供电电源及控制方式

① 本工程配电系统为三级负荷，采用放射式与树干式相结合的供电方式。
② 配电系统采用三相五线制和单相三线制的配电方式。由业主最终确定的电源引至园林景观专用配电箱。
③ 供电原则：尽量减少穿越各种管线及道路，注意避让大型植物，避免电缆遭受破坏，并便于维修；满足线路电压损失，图中电缆路由为示意，施工过程中可合理调整。
④ 本工程的控制方式为：动力、照明均为手控、时控相结合。时控由物业部门设定开关时间；室外照明采用路灯控制器进行时光控制，根据业主使用要求设置一般及节日、重大庆典等不同的控制方案，也可以分时段控制。

（三）设备选择及安装

① 配电箱箱体按照系统图进行组装，户外为防水防尘型双层门单层锁配电箱；配电箱安装在室外采用落地安装在高出地面300mm的水泥台上。箱体防水防尘，用角钢支架

固定，底座周围应采取封闭措施。

② 箱体尺寸仅供参考，以厂家订货为准，位置依据园林需求放置，做隐蔽处理，须由建设单位确定后方可施工。

③ 灯具安装详见标准图集，庭院灯、草坪灯放置在绿地里时，一般情况下距离道路边沿0.5m。庭院灯、草坪灯、射灯均做混凝土基础，下好预埋件及穿线管。灯具的选型由设计单位提供技术参数和参考样式，由建设单位确定。

④ 所有安装灯具内配线采用塑料护套线隐蔽敷设，灯具内部接线采用BV-2.5mm塑料铜芯电线，每个庭院灯、景观灯内需安装熔断器以保护灯具。

⑤ 关于灯具安装的确切位置，需与土建、绿化人员密切配合后，电气人员方可施工。

⑥ 灯具的安装由供货商提供安装基础图，并负责指导安装，施工人员需与厂家进行技术交流。

⑦ 水下灯防护等级为IP68，埋地灯防护等级不低于IP67，其他户外灯具防护等级不低于IP55。

⑧ 柜内开关等保护设备应注明所属支路编号及控制部位容量以便维修。所有使用的电气产品，塑导线等电气装置应均为符合国家认证的厂家产品。所有料品，如线盘、线管、面板等材质，一律要用难燃材料；暗装工程在竣工交付验收时应将施工中电线管线变更部分的实际敷设部分（包括分线盒、接线盒及管线规格）和走向，在竣工图中注明以便维修管理。各做法、说明及图例详见《建筑电气安装工程图集》。

⑨ 若需要改动本设计电气产品所选用品牌，其规格、性能等技术指标，不应低于设计图纸的要求。

⑩ 电气施工应与土建、给排水等专业密切配合，做好过墙洞预留、预埋线管、过墙管，并做好防水处理。

（四）导线选择及敷设方式

① 电源线采用铠装直埋YJV 0.6/1kV；照明线和动力线采用YJV0.6/1kV型交联聚氯乙烯电力电缆，均穿中型聚氯乙烯塑料管保护，沿绿化带内暗设。电缆敷设过路管，穿越人行路敷设穿重型聚氯乙烯塑料管保护，管径比所穿管径大一级。电缆穿越道路及水景池底时，穿越段应另穿镀锌钢管保护，管径比所穿管径大两级。

常用电缆穿管管径要求：管径为4mm、6mm的，穿DN32管；管径为10mm、16mm的，穿DN40管；管径为25mm的，穿DN50管。

② 线路进入水池应先接防水接线盒。防水接线盒采用定型产品。接地端子箱及户外变压器均暗装于距池外侧壁墙2m的地下，并做好防水处理；水下灯电缆长度不宜超过20m，如超过应校核线路电压降、载流量。

③ 电缆埋没深度为0.8m，线路距路边石0.8m，线路过车行道路及穿越构筑物穿钢管敷设，管线敷设长度超过60m或转弯的，分支处应设置电缆手孔井。手孔井的长、宽、高分别为0.5m、0.5m、1m，且在井底加φ110PVC-U管接至附近雨水管网。电缆进入接线井时，其套管距井底最小间距为0.1m；灯具的电源电缆均穿PC管至灯柱底座的接线盒内，水下部分的线路均采用防水护套软电缆，穿中型聚氯乙烯塑料管，沿水池底部管道层敷

设。所有灯具的管线和接线井位置可根据现场适当调整，接线井盖板与场地铺装一致。

在不违反相关电气规范的前提下，线路走向、回路分配可根据现场地形或其他情况进行适当优化调整，应校核线路电压降和载流量。

④ 电缆直埋敷设时应在电缆上下面各均匀铺设100mm厚中细级配砂（不含卵石）再盖保护板，保护板应超出电缆两侧各50mm。电缆线路与其他管线平行、交叉及平面位置尺寸由管网综合进行调整。

（五）电气安全

① 本设计低压配电系统接地形式为TN-S系统。由电源配电箱设一根专用保护线（PE线）接至室外灯具外壳和金属灯杆，并可靠焊接。PE线接地电阻小于4Ω。

配电箱以及最末端灯具处做重复接地，重复接地电阻不大于10Ω。接地极采用镀锌角钢，埋深＞1m，采用40mm×4mm的镀锌扁钢连接。

② 水池必须做局部等电位连结，将构筑物内钢筋所有金属外框、水池上固定金属件、金属水管、所有电气设备及水循环系统等均与接地端子箱LEB端子板可靠连接。

③ 沿水池和喷泉侧壁周围暗敷一根镀锌扁钢做局部等电位接地带，将构筑物内钢筋每隔5m与局部等电位接地带连接一次；局部等电位接地带距池底0.3m暗设，并与接地端子箱LEB端子板可靠连接。

④ 水下灯具电压为安全电压24V，水泵等高压设备断路器处采用过压保护。

（六）其他

① 凡与施工有关而又未说明之处，参见国家、地方标准图集施工，或与设计单位协商解决。

② 施工单位必须按照工程设计图纸和施工技术标准施工，不得擅自修改工程设计；施工单位在施工过程中发现设计文件和图纸有差错的，应当及时提出意见和建议。

③ 建设工程竣工验收时，必须具备设计单位签署的质量合格文件。

（七）国家及省市标准规范

国家及省市有关标准规范如表5-1-1所示。

表5-1-1　国家及省市标准规范

序号	规范代号	规范名称
1	GB/T 50034—2024	《建筑照明设计标准》
2	GB 50054—2011	《低压配电设计规范》
3	GB 51348—2019	《民用建筑电气设计标准》
4	GB 50217—2018	《电力工程电缆设计标准》
5	CJJ 45—2015	《城市道路照明设计标准》
6	GB 50052—2009	《供配电系统设计规范》

序号	规范代号	规范名称
7	GB 50055—2011	《通用用电设备配电设计规范》
8	JGJ/T 163—2008	《城市夜景照明设计规范》
9	CJJ 89—2012	《城市道路照明工程施工及验收规程》
10	GB 50303—2015	《建筑电气工程施工质量验收规程》
11	JGJ/T 307—2013	《城市照明节能评价标准》
12	CJJ/T 227—2014	《城市照明自动控制系统技术规范》
13	07SD101-8	《电力电缆井设计与安装》
14	16D303-3	《常用水泵控制电路图》
15	D702-1 ～ 3	《常用低压配电设备及灯具安装》
16	GB 50168—2018	《电气装置安装工程电缆线路施工及验收标准》

（八）主要设备材料表

主要设备材料表如表5-1-2所示。

表5-1-2　主要设备材料表

图例	名称	规格			数量/个
⊙	庭院灯	P=40W	ϕ=89mm，h=3.5m	LED灯(4000K)	12
✦	草坪灯	P=10W	ϕ=150mm，h=0.4m	LED灯(4000K)	54
◄	射树灯	P=9W	ϕ=115mm，h=160mm	LED灯(4000K)	19
◉	埋地灯	P=9W	ϕ=100mm，h=100mm	LED灯(4000K)	34
⊕	吊灯	P=18W	ϕ=200mm，h=0.3m	LED灯(4000K)	6
▬	洗墙灯	P=12W	a=49mm，b=83mm，h=1.0m	LED灯(4000K)	32
◗	壁灯	P=13W	ϕ=120mm，h=200mm	LED灯(4000K)	33
▭	配电柜	—			1
☐	接线井	—			2

注：a—灯具截面宽度；b—灯具截面高度；h—灯具距地面高度。

电气施工安装详图范例如图5-1-1 ～ 图5-1-3所示。

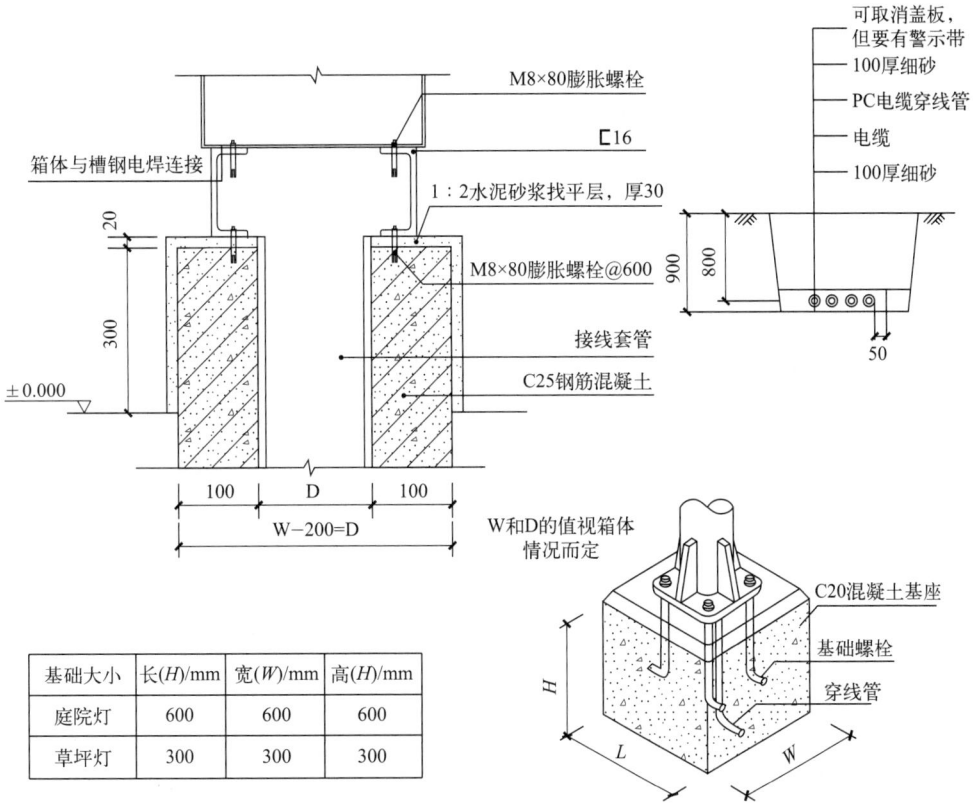

基础大小	长(H)/mm	宽(W)/mm	高(H)/mm
庭院灯	600	600	600
草坪灯	300	300	300

图5-1-1　灯具基础做法示意图

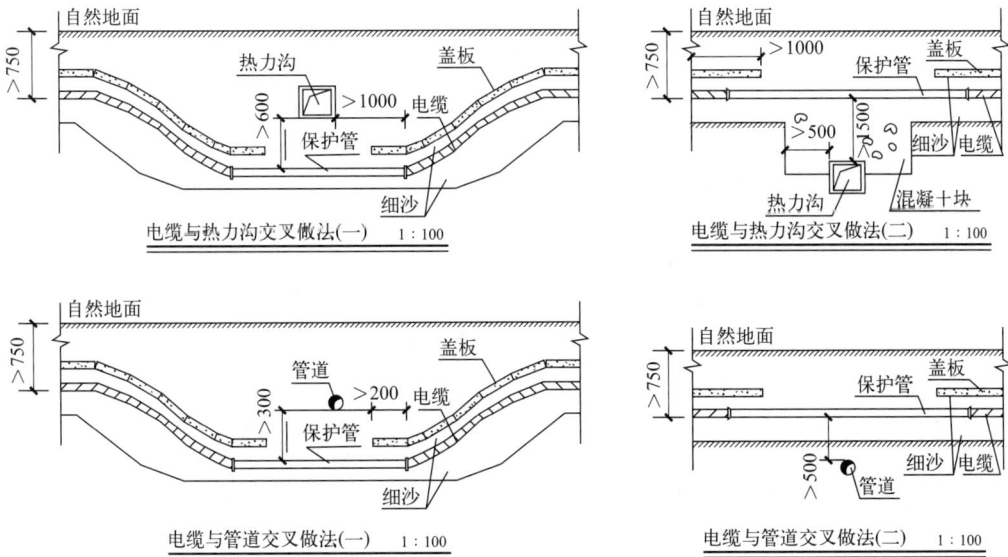

图5-1-2

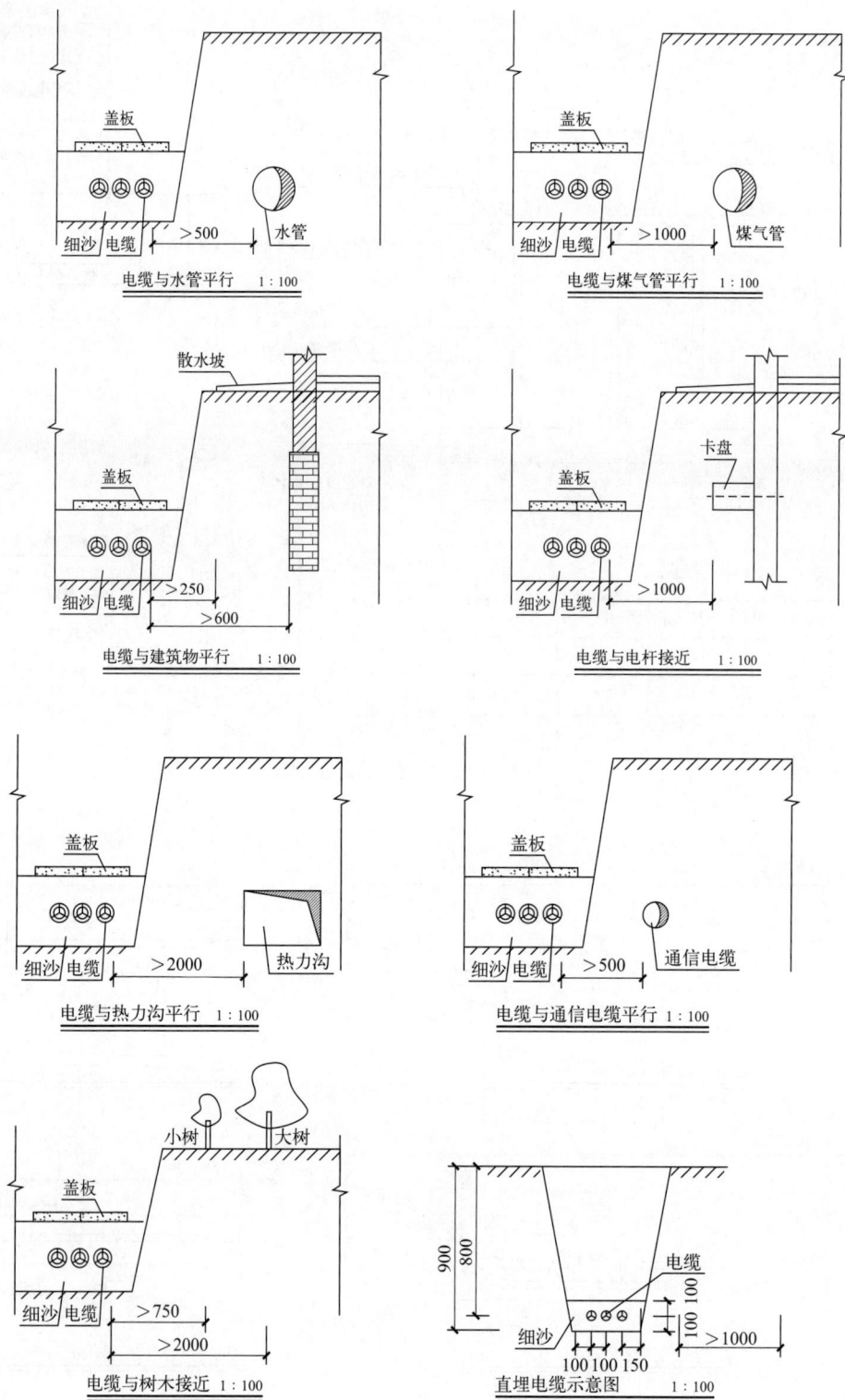

电缆与水管平行　1∶100

电缆与煤气管平行　1∶100

电缆与建筑物平行　1∶100

电缆与电杆接近　1∶100

电缆与热力沟平行　1∶100

电缆与通信电缆平行　1∶100

电缆与树木接近　1∶100

直埋电缆示意图　1∶100

图5-1-2　电缆敷设示意图

接线井手孔井平面图　1:10

人孔井平面图　1:10

接线井手孔井剖面图　1:10

接线井人孔井剖面图　1:10

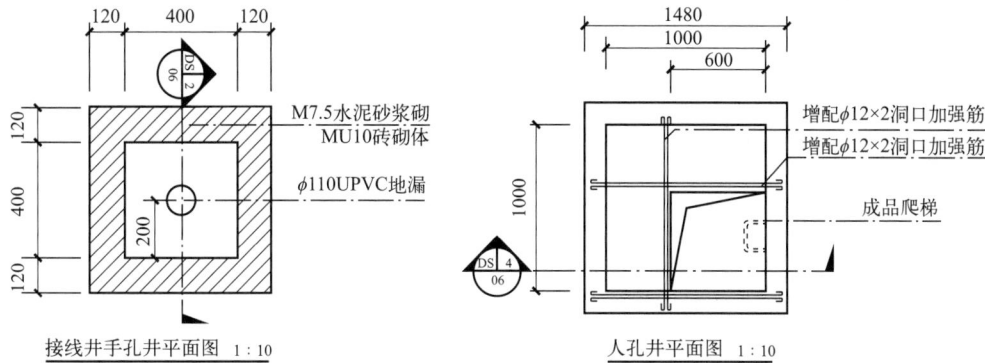

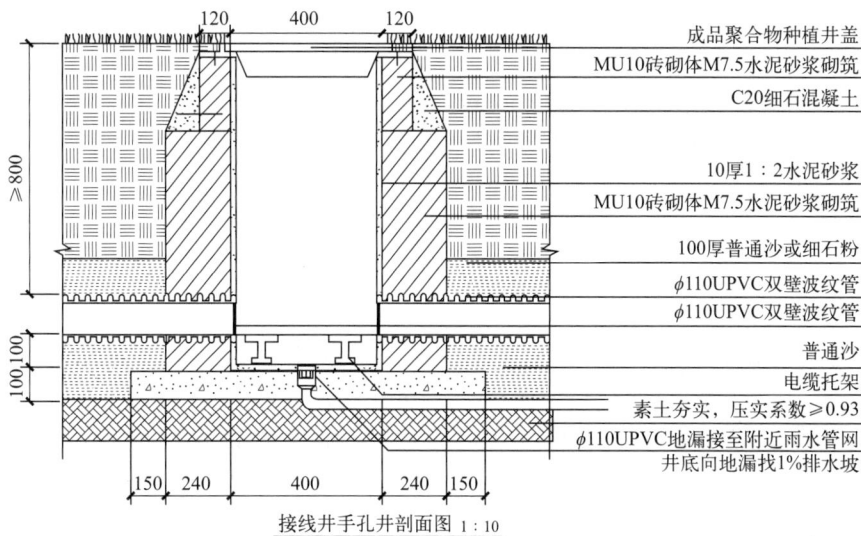

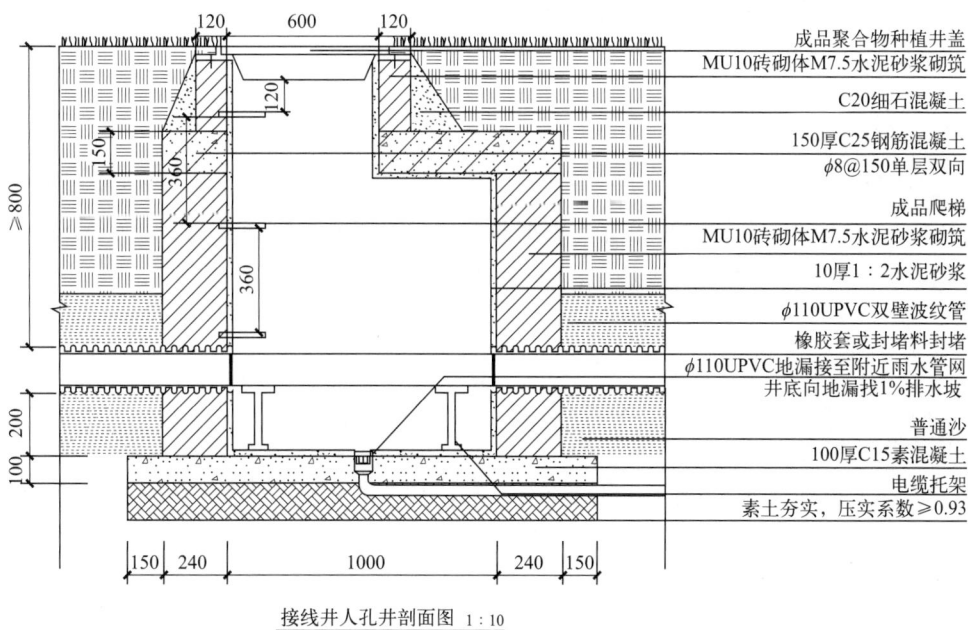

图5-1-3　接线井详图

任务二

电气平面图

📖 知识目标

① 熟悉电气平面图的绘制流程。

② 熟悉电气平面图的设计原则、要点。

③ 明确电气平面图的设计深度。

⚙ 能力目标

① 能够根据案例项目完成基础资料的收集整理工作。

② 能够根据设计图纸分析、逆推出施工图基本框架。

③ 能够按照相关规范、标准完成电气平面图的设计与绘制。

✳ 任务引入

××环境景观工程施工图中，总平面设计图已完成，现需绘制电气平面图。要求绘制软件使用CAD。施工图绘制小组拿到任务后首先进行任务分析。

一般来说，环境景观电气施工图设计是由景观设计师与电气照明工程师合作完成的。场地的普通照明由电气照明工程师负责灯具选型，以保证场地的照度能够达到国家标准要求，而景观设计师主要考虑艺术效果。因此，用于艺术效果照明的灯具或光源，应由景观设计师进行选型和定位，并以图纸的方式将设计意图传达给电气照明工程师，并共同完成设计。

📑 任务分析

电气平面图设计是在已有设计总平面图的基础上绘制完成的，需要在充分理解规划设计方案、初步设计文件的基础上，根据照明供配电基本原理，在设计总平面图上绘制配电箱、灯具、开关、线路等的平面布置，并标明回路的编号。

⛰ 任务实施

设计与绘制电气平面图的大致流程如下。

1. 收集原始资料

了解场地电源情况，明确照明负荷对供电连续性的要求，了解各照明空间、位置的具体功能；熟悉景观规划设计文件及初步设计文件，明确用地范围；熟悉已有设计总平面图布局、内容；收集国家及省、市现行各专业有关规范、规定、图集。

2. 确定照明供电系统

选择场地供电电源、电压；确定网络接线方式；确定保护设备、控制方式及电气安全措施。

3. 计算照明负荷，选择导线

照明线路一般具有距离长、负荷相对比较分散的特点，所以配电电缆的选择一般按照下列原则进行：

① 按使用环境和敷设方法选择导线和电缆的类型；

② 按线缆敷设的环境条件来选择线缆和绝缘材质；

③ 按机械强度选择导线的最小允许截面；

④ 按允许载流量选择导线和电缆的截面；

⑤ 按电压损失校验导线和电缆的截面。

按上述条件选择的导线和电缆具有几种规格的截面时，应取其中较大的一种。导线一般可采用铜芯或铝芯的线，照明配电干线和分支线应采用铜芯绝缘电线或电缆；分支线截面不应小于2.5mm^2。

4. 确定场地照明配电箱位置

景观电气设计中常见的配电形式为：箱式变压器（简称"箱变"）开始配电，变压器经埋地敷设的干线电缆给景观配电箱供电，再由景观配电箱经埋地敷设的支线电缆引至末端用电设备，如灯具、水泵等。通常一个景观项目，应根据项目规模确定箱变及其数量，箱变应尽量设置于项目的负荷中心。由箱变配出干线电缆至各个区域的配电箱，配电箱的配电半径以100m为宜，配电箱也应尽量放置于其配电区域的负荷中心。景观水泵过多时，还需单设景观动力配电箱。箱变、景观配电箱常采用种植遮挡、外观美化或置于建筑内（对建筑预埋管量要求较大）等方法进行美化处理。

5. 布置灯具和设备

应遵循保证灯具和设备的合理使用并方便施工的原则，在设计总平面图的相应位置上，按国家标准图形符号画出配电箱、灯具、开关、插座及其他用电设备。在照明配电箱旁应用文字符号标出其编号（AL），必要时还应标注其进线；在照明灯具旁标注出灯具的数量和型号、灯泡的功率、安装方式及高度。

6. 绘制配电线路

① 在绘制线路时，应首先按配电的敷设方式规划出较理想的布局，然后用单线绘制出干线、支线的位置和走向，连接配电箱至各灯具、插座及其他所有用电设备所构成的回路。电气照明线路在平面图中采用中粗线条绘制。

② 用文字符号对干线和支线进行标注。有时，为了减少图面的标注量，提高图面的清晰度，在平面图上往往不直接标注从配电箱到各用电设备的管线，而是在系统图上进行标注，或另外提供一个用电设备导线、管径选择表。

③ 对干线和支线进行编号。照明干线用WLM，支线用WL标注。

④ 标注导线的根数。在平面图上，两根导线一般不标注。3根及以上导线的标注方式有两种：一是在图线上打上斜线表示，斜线根数与导线根数相同；二是在图线上画一根短斜线，在短斜线旁标注与导线根数相同的阿拉伯数字。

7. 撰写必要的文字说明

撰写必要的文字说明，交代未尽事宜，便于阅读者识图；列出主要设备、材料清单。

💡 **注意要点** ....

一、照明设计的基本要求

① 安全可靠是照明设计的基本原则。照明设计应确保使用的照明产品符合相关标准和规定，避免存在安全隐患。包括防电击，防电气火灾，各种防护要求（防尘、防水、防腐蚀、防爆、防震等），防紫外辐射，防电磁辐射，防闪频，光生物安全等。

② 功能适用、满足适用要求是照明设计的根本目的。照明设计要保证良好的照明质量，需要合理选择光源和灯具，以及正确的布置方式。照明质量包括亮度、色温、显色指数等指标，需根据使用场所的不同要求进行设计。

③ 节能环保是照明设计的基本方针。照明设计应充分考虑能效和环保，选择高效、节能的照明产品，尽可能减少能源浪费和对环境的影响。

④ 舒适美观，不同建筑、场所条件，区别性对待。不同场合要求是不同的，照明设计应考虑舒适和美观，使人感到舒适、愉悦。

⑤ 经济性。照明设计应考虑经济性，应使建设投资和长年运行维护费用经济合理，在满足基本要求的前提下，尽可能降低成本，提高性价比。

二、电气平面图的基本内容

① 配电箱的型号、编号、出线回路、安装方式（嵌墙或悬挂）和安装位置。

② 灯具类型及位置。绘制灯具的位置，标注必要的尺寸，注明灯具类型或符号、代号（应采用形象的图形、符号表示），标注灯具的安装形式（吸顶式、嵌入式、管吊式），灯具离地高度；非垂直下射的灯具，应注明仰角或俯角、倾斜角等。

③ 注明光源的类型、额定功率、数量（包括单个灯具内的光源数）等。

④ 各场所的照度标准值。

⑤ 局部照明、重点照明的装设要求，包括光源、灯具及位置等。

⑥ 应急照明装设。分别标明疏散照明灯、疏散用出口标志灯、指向灯的类型（含光源、功率）及装设位置等；还有备用照明、安全照明的光源、灯具类型、功率及装设位置等要求。

⑦ 移动照明、检修照明用的插座和其他插座，应注明形式（极数、孔数）、额定电流值、安装位置、安装高度和安装方式。

⑧ 开关形式、位置、安装高度和安装方式（嵌入式或明装式），控制装置的类型、设置位置和控制范围。

⑨ 配电干线和分支线路的导线型号、根数、截面，如为套管，应注明管材、管径、敷设方式、安装部位和高度等。

三、电气平面图中常用图形符号

电气平面图中常用的图形符号见表5-2-1。

表5-2-1　电气平面图中常用的图形符号

图例	名称	图例	名称	图例	名称	图例	名称
○	灯具一般符号	⏚	单相三极暗装插座	⌇	双联单控防爆开关	⏛	单相三极防爆插座
⏺	天棚灯	⊛	深照灯	⌇	三联单控暗装开关	⏛	三相四极暗装插座
⊕	四火装饰灯	⊤	墙上座灯	⌇	三联单控防水开关	⏛	三相四极防水插座
⊗	六火装饰灯	⊟	疏散指示灯	⌇	三联单控防爆开关	⏛	三相四极防爆插座
⊜	壁灯	EXIT	出口标志灯	⌇	声光控延时开关	⊘	双电源切换箱
⊢	单管荧光灯	⛉	应急照明灯	⌇	单联暗装拉线开关	▢	明装配电箱
⊢	双管荧光灯	⊗	换气扇	⌇	单联双控暗装开关	▬	暗装配电箱
⊞	三管荧光灯	⋈	吊扇	⌇	吊扇调速开关	⤙	漏电断路器
⊗	防水防尘灯	⌇	单联单控暗装开关	⏚	单相两极暗装插座	⤙	低压断路器
○	防爆灯	⌇	单联单控防水开关	△	单相两极防水插座	⊸	弯灯
⊗	泛光灯	⏚	单相两极防爆插座	⊙	广照灯	⌇	双联单控暗装开关
⌇	单联单控防爆开关	⌇	双联单控防水开关	⏛	单相三极防水插座		

知识链接

一、景观照明的内容与分类

环境景观照明设计所包含的内容较多，有建筑、绿化广场、商业区、公共绿化、雕塑、桥梁、水景等。根据照明设计内容的差异，景观照明可分为建筑景观照明、园林景观照明、特殊照明这三大类。

1. 建筑景观照明

当标志性建筑物作为照明主体时，应注重建筑物的主导地位，着重突出照明效果的层次性，主光源与辅光源相结合，并掌握好用光的方向，不同方向的光源所形成的效果是截然不同的。当被照建筑物面积较大时，大多采用泛光灯由下向上照射，并在重点突出的结构以及特殊材质、色彩等表现上巧妙布置灯具安装位置，同时利用不同光色的光源达到不同的艺术效果。

当体量较小的园林建筑作为照明主体时，在设计中一般多采用泛光照明、轮廓照明或内透照明等多种技法相结合的方式来表现其特殊的建筑特征。细节处根据不同建筑类型特征进行细致的照明处理。如古建的屋顶和飞檐，一般采用LED轮廓照明来表现其形体美。雕梁画栋和牌匾则用更加醒目的灯光来表达。

桥梁的景观照明设计大都以桥梁的交通功能和结构特点为基础出发点，利用桥梁不同的造型，结合水景倒影，营造不同的景观照明效果。

2. 园林景观照明

（1）景观广场照明

① 休闲广场：是为民众提供休息社交活动的场所，应体现人文特色，对广场的标志性建筑要重点体现。广场内不应大量采用高杆灯，灯杆和灯具不应妨碍人们的活动与交通。

② 集会广场：是提供大型集会活动和文娱活动的场所，在设计中应以高杆照明为主，同时注意控制光污染。

③ 商业广场：是提供餐饮娱乐等活动的综合广场，一般与商业街连接在一起，应以引导购物交通为主导思想，不应设置高闪频的光源。

④ 商业街的景观照明：商业街是道路形态中的一种特殊形式，属于城市景观照明经济发展方向的重点组成部分，是人们集中购物消费的主场所，应采用动静相结合的照明方法，适当闪烁的灯光有助于营造生机勃勃的气氛。在灯具的选择上要做到注重多样性的同时，把握整体风格的统一，形成艺术景观。

（2）景观道路照明

景观道路照明需提供较低的照度，营造悠远的意境，起到游览导向作用的同时还应注意安全防范。景观道路照明是各个景观点间的连接光带，形成照明间的有机结合，强化景观的连贯性和方位感。在设计中为达到较好的观赏效果，重要的园路一般会安装步道灯。多数的园路设计则选择安装不同造型的庭院灯或草坪灯，主光源选择建议采用LED灯或其他节能灯。庭院灯要求间距不大于15m，高2.5~3m，草坪灯高约0.8m。

（3）局部绿化照明

绿化照明是景观照明中的重点部分。主要分为上射照明、下射照明和混合照明三种形式。从下至上的上照方式可以根据植物的高度和种类，搭配组合不同形式的控光灯具，对绿色植物进行照明，可产生多样的效果；从上至下的下照方式可以增加树叶动态的表现力，形成自然的"月光式"照明，这种照明主要通过地面上形成的斑驳、无规则的树影来实现景观效果。绿化照明包括乔灌木、地被、草坪的照明。对于乔灌木等较高的绿化主要采用上射照明，安装方便快捷，且便于调整投光方向和位置；对于地被、草坪等较矮的绿化则多采用下射照明，灯光经反射罩向下照射，不会产生眩光，更容易达到满意的效果。

绿化照明要考虑植物本身的形态、颜色以及随季节变化的特点，进行调整搭配。植物照明的灯具安装位置需注意隐蔽性，主要采用环保节能的光源。灯具的选择常用LED灯、金卤灯或卤钨灯等。

（4）重点照明

在景观场地中，可利用照明设计突出若干重点观赏景物，如山石、水景、雕塑等，可采用多种照明方式结合，使其亮度和色彩远远高于周围环境亮度，重点突出某一节点位置景观。

① 山石。多采用泛光灯勾勒轮廓，通过灯光色彩对比展现山石的纹路肌理，选择性的照射山石树木，体现山石的层次感。

② 水景。具有流动性、季节性，因此在设计中应注重水体的这些变化，综合利用声、

光、电等技术，对不同规模的水景进行艺术渲染，并根据水体的变化来考虑灯具的位置与方向。水景照明的灯具都应做好隐蔽与安全设计，并兼顾无水期和结冰期采取防护措施的外观效果。水景的形态主要分为横向和竖向两种。横向水景照明如小河、溪流等，通常采用宽光束的远距离照明，形成自然均匀的漫射效果，照射范围广，而且灯光在静止的水面上会产生波光粼粼的效果。竖向水景照明如瀑布、喷泉等，一般采用窄光束照明，进行上射照明，突出流水的动态效果。

大型水景照明多采用断续灯光勾画水岸线轮廓，选择水中或岸边精致的景观元素进行重点照明，一般选择水下灯，灯具固定安装，距水面50～100mm，灯具和灯盒都要求连接PE线安全接地。水下投光灯最好安装在溅起水花的位置，既能遮挡灯具又能突出水花的造型，产生棱镜折射的七彩效果。

③ 雕塑、小品。常位于景观中的显要位置，往往处在场景的观赏中心，多采用照度较强的照明方法，例如上射照明、下射照明或局部照明。通过阴影的展现和不同亮度的塑造，勾勒出景观雕塑、小品的轮廓立体感，凸显雕塑、小品的艺术造型，同时也要根据雕塑、小品的材质和自身色彩进行适当调节。针对体型较大的主题雕塑，大多使用投光灯照射的方式进行照明。

3. 特殊照明

① 疏散照明。疏散照明的基本要求是必须明确清晰地标注出疏散路线和应急出口的位置。疏散通道的照明设计应色彩醒目，保证人员能够根据照明提示安全及时地从安全应急出口疏散。

② 安全照明。是为某个区域或某个设备需要而进行设置的。面积相对较小，一般不要求对整个场所进行均匀的照明，而是主要采用局部照明的方法，对某个区域或设备进行照亮的方式。可根据不同的情况而定，一般可以利用正常照明的一部分来替代，也可以专门为某个设备或场景独立装设。

③ 备用照明。是为照明熄灭后或紧急情况而设置的。一般情况下也可以利用正常照明的一部分来完成，也可另设装置作为备用照明。无论采取哪一种形式都应尽量减少因另外装设过多的灯具而造成的浪费。

④ 应急照明。也是特殊照明的一个重要组成部分，是为了应付突发事件而设置的独立照明系统，方便游园和辨别方位，便于随时脱离险境。

二、景观照明常用灯具

1. 路灯

路灯的样式选择和设计应以功能性为主导，兼顾外观效果。路灯灯杆高度 H 根据道路宽度和路灯排布方式确定，一般为5～12m。灯杆间距 S 一般为高度的3～4倍，多为20～30m。路灯光源首选高压钠灯，显色性要求高的场所可选用金属卤化物灯、LED灯，功率多为75～400W。

2. 庭院灯

庭院灯的样式选择与设计需兼顾功能性和美观性，但不提倡多光源、漫反射型灯具。庭院灯灯杆高度一般为2.5～4m，灯杆间距 S 多为12～18m。庭院灯可使用的光源有LED

灯、低压钠灯、金属卤化物灯、细管径荧光灯、紧凑型荧光灯等，功率多为35～75W。

3. 草坪灯

草坪灯的高度一般为0.4～0.9m，灯杆间距 S 多为6～10m。草坪灯可使用紧凑型荧光灯、LED灯作为光源，功率多为10～23W。

4. 太阳能灯

太阳能照明是以太阳能为能源，通过太阳能板实现光电转换，白天用蓄电池储存电能，晚上通过控制器对电光源供电，实现所需要的功能性照明。常见的太阳能灯具有路灯、庭院灯、草坪灯。

太阳能光伏照明可分为：独立使用的太阳能光伏照明、集中太阳能板的光伏照明、太阳能与市电互补照明、风光互补的太阳能照明。

太阳能灯适合光照较充分的地域，要求设置地点终年日光无遮挡或少遮挡，在灯具分布较分散的项目中具有一定优势。其主要光源有LED灯、高压钠灯。

5. 照树灯

照树灯可选用插泥式、埋地式、固定式，不宜对古树和珍稀树种进行照明。照树灯可使用紧凑型荧光灯、LED灯、金属卤化物灯作为光源，功率多为20～35W，避免产生眩光，控制朝居室方向的发光强度。

6. 埋地灯

作为引导性、装饰性的埋地灯，应采用小功率光源，以免产生眩光。小功率LED埋地灯，具有点缀、提示、引导的效果；大功率埋地灯眩光严重，严重影响人的视觉功能，只有在照射景墙、雕塑及其他构筑物或地面照度较高时，埋地灯的功率可适当放大，且宜采用可调角度型埋地灯。

7. 投光灯

投光灯以光束角的大小进行分类，见表5-2-2。不同场所应选择不同的光束角进行投光照明。如窄光束灯具适用于垒球场、细高建筑立面照明；宽光束灯具适用于篮球场、排球场、广场、停车场等照明。即根据配光需求选择灯具，从而在限制眩光的同时达到预期夜景效果。

表5-2-2　投光灯的分类

光束类型	光束角 /（°）	最低光束角效率 /%	适用场合
特窄光束	10 ～ 18	35	远距离照明、细高建筑立面照明
窄光束	18 ～ 29	30 ～ 36	足球场四角布灯照明、细高建筑立面照明
中等光束	19 ～ 46	34 ～ 45	中等高度建筑立面照明
中等宽光束	46 ～ 70	38 ～ 50	较低高度建筑立面照明
宽光束	70 ～ 100	42 ～ 50	篮球场、排球场、广场、停车场照明
特宽光束	100 ～ 130	46	低矮建筑立面照明、货场、建筑工地照明
超宽光束	>130	50	低矮建筑立面照明

8. LED线形灯

LED 线形灯包括LED灯带、LED蛇形灯、LED灯管，功率依次增加。可根据对象的轮廓做均匀的泛光照明。通常用于桥梁、水池侧壁、扶手、建筑轮廓、建筑立面泛光等。

9. 灯箱、标识

传统灯箱以T5灯管为光源（也可替换为LED灯管）均布排列，如T5灯管灯箱（图5-2-1）；LED超薄灯箱（图5-2-2）以LED作为光源四周发光，节能、占用空间小，应用广泛。

图5-2-1 T5灯管灯箱　　　　　　　　图5-2-2 LED超薄灯箱

三、照明供配电系统

1. 电气设计的强、弱电划分

环境景观电气设计通常分为强电和弱电两个部分。强电部分主要包括照明设计、水景动力配电设计以及景观配套设施或构筑物中其他用电设备的配电。常见的景观配电设备有发光标识、景观标识、充电桩、电动门、电动旗杆、室外防水插座及室外岗亭等。弱电部分包含的范围比较广，其中，公共广播系统设计是景观设计中最常见的弱电部分；此外，还有Wi-Fi覆盖系统设计、安全防范系统设计等。

2. 常见电力系统布置

环境景观电气设计中的强电设计处于电力工程的最末端。电力自发电厂产生，经过多次变压输电、配电或变压配电至照明配电箱，为用电负荷供电。如图5-2-3所示，为常见的电力系统示意图。

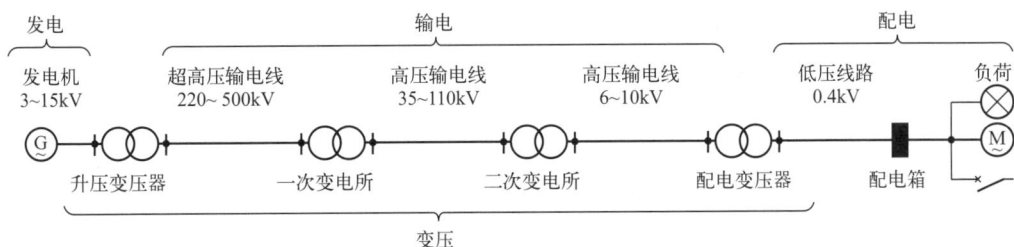

图5-2-3 常见的电力系统示意图

① 发电部分：常见的发电形式有水力、火力、风力、潮汐、核能等。

② 变压部分：电流通过导线时会产生损耗，电流越大，损耗越大。在传输电能相同的条件下，提高供电电压可以极大地减少流过导线的电流。而实际用电时（如照明、插座等）使用高电压非常不安全，且对设备的绝缘耐压等要求高，所以会进行升压、一次变压、二次变压、降压等多次变压。

③ 输电部分：低压电能一般通过电缆埋地来传送，高压电能一般通过架空线缆来传输。

④ 配电部分：景观电气设计处于上述电力系统的末端，通常只涉及配电箱、用电负荷的设计，有时也会涉及配电变压器的设计。

3. 照明线路电压

照明线路的供电电压直接影响配电方式和线路敷设的投资费用。当负荷相同时，若采用较高的电压等级，线路负荷电流便相应减小，因而就可以选用较小的导线截面。我国的配电网络电压，在低压范围内的标准等级为500V、380V、220V、127V、110V、36V、24V、12V等。一般照明用的白炽灯电压等级主要有220V、110V、36V、24V、12V等。所谓光源的电压是指对光源供电的网络电压，不是指灯泡（灯管）两端的电压降。供电电压必须符合标准的网络电压等级和光源的电压等级。

从安全方面考虑，照明的电源电压一般按下列原则选择。

① 在正常环境中，一般照明光源的电源电压应采用220V。1500W及以上的高强度气体放电灯的电源电压宜采用380V。

② 在有触电危险的场所，例如地面潮湿或周围有许多易触及金属结构的房间，当灯具的安装高度距离地面小于2.4m时，无防止触及措施的固定式或移动式照明的供电电压不宜超过36V。

③ 移动式和手提式灯具应采用Ⅲ类灯具（Ⅰ类灯具——灯具的防触电保护不仅靠基本绝缘，还包括附加安全措施，即把外露可导电部件连接到保护线上；Ⅱ类灯具——防触电保护不仅依靠基本绝缘，且具有附加安全措施，如双重绝缘或加强绝缘；Ⅲ类灯具——防触电保护依靠电源电压为安全特低电压），用安全特低电压供电，其电压在干燥场所不大于50V，在潮湿场所不大于25V。

④ 由专用蓄电池供电的照明电压，可根据容量的大小和使用要求，分别采用220V、24V或12V等。

4. 负荷等级的划分

按照供电的可靠性、中断供电所造成的损失或影响程度，将照明负荷分为三级，即一级负荷、二级负荷、三级负荷。

符合下述情况之一的即为一级负荷：

① 中断供电将造成人身伤亡；

② 中断供电将在政治、经济上造成重大损失；

③ 中断供电将影响有重大政治、经济意义的用电单位正常工作。

在一级负荷中，当中断供电将发生中毒、爆炸和火灾等情况的负荷，以及特别重要场所的不允许中断供电的负荷，应视为特别重要的负荷。

符合下述情况之一的即为二级负荷：

① 中断供电将在政治、经济上造成较大损失；

② 中断供电将影响重要用电单位的正常工作。

不属于一级负荷和二级负荷者为三级负荷。景观照明一般按三级负荷供电。

5. 照明（三级）负荷的供电方式

三级负荷（一般负荷）电源，对照明无特殊要求者可由单电源供电，动力和照明负荷功率较大时应分开供电，功率较小时可合并供电。

6. 照明配电系统

（1）照明供电网络

照明供电网络主要是指照明电源从低压配电屏到用户配电箱之间的接线方式。主要由馈电线、干线、分支线及配电盘组成。汇集支线接入干线的配电装置称为分配电箱，汇集干线接入总进户线的配电装置称为总配电箱。馈电线是将电能从变电所低压配电屏送到区域（或用户）总配电柜（箱）的线路；干线是将电能从总配电柜（箱）送至各个分照明配电箱的线路；分支线是将电能从各分配电箱送至各户配电箱的线路，如图5-2-4所示。

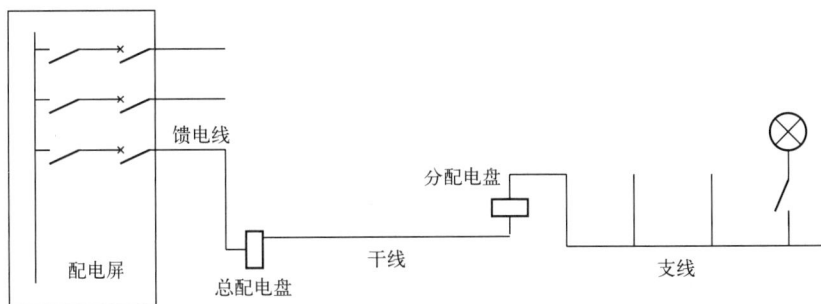

图5-2-4　照明供电网络的组成

（2）常用的配电方式

配电方式有多种，可根据实际情况选定。最基本的配电方式有放射式、树干式、混合式、链式四种，如图5-2-5所示。

① 放射式。各负荷独立受电，线路发生故障时不影响其他回路继续供电，可靠性较高；回路中，电动机启动引起的电压波动对其他回路的影响较小。但建设费用较高，有色金属耗量较大。放射式配电一般用于重要的负荷。

② 树干式。导线消耗量小，与放射式相比，其优点是建设费用低，但干线出现故障时影响范围大，可靠性差。

③ 混合式。是放射式与树干式混合使用的方式。这种供电方式可根据配电箱的位置、容量、线路走向进行综合考虑，在实际工程中应用最为广泛。

④ 链式。它与树干式相似，适用于距离配电所较远，而彼此之间相距又较近的不重要的小容量设备，链式配电的设备一般不超过3～4台。在景观设计中应根据具体情况以及实际投资状况来选择。

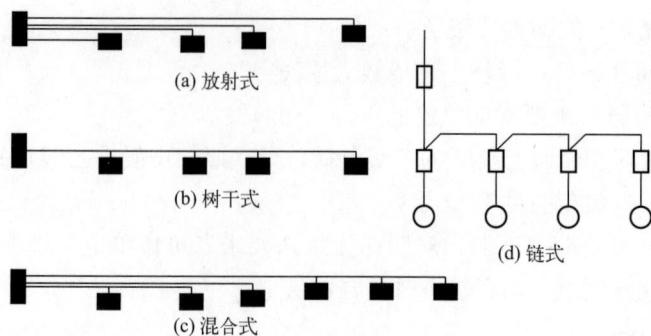

(a) 放射式

(b) 树干式

(c) 混合式

(d) 链式

图 5-2-5　基本的配电方式

　　照明灯具一般由照明配电箱以单相支线供电，但也可以二相或三相的分支线对许多灯供电（灯分别接于各相上），采用两相三线或三相四线供电能减少线路电压损耗，对气体放电灯能减少光通量的波动。

　　每个分配电箱和线路上各相负荷分配尽量平衡。室外灯具较多时，应采用三相供电，各个灯分别接到不同的相线上。现一般民用建筑使用三相五线，多采用 TN-S 方式供电系统，如图 5-2-6 所示。

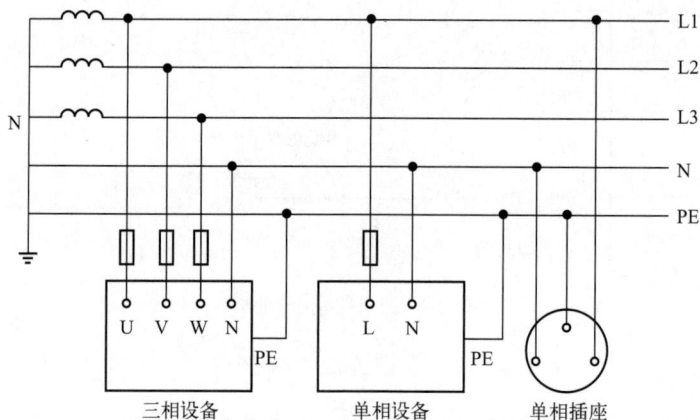

图 5-2-6　TN-S 系统接线

四、电线、电缆选择及线路敷设

1. 导体材料及电缆芯数的选择

配电线路宜选用铜芯电缆或导线。对于 TN-S 系统，三相设备应选用五芯电缆，单相设备应选用三芯电缆。

2. 绝缘水平选择

① 应正确选择电线电缆的额定电压，确保长期安全运行。

② 低压配电线路绝缘水平选择。系统标称电压 U 为 0.22kV/0.38kV 时，线路绝缘水平电缆配线为 0.6kV/1.0kV，导线一般为 0.3kV/0.5kV。

3.绝缘材料、护套及电缆防护结构的选择

① 聚氯乙烯绝缘电缆由于制造工艺简单、价格便宜、质量轻、耐酸碱、不延燃等优点而适用于一般工程。

② 交联聚乙烯电缆具有结构简单、允许温度高、载流量大、质量轻的特点，宜优先选用。

③ 直埋电缆宜选用能承受机械张力的钢丝或钢带铠装电缆。

④ 室内电缆沟、电缆桥架、隧道、穿管敷设等，宜选用带外护套不带铠装的电缆。

⑤ 空气中敷设的电缆，有防鼠害、蚁害要求的场所，应选用铠装电缆。

4.电线、电缆截面选择的一般原则

（1）按电线、电缆的允许温升选择

① 电线、电缆的允许温升不应超过其允许值，电线、电缆线芯允许的长期工作温度见表5-2-3。

表5-2-3　电线、电缆线芯允许的长期工作温度

电线、电缆类别	塑料绝缘电线	交联聚乙烯电缆	聚氯乙烯绝缘电缆	乙丙橡胶电缆	矿物绝缘电缆	
允许的长期工作温度 /℃	70	90	70	90	70	105

② 电线、电缆持续载流量标准，应按《低压电气装置　第5-52部分：电气设备的选择和安装　布线系统》（GB/T 16895.6—2014）执行。

③ 各种型号电线、电缆的持续载流量应根据敷设方式、环境温度等条件的不同进行修正。

（2）按机械强度选择

绝缘电线最小允许截面积见表5-2-4。

表5-2-4　绝缘电线最小允许截面积

用途及敷设方式		线芯的最小截面积 /mm²		
		铜芯软线	铜线	铝线
室内灯头线		0.4	1.0	2.5
室外灯头线		1.0	1.0	2.5
绝缘导线穿管、线槽敷设		—	1.5	10
绝缘导线明敷（室内）	$L \leqslant 2m$	—	1.5	10
绝缘导线明敷（室外）	$L \leqslant 2m$	—	1.5	10
	$2m < L \leqslant 6m$	—	2.5	10
	$6m < L \leqslant 16m$	—	4	10
	$16m < L \leqslant 25m$	—	6	10

注：L 为支点距离。

（3）按短路热稳定选择

① 对于短路电流持续时间不超过5s的电线或电缆线路，其截面积应满足下式

$$S \geqslant \frac{I_k}{K}\sqrt{t}$$

式中　S——绝缘导体的线芯截面积，单位为mm^2；

　　　I_k——短路电流有效值（均方根值），单位为A；

　　　K——热稳定系数，见表5-2-5；

　　　t——短路电流持续的时间，单位为s。

表5-2-5　热稳定系数（K）

绝缘材料	聚氯乙烯（PVC）		橡胶60℃	交联聚乙烯、乙丙橡胶（XLPE/EPR）	矿物绝缘	
	≤ 300mm²	>300mm²			带 PVC	裸的
铜芯导体	115	103	141	143	115	135
铝芯导体	76	68	93	94	—	—

注：1. 表中K值不适用6mm²及以下的电缆。

2. 当短路电流持续时间小于0.1s时应计入短路电流非周期分量的影响；大于5s时应计入散热的影响。

② 中性线（N）截面的选择。在单相或二相的线路中，中性线截面应与相线相等；在三相四线制的平衡线路中（如负荷均为白炽灯、卤钨灯），其中性线截面应不小于相线的50%，但当相线截面为10mm²及以下时，中性线截面宜与相线相同；在荧光灯、荧光高压汞灯、高压钠灯等气体放电灯三相四线供电线路中，即使三相平衡，但由于各相电流中存在着三次谐波电流，使正弦波的电压波形发生畸变，中性线中会流过3的倍数的奇次谐波电流，因此界面也应按最大一项的电流选择。

③ 导线截面积确定后，应按电压损失校验截面积。

五、照明线路的保护

沿导线流过的电流过大时，由于导线温升过高，会对其绝缘、接头、端子或导体周围的材料造成损害。温升过高时，还可能引起着火，因此照明线路应具有过电流保护装置。过电流的原因主要是短路或过负荷（过载），因此此电流保护又分为短路保护和过载保护两种。

照明线路还应装设能防止人身间接电击及电气火灾、线路损坏等事故的接地故障保护装置。电气设备或线路的外壳在正常情况下是不带电的，在故障情况下由于绝缘损坏导致电气设备外壳带电，当人身触及时，会造成伤亡事故，这就是间接电击。

短路保护、过载保护和接地故障保护均作用于切断供电电源或发出报警信号。

① 短路保护。线路的短路保护是在短路电流对导体和连接件产生的热作用和机械作用造成危害前切断短路电流。所有照明配电线路均应设短路保护，通常用熔断器或低压断路器的瞬时脱扣器进行短路保护。

② 过载保护。照明配电线路除不可能增加负荷或因电源容量限制而不会导致过载外，均应装过载保护。通常由断路器的长延时过流脱扣器或熔断器进行过载保护。

③ 接地故障保护。接地故障是指相线对地或与地有联系的导电体之间的短路。它包括相线与大地及 PE 线、PEN 线、配电设备和照明灯具的金属外壳、敷线管槽、建筑物金属构件、水管、暖气管以及金属屋面等之间的短路。接地故障是短路的一种，仍需要及时切断电路，以保证线路短路时的热稳定。不仅如此，若不切断电路，则会产生更大的危害性。当发生接地短路时，在接地故障持续的时间内，与它有联系的配电设备（照明配电箱、插座箱等）和外露可导电部分对地和对装置外导电部分间存在故障电压，此故障电压可使人身遭受电击，也可因对地的电弧或火花引起火灾或爆炸，造成严重的生命财产损失。由于接地故障电流较小，保护方式还因接地形式和故障回路阻抗不同而异，所以接地故障保护比较复杂。

接地保护总的原则如下。

① 切断接地故障的时限，应根据系统接地形式和用电设备使用情况确定，但最长不宜超过 5s。在正常环境下，人身触电时的安全电压限值 U_l 为 50V。当接触电压不超过 50V 时，人体可长期承受此电压而不受伤害。

② 应设置总等电位联结，将电气线路的 PE 干线或 PEN 干线与建筑物金属构件和金属管道等导电体联结。单一的切断故障保护措施因保护电器产品的质量、电器参数的选择和其使用过程中性能变化以及施工质量、维护管理水平等原因，其动作并非完全可靠。采用接地故障保护时，还应采用等电位联结措施，以降低电气装置或建筑物内人身触电时的接触电压，提高电气安全水平。

📖 拓展阅读

　　曲江池是西安著名的历史遗迹，秦朝时就有了很大的规模，秦始皇最初在曲江池修筑离宫，名宜春宫。汉武帝时，将曲江池一带划入上林苑，对曲江进行开凿，因"其水曲折，有似广陵之江"，故名"曲江"。

　　"曲江池"于兴盛时大加扩修，又于战乱时险些湮没，历经时间荡涤。2008年，由知名建筑设计大师张锦秋院士担纲总规划设计，总占地面积1500亩，恢复汉唐曲江池水系700亩的曲江池遗址公园建成，再现了曲江地区"青林重复，绿水弥漫"的山水人文格局。园区照明设计以"大气中不失意境，质朴中彰显精华"为设计宗旨，根据每个景点的名称、风格、造型，赋予不同的表情，用灯光的形式彰显出来，满足功能性和装饰性照明的要求。通过对光与影相生相合的合理把握，在夜晚营造出杜甫诗句中所描写的曲江池"菖蒲翻叶柳交枝，暗上莲舟鸟不知。更到无花最深处，玉楼金殿最参差"的独特景致。

　　在具体的设计上，采用了净化、水岸照明为映视，主要景点建筑照明点睛的手法，使整个景区在夜间呈现出气势恢宏、浓淡有致的灯光效果。不温不火、质朴亲切，多层次、立体化的灯光照明体系，再现了"曲江繁华地，大唐不夜天"的人间盛景。

📔 实践案例

图 5-2-7 是 ×× 环境景观工程施工图中的电气平面图。

灯具图例及规格

图例	名称	规格	数量/个
❀	庭院灯	P=40W，φ=89，h=3.5m LED灯(4000K)	12
✛	草坪灯	P=10W，φ=150，h=0.4m LED灯(4000K)	54
◁	射树灯	P=9W，φ=115mm，h=160mm LED灯(4000K)	19
◉	埋地灯	P=9W，φ=100mm，h=100mm LED灯(4000K)	34
⊕	吊灯	P=18W，φ=200mm，h=0.3m LED灯(4000K)	6
▮	洗墙灯	P=12W，a=49mm，b=83mm，h=1.0m LED灯(4000K)	32
◐	壁灯	P=13W，φ=120mm，h=200mm LED灯(4000K)	33
▯	配电柜		1
▣	接线井		2

附注：1.泛光照明可根据现场具体情况进行优化。
2.图示连线为电缆配管行线方向，可根据现场具体情况进行优化处理。
3.配电箱以及最末端灯具处做重复接地。
4.供电回路较远导致剩余电流动作保护器误动作的回路，现场实测剩余
电流应整定值，按需要调整剩余电流动作保护器的动作值。
5.灯杆高度大于3m的灯具在检修孔内安装单灯熔断器(6A)。

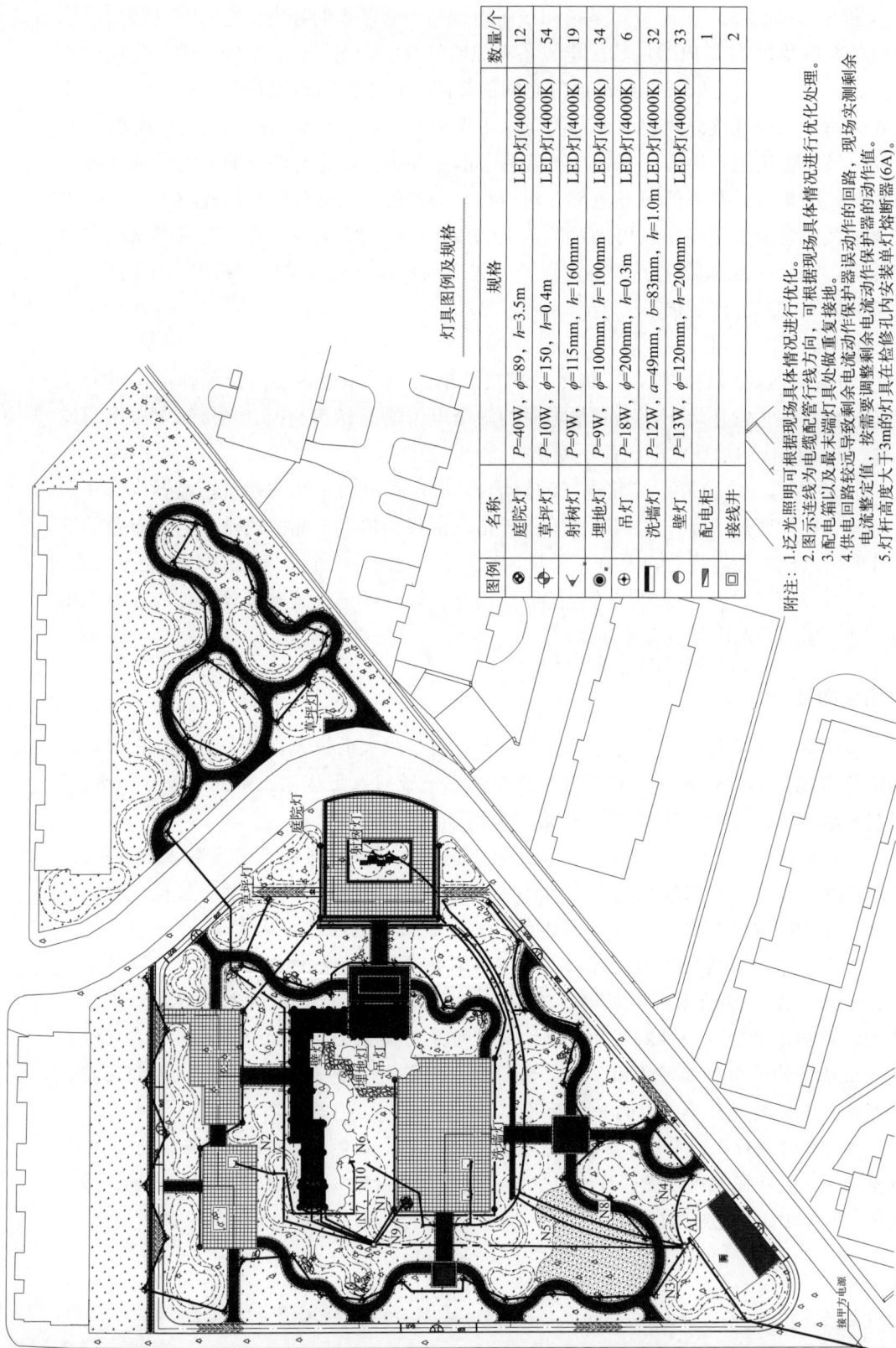

图5-2-7 电气平面图

任务三

电气系统图

知识目标

① 熟悉电气系统图的绘制流程。
② 熟悉电气系统图的设计内容和要点。
③ 明确电气系统图的设计深度。

能力目标

① 能够根据案例项目完成基础资料的收集整理工作。
② 能够根据设计图纸分析、逆推出电气系统图基本框架。
③ 能够按照相关规范、标准完成电气系统图的设计与绘制。

任务引入

　　××环境景观工程项目，电气平面图绘制完毕，现需绘制电气系统图。要求绘制软件使用CAD。

　　环境景观电气系统图主要包括照明系统图和电力系统图。其中，照明系统图又称为配电系统图，系统图中以虚线框成的范围为一个配电箱或配电盘，并进行编号。配电干线或支线应标明导线种类、根数、截面、穿管管材和管径，有的应标明敷设方法，还应标明线路的安装容量。电力系统图的内容和深度同照明配电系统图，一般简单工程不出此图；在环境景观电气系统图设计中，一般也不出此图。

任务分析

　　照明系统图应在照明平面图的基础上绘制，系统图中的配电箱编号、回路号、回路设备名称及设备功率应与平面图的各项一一对应。此外，还应表示出各回路管线的规格型号、敷设方式、控制方式、电器规格型号、进线相关信息等。系统图只画出各设备之间的连接，并且一般采用单线图。

任务实施

　　电气系统图设计与绘制的流程如下。

　　1. 了解系统需求

　　明确系统需要满足的需求，包括所需的电压、电流、功率等级，以及具体的配电设备和连接方式等。

　　2. 收集资料

　　收集相关的电气设备和线路规格、电气平面图等必要信息，具体包括电气设备的位置、型号、尺寸，以及电缆的规格、长度等。

3. 确定电气设备的类型、数量及连接方式

根据系统的需求和收集到的资料，确定系统中所需电气设备的类型和数量，例如开关、接触器、断路器等；同时确定电气元件之间的连接方式，例如是串联还是并联。

4. 绘制电路图

使用绘图软件，根据已收集确定的信息绘制电路图。一般主电路用粗线条画在原理图的左边，控制电路用细线条画在原理图的右边。所有电器元件的图形、文字符号必须采用国家规定的统一标准；所有按钮、触点均按没有外力作用和没有通电时的原始状态画出。

5. 标注必要信息

在电路图中标注必要的电气参数、设备型号等信息，以便后续的维护和检修。

6. 审核和优化

完成初稿后，应进行审核和优化，确保电路图的准确性和完整性，包括检查电气元件的连接是否正确、线路的布局是否合理等。

💡 **注意要点** ···

一、照明系统图绘制的基本原则

① 符合国家标准：在绘制照明系统图时，应该遵循国家或行业规定的标准和规范，使用统一的符号、标记和画法，确保不同人员绘制出的系统图具有一致性和可比性。

② 清晰简洁：系统图应该简洁明了，易于理解，使用专业的符号和标记，避免过多的文字描述，方面读图。

③ 层次分明：系统图应该层次分明，按照设备类型、电压等级、供电区域等对设备进行分类，并按照一定逻辑顺序进行排列，表现不同设备之间的关系和位置。

④ 完整性：照明系统图应完整地反映系统的所有组成部分，不遗漏任何必要的细节和信息。同时，图纸的各个部分应协调一致，构成一个完整的系统图。

⑤ 可扩展性：照明系统图应该具有一定的可扩展性，以便于未来对系统进行扩容或改造，在设计时应该考虑到未来的发展需求，预留一定的空间和接口，方便未来的升级和维护。

二、照明系统图的基本内容

照明系统图一般由配电箱系统图组成，表达的内容主要有以下几项。

① 电源进线回路数，以及导线或电缆的型号规格、敷设方式和穿管管径。

② 总开关及熔断器、各分支回路开关及熔断器的规格型号；各照明支路分相情况，用A、B、C或L1、L2、L3标注；出线回路数量及编号，用文字符号WL标注；各支路用途及照明设备容量，用kW标注（其中，也包括电风扇、插座和其他用电器具的容量）。

③ 系统总的设备容量、需要系数、计算容量、计算电流、配电方式等用电参数。

𝒞 **知识链接** ··

电气照明施工图的标注包括以下内容。

1. 文字标注

照明工程中常用导线敷设方式的标注符号见表5-3-1；导线敷设部位标注符号见表5-3-2；照明灯具安装方式标注符号见表5-3-3。

表5-3-1 导线敷设方式的标注符号

名称	代号	备注
穿焊接（水煤气）钢管敷设	SC	
穿电线管敷设	TC	
穿硬聚氯乙烯管敷设	PC	
穿阻燃半硬聚氯乙烯管敷设	FPC	
用绝缘子（瓷瓶或瓷柱）敷设	K	
用塑料线槽敷设	PR	
用钢线槽敷设	SR	
用电缆桥架敷设	CT	
用瓷夹板敷设	PL	
用塑料夹板敷设	PCL	
穿蛇皮管敷设	CP	
穿阻燃塑料管敷设	PVC	

表5-3-2 导线敷设部位标注符号

名称	代号	备注
沿钢索敷设	SR	
沿屋架或跨屋架敷设	BE	
沿柱或跨柱敷设	CLE	
沿墙面敷设	WE	
沿天棚面或顶板面敷设	CE	
在能进入的吊顶内敷设	ACE	
暗敷设在梁内	BC	

名称	代号	备注
暗敷设在柱内	CLC	
暗敷设在墙内	WC	
暗敷设在地面或地板内	FC	
暗敷设在屋面或顶板内	CC	
暗敷设在不能进入的吊顶内	ACC	

表5-3-3　照明灯具安装方式标注符号

名称	代号	备注
线吊式	CP	
自在器线吊式	CP	
固定线吊式	CP1	
防水线吊式	CP2	
吊线器式	CP3	
链吊式	Ch	
管吊式	P	
吸顶式或直附式	S	
嵌入式（嵌入不可进入的顶棚）	R	
顶棚内安装（嵌入可进入的顶棚）	CR	
墙壁内安装	WR	
台上安装	T	
支架上安装	SP	
壁装式	W	
柱上安装	CL	
座装	HM	

2. 照明配电线路的标注

照明配电线路的标注一般为 $a–b(c×d)e–f$。

当导线截面不同时，应分别标注，如两种芯线截面的配电线路可标注为

$$a–b(c×d+n×h)e–f$$

式中　a——线路的编号（也可不标）；

　　　b——导线或电缆的型号；

　c、n——导线的根数；

　d、h——导线或电缆截面积，单位为mm²；

　　　e——敷设方式及管径；

　　　f——敷设部位。

例：某照明系统图中标注有BLV（3×50+2×35）SC50——FC。

表示该线路采用的导线型号是铝芯塑料绝缘导线，五芯，其中三根线芯截面积50mm²，两根线芯导线截面积35mm²，穿管径为50mm的焊接钢管沿地面暗装敷设。

3. 照明灯具的标注

照明灯具的一般标注方法为

$$a——b\frac{c\times d\times L}{e}f$$

若灯具为吸顶安装，可标注为

$$a——b\frac{c\times d\times L}{-}f$$

式中：a——灯具数量；

　　　b——灯具型号或编号；

　　　c——每套照明灯具的灯泡（管）数量；

　　　d——每个灯泡（管）容量，单位为W；

　　　e——灯具的安装高度；

　　　f——安装方式；

　　　L——光源种类。

例如，照明灯具标注为

$$10——YZ40RR\frac{2\times 30}{2.8}P$$

表示这个房间或某个区域安装10套型号为YZ40RR的荧光灯（Z——直管型，RR——日光色），每套灯具装有2根30W灯管，管吊式安装，安装高度2.8m。

又例如，照明灯具标注为

$$6——JXD6\frac{2\times 60}{-}S$$

表示这个房间装有6套型号为JXD6的灯具，每套灯具装有2个60W的白炽灯，吸顶安装。

4. 开关及熔断器的标注

一般的标注方法为

$$a\frac{b}{c/i} \text{ 或 } a \text{——} b \text{——} c/i$$

当需标注引入线的规格时为

$$a\frac{b \text{——} c/i}{d(e \times f) \text{——} g}$$

式中　a —— 设备编号；

　　　b —— 设备型号；

　　　c —— 额定电流，单位为A；

　　　i —— 整定电流，单位为A；

　　　d —— 导线型号；

　　　e —— 导线根数；

　　　f —— 导线截面积，单位为mm²；

　　　g —— 敷设方式。

　　进行电气施工图设计时，若将灯具、开关及熔断器的型号随图例标注在材料表中，则这部分内容可不在图上标出。

实践案例

　　图5-3-1为××环境景观施工图中的电气系统图。

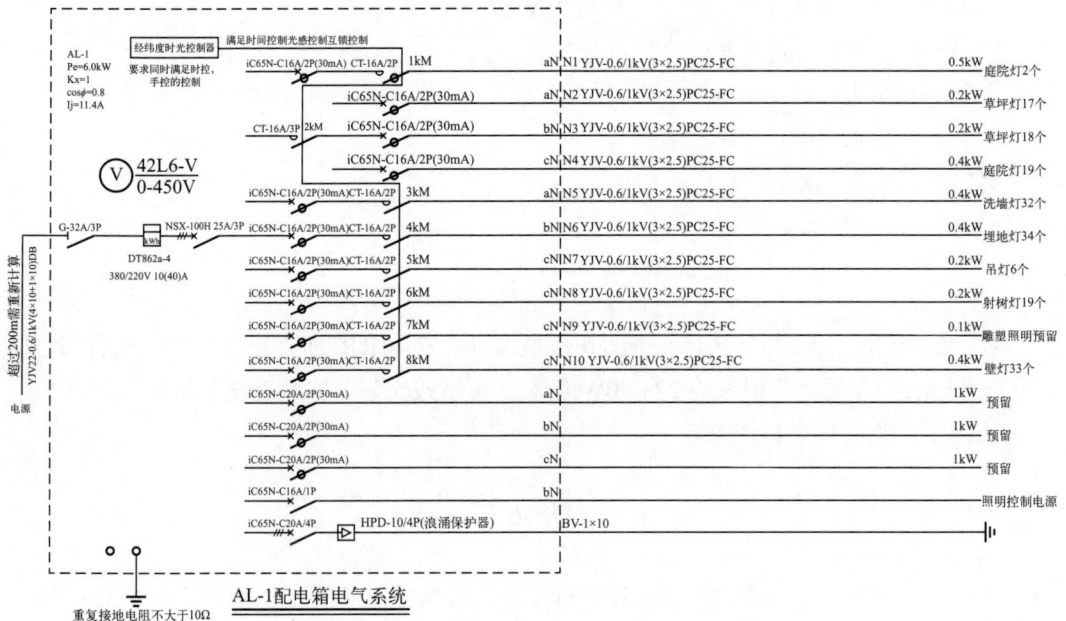

图 5-3-1　电气系统图

课后练习

1. 选择题

① 电气设计说明是对电气施工图纸中尚未表达或表达不清楚的问题进行说明，具体包括（　　　）。

A. 工程设计依据、设计范围

B. 建筑特点及等级、供电电源

C. 电气安全

D. 配电设备及线路的型号规格、安装及敷设方式

E. 主要设备材料表

② 照明设计应遵循哪些基本要求？（　　　）

A. 安全可靠，是照明设计的基本原则

B. 功能适用、满足适用要求是照明设计的根本目的

C. 节能环保，是照明设计的基本方针

D. 舒适美观，不同建筑、场所条件，区别性对待

E. 在满足基本要求的前提下，尽可能降低成本，提高性价比

③ 电气平面图应包含哪些基本内容？（　　　）

A. 配电箱的型号、编号、出线回路、安装方式（嵌墙或悬挂）和安装位置

B. 绘制灯具的位置，标注必要的尺寸，注明灯具类型或符号、代号，标注灯具的安装形式、灯具离地高度等

C. 不需标注明光源的类型、额定功率、数量

D. 配电干线和分支线路的导线型号、根数、截面

E. 开关形式、位置、安装高度和安装方式，控制装置的类型、设置位置和控制范围

④ 根据照明供配电系统对电气设计中强、弱电的划分，下列景观配电设备属于"强电"的是（　　　）

A. 发光标识　　　　B. 景观标识　　　　C. 电动旗杆　　　　D. 室外防水插座

E. 安全防范系统设计

2. 简答题

简述照明系统图绘制的基本原则。

笔记

项目六
环境景观给排水施工图设计

环境景观给排水工程是环境建设、经营中给水排水工程的重要组成部分。给排水系统是联系水的供给、使用、排放或再利用的重要水利工程系统。环境景观给排水设计在保障植物生长、创造水流景观、保护水质与生态环境以及提升景观品质等方面发挥着重要作用。通过优化给水排水设计，可以节约水资源和能源，降低运营成本。完善的给水排水系统能够确保景观区的整洁、美观和舒适，提升游客的游览体验。同时，合理的排水设计也有助于减少环境污染和生态破坏，推动环境景观的可持续发展。

环境景观给排水施工图设计主要包括给水、排水设计两个方面，具体包括给排水设计说明、给排水管线平面布置图、给排水安装大样图、快速取水阀详图、检查井表、材料表等。

任务一
给排水设计说明

📚 知识目标
① 掌握给排水设计说明编写流程。
② 熟悉给排水设计说明编写原则、要点。
③ 明确给排水设计说明编写内容。

⚙ 能力目标
① 能够根据案例项目完成基础资料的收集整理工作。
② 能够按照相关规范、标准完成给排水设计说明的编写。

🏵 任务引入

给排水施工图设计说明主要表达全套图纸的建设范围、建设内容、设计依据、设计规范、系统设计计算公式、阀门井及水表井、检查井、管道附属构筑物、管道材质、施工原则、管道验收标准及要求等。

🪶 任务分析

设计说明是给排水施工图的重要组成部分，是对平面布置图、安装大样图等的补充及延伸，是进行设计、施工的重要依据。它能够让施工人员充分理解设计意图，起到指导现场施工、提高施工质量的作用。不同项目的设计说明不尽相同，应结合各项目实际情况，对必要说明内容进行详细阐述。

⛰ 任务实施

给排水设计说明编写的步骤与流程如下。

1. 准备工作

① 收集项目所在地的地形图、地质勘察报告、气象资料、水文资料等。

② 了解并熟悉给排水设计规范、标准、政策文件等，如《室外排水设计标准》（GB 50014—2021）、《室外给水设计标准》（GB 50013—2018）、《给水排水管道工程施工及验收规范》（GB 50268—2008）等。

③ 对场地进行实地勘察，了解地形、地貌、植被、现有给排水管网、给排水设施等情况。

④ 熟悉给排水管线平面布置情况，包括管线走向、管径选择、检查井表等信息。

2. 编写给排水设计说明具体内容

结合拟建项目实际情况逐项编写设计说明。

3. 编制材料明细表

参照给水、排水平面布置图编制材料明细表。材料明细表应标明平面布置图中各图例对应管线、管件的名称、型号规格以及数量等信息。材料信息表一般列入给排水设计说明中，为方便读图，也可置于给水平面布置图、排水平面布置图中。

4. 绘制给排水安装大样图

一般而言，给水系统设计中的阀门井、水表井可参考《室外给水管道附属构筑物》（05S502）进行设计和施工；排水系统中的雨水口、雨水箅子、检查井可参考《市政排水管道工程及附属设施》（06MS201）进行设计和施工。对于所使用的快速取水阀、特殊阀门井、检查井、排放口、排水盲沟（明沟）接入检查井等相关设施或节点，在管线布置平面图中无法表达清楚的情况下，应采用较大出图比例以大样图的形式将此类设施或节点表达出来。给排水安装大样图可独立成图，也可并入给排水设计说明中。

💡 注意要点

给排水设计说明应包含的主要内容如下。

① 项目概况：对项目的基本情况进行描述和总结，明确园林给排水系统设计的目标和要求，包括排水能力、水质要求、环境保护要求等。

② 设计标准和规范：确定设计所遵循的标准和规范，一般多选用国家标准、行业规范、技术手册等，编写时要注意标准和规范的时效性。

③ 给水系统设计说明：包括给水管道的布置、管径选择及连接方式、水源选择、水质的处理、水泵选型，以及管线基础的埋深、检测和维护办法等内容。

④ 排水系统设计说明：包括排水系统的容量、排水点的位置、排水管道的布置、管径选择及连接方式、坡度设计、排水设备选型、泄洪措施和环保内容的考虑等。

⑤ 雨水收集和利用设计说明：若建设要求中有海绵城市的设计需求，则还应编写雨水收集系统、雨水花园、雨水再利用的文字说明。

⑥ 施工要求：包括给排水系统施工的沟槽挖掘及回填、地基处理、管道敷设等分项工程的施工工艺要求、材料要求、质量控制要求等。

⑦ 给排水系统附属构筑物：如水表井、喷灌喷头、快速取水井、雨水口、阀门井、检查井、排水口、污水格栅、沉淀池、调节池等，参照设计图集和施工工艺说明。

⑧ 设备选型和配置：确定给排水系统所需的设备类型和规格，如水泵、阀门、过滤器等。

⑨ 运行和维护要求：包括给排水系统的检测运行要求、管理要求、设备维护要求等。

⑩ 定期检查和清洁等安全与环保要求：包括给排水系统设计中的安全措施、环境保护要求等。

⑪ 监测和验收要求：确定给排水系统的监测和验收标准，包括水质监测、设备性能测试等。

⑫ 其他说明：根据项目的特点和需求进行调整和补充。

⑬ 本设计依据建设单位提供的管网规划图纸，确定的绿化管道位置。施工中管线若与植物或构筑物及其他管线发生冲突时，可于现场适时调整。

📖 实践案例

×××小区景观工程给排水设计说明

（一）设计依据

① 建设单位提供的基础资料，具体如下。

a. 建设单位与我方签订的本工程的设计合同。

b. 由建设单位提供的本项目的工程图纸及相关建筑施工图设计资料。

c. 建设单位认可的景观规划方案及扩初设计文件。

② 国家及省、市现行各专业的有关规范、规定、图集。

（二）绿化给水设计

① 绿化用水采用建设单位提供的绿化水源，管径为DN50。本设计实行快速取水阀

接软管人工轮流浇灌。

② 室外给水管道及配件均采用PE管材管件，给水管道标高为管中心标高，接口采用热熔连接，管材管件采用公称压力1.25MPa。管径标注DN为公称直径。管材必须满足《埋地塑料给水管道工程技术规程》（CJJ 101—2016），阀门采用铜芯阀门。管道与闸阀、金属管连接为法兰连接。

③ 绿化给水管道安装前应进行校直，并清除管道内部杂物；安装时应随时清除已安装管道内部杂物，安装中断或完毕时，敞口处应临时封闭。

④ 室外给水管道覆土前须按规定进行管道试压试验。试验压力为工作压力的1.5倍，且不小0.8MPa，1小时内压力降不大于0.05MPa，然后将试验压力降至工作压力，进行外观检查以不渗不漏为合格。给水管道水压试验合格后，必须进行冲洗与消毒，经检验合格后，方可与市政管网连通投入运行。排水管道覆土前须严格按规定进行灌水试验和通水试验，排水管道畅通无堵塞，管接口无渗漏，经严密性试验合格后方可投入运行。未能详尽之处均按照《给水排水管道工程施工及验收规范》（GB 50268—2008）执行。

⑤ 室外给水管道的管中距地面1.4m，与非压力管相遇时上弯避让。凡穿越消防路和机动车道路的管道，若管顶覆土小于0.7m，宜设大一级钢套管。穿越园路的管径宜设大一级的过路管（UPVC排水管材）。

⑥ 绿化给水工程中，绿地浇洒采用插入式成品取水阀，取水阀服务半径25m。每个取水阀流量0.7L/s，工作压力0.3MPa。

⑦ 给水管管道底部应做不小于0.15m的砂垫层，管顶回填土应采用砂，厚度0.2m。

⑧ 给水阀门井做法参见标准图集。给水阀门井和泄水井内设DN25泄水阀，井底铺设0.3m厚的卵石垫层。给水阀门井内布置见示意图。阀门井位置根据情况可做适当调整。

⑨ 入冬前应打开泄水阀使管道内的水泄净，确保管道不会冻坏。

⑩ 本设计依据建设单位提供的管网规划图纸，确定绿化管道位置。施工中管线若与植物或构筑物及其他管线发生冲突时，可于现场适时调整。

（三）雨排水设计

① 园区排水采用分流制；雨排水方式为新建雨水口，园区道路排水沿坡向有组织排入雨水口，雨水口收集后就近通过管道排入园区市政雨水管网。绿地排水以地形疏导为主，低谷处加设隐形排水设备（排水盲管等）。

② 阀门井、检查井的井盖位于绿地时，建议采用复合材料防盗艺术井盖，颜色按环境色彩需要订购；位于铺装路上的井盖采用铺装隐形井盖，下层为铸铁井盖，隐形井盖做法见硬施图纸；设于车道上的阀门井、检查井的井盖采用重型井盖，新增雨水井做法参见《钢筋混凝土及砖砌排水检查井》（20S515）。

③ 雨水口排出管管径采用De200 HDPE双壁波纹管（车行道下环刚度＞8kN/m²，绿地及人行道下环刚度＞4kN/m²），橡胶密封圈承插连接，坡度根据管道高程顺接，以不小于1%的坡度接入雨水井，实际长度根据现场雨水井准确位置确定。

④ 新增雨水管管径除标注者均采用De315HDPE双壁波纹管，坡度根据管道高程顺接，以不小于0.3%的坡度连接至原有雨水管网。起点管底未标注者，车行道处为地面下

0.9m，非车行道处为地面下0.7m。

⑤ 管道施工采用开槽埋管，砾石砂（粒径＜60mm）铺垫，粗砂回填至管上200mm。主管区管下土壤密实度不应小于95%（按轻型击实标准，下同）；次管区管下土壤密实度不应小于90%。如无法通过夯实达到规定密实度，可打与管外径同宽，厚度不小于100mm的混凝土。

⑥ 其他未尽事宜参见《给水排水管道工程施工及验收规范》（GB 50268—2008）及《埋地聚乙烯排水管管道工程技术规程》（CECS164：2004）中的有关规定执行。

（四）交叉管线处理

① 当施工现场的给排水管道与其他管道的平面排列及标高相互矛盾时，可按现场实际情况酌情调整管道的敷设。调整原则为：小管让大管；有压管让无压管；新建管让已建管；临时管让永久性管。

② 图纸中的井位在高程满足要求的情况下可做适当的调整，以利于管线的交叉处理。

（五）其他

以上说明未尽事宜应按设计图纸和国家颁布的有关规范和规程处理，施工中如遇特殊情况，应会同建设单位、设计单位共同商定解决。

（六）相关标准与图集（表6-1-1）

表6-1-1 相关标准与图集

序号	代号	名称
1	GB 50013—2018	《室外给水设计标准》
2	GB 50014—2021	《室外排水设计标准》
3	CECS164：2004	《埋地聚乙烯排水管管道工程技术规程》
4	CJJ 143—2010	《埋地塑料排水管管道工程技术规程》
5	GB 50268—2008	《给水排水管道工程施工及验收规范》
6	GB 3838—2002	《地表水环境质量标准》
7	05S502	《室外给水管道附属构筑物》
8	20S515	《钢筋混凝土及砖砌排水检查井》
9	02S404	《防水套管》

（七）塑料管外径与公称直径对照关系（表6-1-2）

表6-1-2 塑料管外径与公称直径对照关系

塑料管外径 /mm	20	25	32	40	50	63	75	90	110	160
公称直径 /mm	15	20	25	32	40	50	65	80	100	150

（八）给排水安装大样图（图6-1-1）

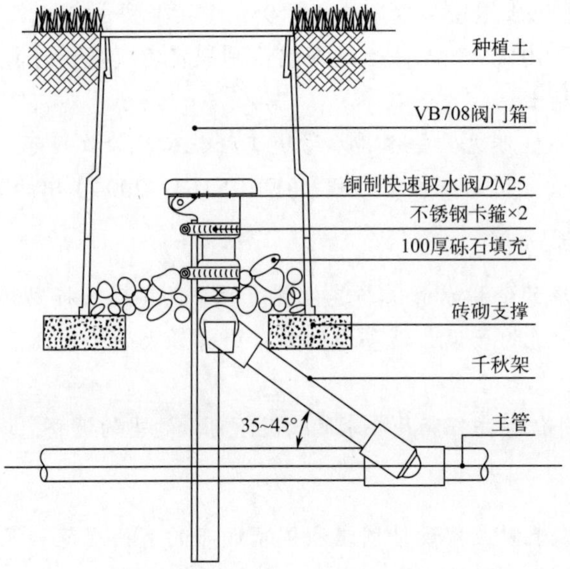

种植土

VB708阀门箱

铜制快速取水阀DN25

不锈钢卡箍×2

100厚砾石填充

砖砌支撑

千秋架

$35\sim45°$

主管

快速取水阀安装大样图　　1:10

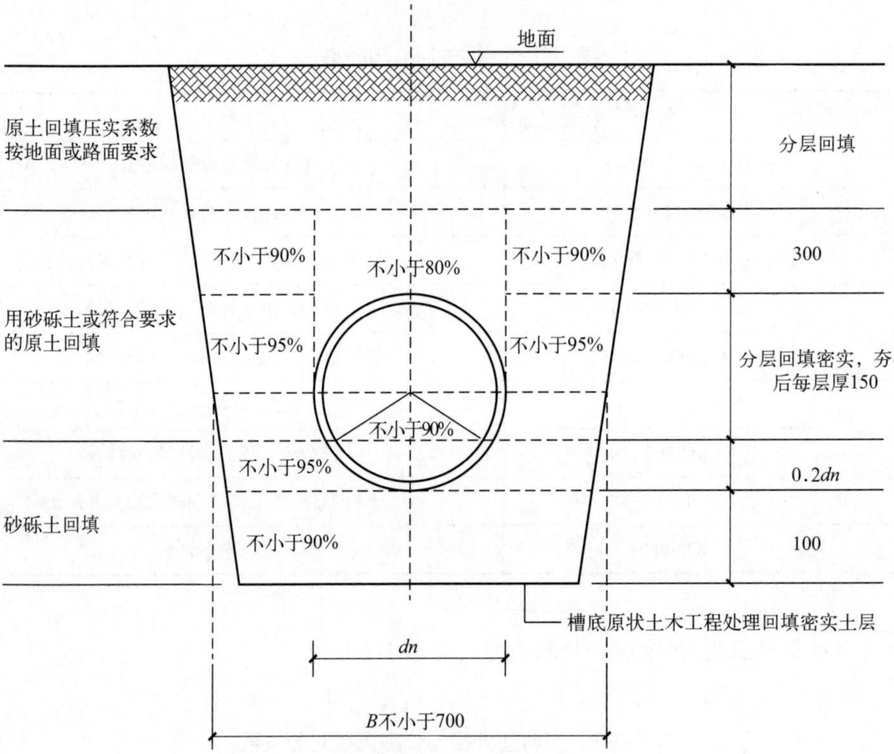

地面

原土回填压实系数
按地面或路面要求

分层回填

不小于90%　　不小于80%　　不小于90%

300

用砂砾土或符合要求
的原土回填

不小于95%　　　　　　不小于95%

分层回填密实，夯实
后每层厚150

不小于90%

不小于95%

$0.2dn$

砂砾土回填

不小于90%

100

槽底原状土木工程处理回填密实土层

dn

B不小于700

管道埋地敷设示意图　　1:5

图6-1-1　给排水安装大样图

任务二

给排水平面图

📖 知识目标

① 熟悉给排水平面图的绘制流程。
② 熟悉给排水平面图的设计原则、要点。
③ 明确给排水平面图的设计深度。

🎯 能力目标

① 能够根据案例项目完成基础资料的收集整理工作。
② 能够根据设计图纸分析、逆推出施工图基本框架。
③ 能够按照相关规范、标准完成给排水平面图的设计与绘制。

✳️ 任务引入

××环境景观工程项目，总平面设计图、植物配置平面图已完成，现需绘制给排水施工平面图。要求绘制软件使用CAD。施工图绘制小组拿到任务后首先进行任务分析。

🗒️ 任务分析

给排水施工图设计是在已有设计总平面图的基础上绘制完成的，其任务的核心在于将环境景观整体规划中的给排水需求转化为具体的施工图纸。要求设计师充分考虑地形、植被分布、水源条件及排水需求，合理布局给水管网和排水系统。设计任务包括确定水源接入点、设计管网路径、选择管材与设备、标注施工细节等，确保系统既能满足灌溉、景观用水等需求，又能有效排除雨水及废水。此外，还需遵循相关规范与标准，确保设计方案的可行性与经济性。

⛰️ 任务实施

给排水

1. 前期准备

深入研究项目需求、设计理念和功能分区，明确给排水系统的具体要求和目标，分析园林地形、植被、水源及排水出路等条件，为设计提供依据。收集项目所在地的地形图、地质勘察报告、气象资料等，了解当地市政管网情况，包括水源接入点、排水管网布局及容量等。熟悉国家及地方关于环境景观给排水设计的相关规范、标准和政策，确保设计合规。

2. 优化方案设计

对设计方案进行技术经济分析，评估其可行性和经济性，根据分析结果对方案进行优化调整，确保设计既满足功能需求又经济合理。

设计给水管网时，考虑供水点分布、高程变化和水质要求，合理布置干管、支管和配水管。

设计排水系统时，结合地形和汇水面积，确定排水体制、管网布局和排水出路。

根据系统需求和设计要求，选择合适的管材、阀门、水泵等设备，充分考虑设备的性能、耐用性、维护方便性及经济性等因素。

3. 绘制给排水施工平面图

按照方案设计要求，结合方案阶段选材情况，按照一定比例（如1∶200至1∶1000）绘制给排水系统的平面图。在平面图上标明管道、设备、阀门等的位置、走向和连接方式。标注管道的尺寸、材质、坡度等详细信息。

4. 绘制系统图

绘制给排水系统图，展示系统的工作原理和流程。标注各部分的标高、压力、流量等参数。

5. 绘制剖面图与详图

对于复杂部位或关键节点，绘制剖面图或详图以展示其内部结构和细节。标注必要的尺寸、材料、做法等信息。

6. 设计说明与图例

编写设计说明，阐述设计思路、依据、要求及注意事项等。编制图例表，说明图纸中使用的各种符号、线条和标注的含义。

🔆 注意要点

一、给水平面图设计要点

给水平面图需根据项目区域的总体布局、景观设计总平面图和植物配置平面图来进行设计，主要说明在绿化区域内如何设置取水头，以及绿化喷灌的覆盖范围。给水平面图的设计要点如下。

① 管线最短，安装便捷，取水用水方便，水头及能量损耗较少，各点取水水压平稳。

② 管路不得从建筑物内部直线穿过，室外给水管道与其他地下管线及乔木之间的最小净距应符合《建筑给水排水设计标准》（GB 50015—2019）附录E的规定。

③ 给水管道与污水管道或输送有毒液体管道交叉时，给水管道应敷设在上面，且不应有接口重叠；当给水管道敷设在下面时，应采用钢管或钢套管，钢套管伸出交叉管的长度，每端不得小于3m，钢套管的两端应采用防水材料封闭。

④ 给水管道宜平行于建筑物敷设在人行道、慢车道或草地下，尽量少穿越道路。如需穿路，需满足覆土要求；如若不能满足覆土要求，需增设钢套管，以防重车经过压坏管路。管道外壁到建筑物外墙的净距离不宜小于1m，且不得影响建筑物的基础。

⑤ 室外给水管道的覆土深度应根据土壤冰冻深度、车辆荷载、管道材质及管道交叉

等因素确定。管顶最小覆土深度不得小于土壤冰冻线以下0.15m，行车道下的管线覆土深度不宜小于0.70m。

⑥ 给水管径由主水源开始越来越小，最末端设计管径宜为 $DN25$，如 $DN40 \to DN32 \to DN25$。应在主干管顶端、管线变径处或管线关键部位设置阀门，以便于检修。

⑦ 水源点的位置一般设计在园路附近、灌木丛中，便于绿化养护人员取水操作。

⑧ 给水管道内为有压水，因此管道敷设不需有坡度。若施工区域内有季节性冰冻，给水管道内水源有排除的要求，则需设置坡度，在最低端设置泄水井和阀门。

二、排水平面图设计要点

排水管线包括污水管线和雨水管线。一般环境景观工程项目设计仅涉及雨水管线设计，雨水管线布置平面图主要根据项目区域的总体布置平面图来进行设计。雨水管线布置平面图主要反映的是在园区内道路及景观道路雨水的收集和排放，在较大面积的广场、起伏的山丘草坪等区域，如何设置排水明沟、盲沟、雨水口、雨水检查井及管网等，如何将收集的雨水就近排放至自然水体或市政雨水管道中。雨水管线平面图设计要点如下。

① 管线最短，管线敷设流向最顺，埋设深度合适。可根据地面标高数据，结合市政雨水排放口、自然水体等相关条件，将区域内的汇水面积划分成几个雨水系统，保证雨水就近排放和工程量的合理性。

② 雨水管道布置宜沿道路和建筑物的周边平行布置，且在人行道、车行道下或绿化带下；雨水管道与其他管道及乔木之间最小净距，应符合《建筑给水排水设计标准》（GB 50015—2019）附录E的规定；管线与道路交叉时，宜垂直于道路中心线。

③ 雨水管道最小埋地敷设深度应根据道路的行车等级、管材受压强度、地基承载力等因素经计算确定。景观干道和组团道路下管道的覆土深度不宜小于0.7m。若冬季管道内不会贮存水，则雨水管道可埋设在冰冻层内。

④ 雨水排放应遵循源头减排的原则，宜利用地形高程采取有组织地表排水方式。需将雨水口、排水盲沟（明渠）、检查井等平面位置表达在布置平面图上，并将检查井进行编号。如"Y1"，此标注所表达的检查井为"1#雨水检查井"。雨水口可不编号，但如有水景溢流雨水口，则需标明。

⑤ 雨水口的布置应根据地形、土质特征、建筑物位置设置。雨水排水口应设置在雨水控制利用设施末端，以溢流形式排放；超过雨水径流控制要求的降雨溢流进入市政雨水管渠。道路交汇处和路面最低点、地下坡道入口处宜布置雨水口。

⑥ 室外广场、停车场、下沉式广场、道路坡度改变处、水景池周边、超高层建筑周边采用管道敷设时，覆土深度不能满足要求的区域宜设置排水沟，有条件时宜采用成品线性排水沟；土壤等具备入渗条件时，宜采用渗水沟等。

⑦ 雨水管（雨水沟）的管径、坡度、流向改变时，应设雨水检查井连接。雨水管在检查井处连接，除有水流跌落差以外，宜采取管顶平接，连接处的水流转角不得小于90°。当雨水管管径小于或等于300mm且跌落差大于0.3m时，可不受角度的限制。小区（景观）排出管与市政管道连接时，排出管管顶标高不得低于市政管道的管顶标高。雨水管道向景观水体、河道排水时，管内水位不宜低于水体的设计水位。

⑧ 雨水检查井的间距宜参照表6-2-1确定。

表6-2-1　雨水检查井的最大间距

管径 /mm	最大间距 /m	管径 /mm	最大间距 /m
160（150）	30	400（400）	50
200～315（200～300）	40	≥ 500（≥ 500）	70

注：括号内是埋地塑料管内径系列管径。

⑨ 小区（景观）雨水管道的最小管径和横管的最小设计坡度应参照表6-2-2确定。

表6-2-2　小区（景观）雨水管道的最小管径和横管的最小设计坡度

管别	最小管径 /mm	横管最小设计坡度
小区建筑物周围雨水接户管	200（200）	0.0030
小区道路下干管、支管	315（300）	0.0015
建筑物周围明沟排雨水口的连接管	160（150）	0.0100

注：括号内是埋地塑料管内径系列管径。

知识链接

一、景观给排水的管材选用

选用不同管材对于项目造价、施工周期、采购周期等具有一定影响，因此在设计过程中应结合项目实际的需求，选用合适的管材。

1. 给水管材

（1）铸铁管

铸铁管分为灰铸铁管和球墨铸铁管。灰铸铁管具有经久耐用、耐腐蚀性强、使用寿命长的优点，但其质地较脆，不耐震动，质量大，使用过程中时常发生爆管。球墨铸铁管相比灰铸铁管在延伸率上大大提高，能够抗压、抗震，且其重量比同口径的灰铸铁管轻 1/3～1/2，重量接近钢管，耐腐蚀性比钢管高几倍至十几倍。

（2）钢管

钢管有较好的机械强度，耐高压，耐震动，质量较小，单管长度长，接口方便，有较强的适应性，但耐腐蚀性差，防腐造价高。钢管有焊接钢管和无缝钢管两种。给排水工程中因造价原因多选择焊接钢管。焊接钢管又分为镀锌钢管（白铁管）和非镀锌钢管（黑铁管）。镀锌钢管是经防腐处理后的钢管，其防腐、防锈，不使水质变坏，从而延长了自身的使用寿命，是室内生活用水的主要给水管材。

（3）钢筋混凝土管

钢筋混凝土管防腐能力强，不需要任何防水处理，有较好的抗渗性和耐久性，但质量大、质地脆，装卸和搬运不便。其中，自应力钢筋混凝土管后期会膨胀，使管疏松，使用于接口处易爆管、漏水。为克服这个缺陷，现采用预应力钢筒混凝土管（PCCP管）。

其利用钢筒和预应力钢筋混凝土管复合而成，具有抗震性好、使用寿命长、耐腐蚀、抗渗漏的特点，是较常用的大水量输水管材。

（4）聚氯乙烯（PVC）管

聚氯乙烯管材根据其外观的不同，可分为光滑管和波纹管。光滑管的承压规格有0.20MPa、0.25MPa、0.32MPa、0.63MPa、1.00MPa和1.25MPa几种。后三种规格的管材能够满足绿地喷灌系统的承压要求，常被采用。聚氯乙烯管分为硬质聚氯乙烯管和软质聚氯乙烯管。绿地喷灌系统主要使用硬质聚氯乙烯管。

（5）聚乙烯（PE）管

聚乙烯管材分为高密度聚乙烯（HDPE）管材和低密度聚乙烯（LDPE）管材。高密度聚乙烯管材具有使用方便、耐久性好的特点，但是价格较贵，在室外给排水工程中使用较少。低密度聚乙烯管材材质较软，力学强度低，但抗冲击性好，适合在较复杂的地形敷设，是园林绿地系统中常用的给排水管材。

（6）聚丙烯（PP）管

聚丙烯管材的最大特点是耐热性优良。聚氯乙烯管材和聚乙烯管材的一般使用温度均局限于60℃以下，但聚丙烯管材在短期内的使用温度可达100℃以上，正常情况可在80℃条件下长时间使用，因此可在室内作为供给热水管线或者用于移动或半移动喷灌系统，暴露在外的管道需要一定的耐热性。

2. 排水管材

（1）混凝土管和钢筋混凝土管

混凝土管和钢筋混凝土管多用于排出污水和雨水，管口通常有承插式、企口式和平口式三种。排水用的混凝土管管径一般小于450mm，适用于埋深不深或上部荷载不大的地段。当管道埋深较大或者铺设在土质条件不良的地段时，排水管线通常采用钢筋混凝土管。

（2）塑料管

塑料管具有自重轻、耐腐蚀、内壁水流阻力小、抗腐蚀性能好、使用寿命长、安装方便等特点。其多用在建筑的排水系统及室外小管径排水管，主要有UPVC波纹管和PE波纹管等。

（3）金属管

常用的金属管有铸铁管和钢管。金属管强度高，抗渗性好，内壁水流阻力小，防火性能好，抗压、抗震性能强，节长，接头少，易于安装与维修，但价格较贵，耐酸碱腐蚀性差，常用在有较大压力的排水管线上。

（4）陶土管

陶土管是用低质黏土及瘠性料烧成的多孔性管材，可以排输污水、废水、雨水、灌溉用水，以及酸性、碱性等腐蚀性废水。其内壁光滑，水阻力小，不透水性能好，抗腐蚀，但易碎，抗弯、拉强度低，节短，施工不方便，不宜用在松土和埋深较大的地方。

3. 给排水管件

常用的给排水管件很多，不同材质的管件有些差异，但分类较接近，有直接、弯头、三通、四通、管帽及活性接头、管箍、存水弯、管卡、支架、吊架等。每类管件又可细分，如接头可分为内接头、外接头、内部接头、同径或异径接头；阀门可分为球阀、截止阀、蝶阀、闸阀等。

二、喷灌系统的分类

依管道敷设方式，喷灌系统可分为移动式、固定式和半固定式三类。

1. 移动式喷灌系统

移动式喷灌系统要求灌溉区有天然水源（池塘、河流等），其动力（电动机或汽油发动机）、水泵、管道和喷头等是可以移动的。由于管道等设备不必埋入地下，所以投资较低，机动性强，但管理劳动强度大。适用于水网地区的园林绿地苗圃和花圃的灌溉。

2. 固定式喷灌系统

这种系统有固定的泵站，供水的干管、支管均埋于地下，喷头固定于竖管上，也可临时安装。固定式喷灌系统的设备费较高，但操作方便，节约劳力，便于实现自动化和遥控操作。适用于需要经常灌溉和灌溉期较长的草坪、大型花坛、花圃、庭院绿地等。

3. 半固定式喷灌系统

其泵站和干管固定，支管及喷头可移动，优缺点介于上述二者之间。适用于大型花圃或苗圃。

此外，喷灌系统依供水方式可以分为自压型喷灌系统和加压型喷灌系统；依控制方式可以分为程序控制型喷灌系统和手动控制型喷灌系统；依喷头喷射距离可以分为近射程喷灌系统和中、远射程喷灌系统。

三、喷灌系统设计

固定式喷灌系统是环境景观绿化喷灌的常用形式，固定式喷灌系统设计的内容一般包括喷头选择、喷头布置、管网布置几个方面。

1. 喷头选择

① 喷灌区域的大小和喷头的安装位置是选择喷头喷洒范围的主要依据。面积狭小区域应采用低射程喷头；面积较大时应使用中、远射程喷头，以降低综合造价。

② 安装在绿地边界的喷头，应选择可调角度或固定角度的喷头，避免漏喷或喷出边界。喷头的水力性能应适合植物和土壤的特点，根据植物种类来选择水滴大小（即雾化指标），还要根据土壤透水性来选定喷头，使系统的组合喷灌强度小于土壤的渗吸速度。

③ 如果喷灌地区地貌复杂、构筑物多，且不同植物的需水量差异大，采用近射程喷头可以较好地控制喷洒范围，满足不同植物的需水要求；反之应采用中、远射程喷头以降低工程总价。

④ 喷头喷射角的大小取决于地面坡度、喷头的安装位置和当地喷灌季节的平均风速。如果喷头位于坡地的低处，宜采用高射角喷头（30°～40°）；位于坡地高处时，宜采用低射角喷头（7°～20°）。若喷灌季节的平均风速较大，宜采用低射角喷头；若平均风速较小，可采用标准射角（20°～30°）或高射角喷头。

2. 喷头布置

① 喷头应等间距、等密度布置，最大限度地满足喷灌均匀度的要求，并充分考虑风对喷灌水量分布的影响，将这种影响的程度降到最低，做到无风或微风情况下不向喷灌

区域外大量喷洒。

② 充分考虑植物等对喷洒效果的影响，喷头与树木、草坪灯、音箱、果皮箱等物体的间距应该大于其射程的一半，避免由于遮挡出现漏喷的现象。

③ 有封闭边界的喷灌区域应首先在边界的转折点布置喷头，然后在转折点之间的边界上按一定的间距布置，最后在边界之间的区域里布置喷头，要求一个轮灌区里喷头的密度尽量相等。

④ 对于无封闭边界的喷灌区域，喷头的布置应首先从喷灌技术要求最高的区域开始布置，然后向外延伸。常用喷头布置形式如表6-2-3所示。风可以改变喷洒水形，改变喷头的覆盖区域对喷灌有很大影响，不同设计风速条件下喷头组合间距值可以参考表6-2-4。

表6-2-3　常用喷头布置形式

序号	喷头组合图形	喷洒方式	喷头间距（L）、支管间距（B）与喷头设计射程（$R_设$）的关系	有效控制面积（S）	适用条件
1	正方形	全圆	$L=B=1.42R_设$	$S=2R^2$	在风向改变频繁的地方效果较好
2	正三角形	全圆	$L=1.73R_设$ $B=1.5R_设$	$S=2.6R^2$	在无风的情况下喷灌的均匀度最好
3	矩形	扇形	$L=R_设$ $B=1.73R_设$	$S=1.73R^2$	较1、2节省管道
4	等腰三角形	扇形	$L=R_设$ $B=1.87R_设$	$S=1.865R^2$	较1、2节省管道

注：喷头的设计射程$R_设$按喷头射程的0.7～0.9倍取值。

表6-2-4　不同设计风速喷头的组合间距

设计风速[1]/（m/s）	相当风力	不等间距布置		无主风向[2]的等间距布置
		垂直风向	平行风向	
$0.3 \sim 1.5$	1级	$1.1R$	$1.3R$	$1.2R$
$1.6 \sim 3.3$	2级	$1.0R$	$1.2R$	$1.1R$
$3.4 \sim 5.4$	3级	$0.9R$	$1.1R$	$1.0R$

①"设计风速"表示当地在喷灌季节的平均风速。

②"无主风向"表示当地不存在主风向时，喷头组合间距的参考值。

3. 管网布置

① 喷灌的水源应尽量布置在整个喷灌系统的中心，以减少输水的水头损失。

② 干管用于连接水源接入点和各个支管。一般情况下，干管走向应与地块轴线一致，应尽量使干管与支管垂直相交。支管用于连接一组喷头，由阀门控制喷头的启闭。

③ 支管连接的喷头数量可以根据管理要求和经济因素等确定。较少的喷头管理灵活，而较多喷头可以减少控制阀门的数量。

④ 管网布置应力求使管道长度最短，在同一个轮灌区里，任意两个喷头之间的压差应小于喷头工作压力的20%。轮灌区是指喷灌系统中能够同时喷洒的最小单元，往往由一个或几个支管组成。一般情况下，应该将喷灌系统分成若干个轮灌区，这样可以有效地解决水源供水能力不足的问题，并满足不同植物的需水要求。

四、景观排水的特点与方式

环境景观排水是城市排水系统的一个组成部分，但景观中的地形条件、建筑设施布局等与城市环境有很大的差异，在排水类型、排水方式、排水量构成、排水工程构筑物以及废水重复利用等方面应充分考虑环境景观自身的特点。环境景观排水具有以下特点。

① 排水类型以降水为主，仅包含少量生活污水。

② 环境景观中地形起伏多变，可以通过地面组织排水，减少管网的敷设。

③ 环境景观中大多有水体，雨水可就近排入水体。

④ 景观排水可采用多种方式，不同地段可根据其具体情况采用适当的排水方式；排水设施应尽量结合造景。

⑤ 排水的同时还要考虑雨水的利用，并通过土壤的渗透吸收以利植物生长，干旱地区尤应注意保水。

环境景观中雨水的排放采取地面排水为主、沟渠排水和管道排水为辅，并且应采用分散式、分流制的排水方式，利用地面组织雨水排除的方式大多通过调整场地竖向设计的方式实现。本节主要针对管道排水进行讲解。

五、雨水管渠的设计

1. 雨水管渠系统的组成

雨水管渠系统是由雨水口、雨水管渠、检查井、跌水井、出水口等构筑物所组成的一整套工程设施。雨水管渠的主要任务为及时地汇集并排除暴雨形成的地面径流，防止绿地等受淹，保证绿地和广场上的活动能够正常进行。

（1）雨水口

雨水口是管渠系统的最末端，将地面流动的雨水引入管网的入口。雨水口应根据地形、建筑物和道路的布置等因素确定，一般设置在绿地、道路、广场、停车场等的低洼处和汇水点上，地下建筑的入口处，以及其他低洼和易积水的地段。常用的雨水口形式有平箅式雨水口、边沟式雨水口和联合式雨水口。除了市政工程常用的铸铁材料以外，还可以考虑石材、PVC塑料、不锈钢钢材等，形状在保证排水速度的前提下也可变化。

（2）检查井

其功能是便于管道维护人员检查和清理管道，另外它还是管段的连接点。检查井一般设在管道的交接处和转弯处、管径或坡度的改变处、跌水处、直线管道上每隔一定距离处。为了检查和清理方便，相邻检查井之间的管段应在一直线上。检查井的构造主要由井基、井底、井身、井盖座和井盖等组成。

（3）跌水井

跌水井是设有消能设施的检查井。在地形较陡处，为了保证管道有足够覆土深度，管道有时需跌落一定高度。在这种跌落处设置的检查井便是跌水井。常用的跌水井有竖管式和溢流堰式两种类型。竖管式适用于直径等于或小于400mm的管道；大于400mm的管道应采用溢流堰式跌水井。

（4）出水口

出水口是排水管渠排入水体的构筑物，其形式和位置视水位、水流方向而定，管渠出水口不要淹没于水中。最好令其露于水面。为了保护河岸或池壁及固定出水口的位置，通常在出水口和河道连接部分做护坡或挡土墙。常用的出水口形式有一字式、八字式、门字式等。

2. 雨水管渠系统的设计

雨水管道采用明渠或暗管应结合具体条件确定，在建筑密度较高的地段一般应采用暗管，而在建筑密度低、游人量较少的大面积林地草坪地段可考虑采用明渠以降低造价。在地形平坦地区，以及埋设深度或出水口深度受限制地区，也可采用明渠或加盖明渠。

（1）雨水管网布置

应按管线短、埋深小、自流排出的原则确定。雨水管网宜沿道路和建筑物的周边平行布置。宜路线短、转弯少，并尽量减少管线交叉。雨水管道在与道路交叉时，应尽量垂直于路的中心线设置。管道尽量布置在道路外侧的人行道或草地的下面，不允许布置在乔木的下方。

雨水管道在检查井内宜采用管顶平接法，井内出水管管径不宜小于进水管。检查井内同高度上接入的管道数量不宜多于3条。检查井的形状、构造和尺寸可按国家标准图选用。检查井在车行道上时应采用重型铸铁井盖。井内跌水高度大于1.0m时，应设跌水井。

道路上的雨水口宜每隔25～40m设置一个；当道路纵坡大于0.02时，雨水口的间距可大于50m。雨水口与干管常用200mm的连接管连接，连接管的长度不宜超过25m，连接管上串联的雨水口不宜超过3个。

（2）排水明渠设计

景观绿地中的排水明渠一般有道路边沟、截水沟和排水沟几种形式。

① 道路边沟。主要设置在道路路基两侧，用来排除道路边坡和路面汇集的地面水，有时也利用道路边沟作为截水沟使用。

② 截水沟。一般设置在坡面的底部，用于拦截上方的地表径流并有组织地排放。截水沟一般平行于等高线设置，其长短宽窄和深浅根据雨水量的大小确定，沟底应有不小于 0.5% 的纵坡。环境景观中，截水沟还需要根据所处的环境要求来设置其具体的形式。大的截水沟其截面尺寸可达 $1m \times 0.7m$，小可到 5cm 以内。

③ 排水沟。在山地，为了保证安全，减轻洪水对景区道路、建筑及其他设施的威胁，应考虑在景区建筑设施周围设置排水沟，以排除来自边沟、截水沟或其他水源的水流。排水沟的设计应根据景区建筑的总体规划、山区自然流域范围、山坡地形及地貌特点、原有天然排洪沟情况、洪水流向和冲刷情况，以及当地工程地质、水文地质和当地气象等因素综合考虑，合理布置。

排水沟一般采用梯形断面，在用地较窄时可采用矩形断面。排水沟所使用的材料及加固形式应根据沟内最大流速、当地地形及地质条件、当地材料供应等情况而定。一般常采用片石、块石铺砌。

📖 拓展阅读

故宫为中国明、清两代的皇宫，始建于明永乐四年（1406年）。数据统计，在故宫建成后的600余年间，北京经历了一千多次的暴雨，其中较大的水灾就发生过200多次。如《明英宗实录》记载："万历三十五年闰六月，顺天府大雨如注，昼夜不止，经二旬。雨潦浸贯城，长安街水深五尺，洼者深至丈余，各衙门皆成巨浸。"而故宫在这一次次的暴雨水灾中，从未被淹，这是如何做到的呢？

故宫是我国古代科学排水的一个典范。故宫在建造之初，就对排水系统进行了精密设计和精细施工。首先，故宫的地面整体走势呈北高南低，北部的神武门地面比南部的午门地面高约两米，整体形成约0.2%的排水坡度。以中轴线建筑为核心的宫殿建筑群又使整体地势中间略高、两边稍低，呈"熊背"式样。这一坡降为自然排水创造了有利条件。

故宫主体建筑"三大殿"建在三层高大的石基上，基座台面一致向外侧稍倾，便于雨水下注，台基的上千个"螭首"作为出水口，将积水"吐"至地面，即所谓"千龙吐水"。

故宫的明沟暗渠四通八达，长度超过15km，并有涵洞、流水沟眼等，纵横交错，主次分明，全部通向总干渠内金水河。内金水河又与故宫城墙外侧的外金水河、护城河、中南海等水系相通，使雨水顺着从高到低的地势，流到明沟暗沟，再流入总干渠内金水河，然后排到紫禁城城外的河道中，巧妙解决了水患问题。

🏛 实践案例

图6-2-1、图6-2-2为××环境景观工程施工图中的给排水平面图。

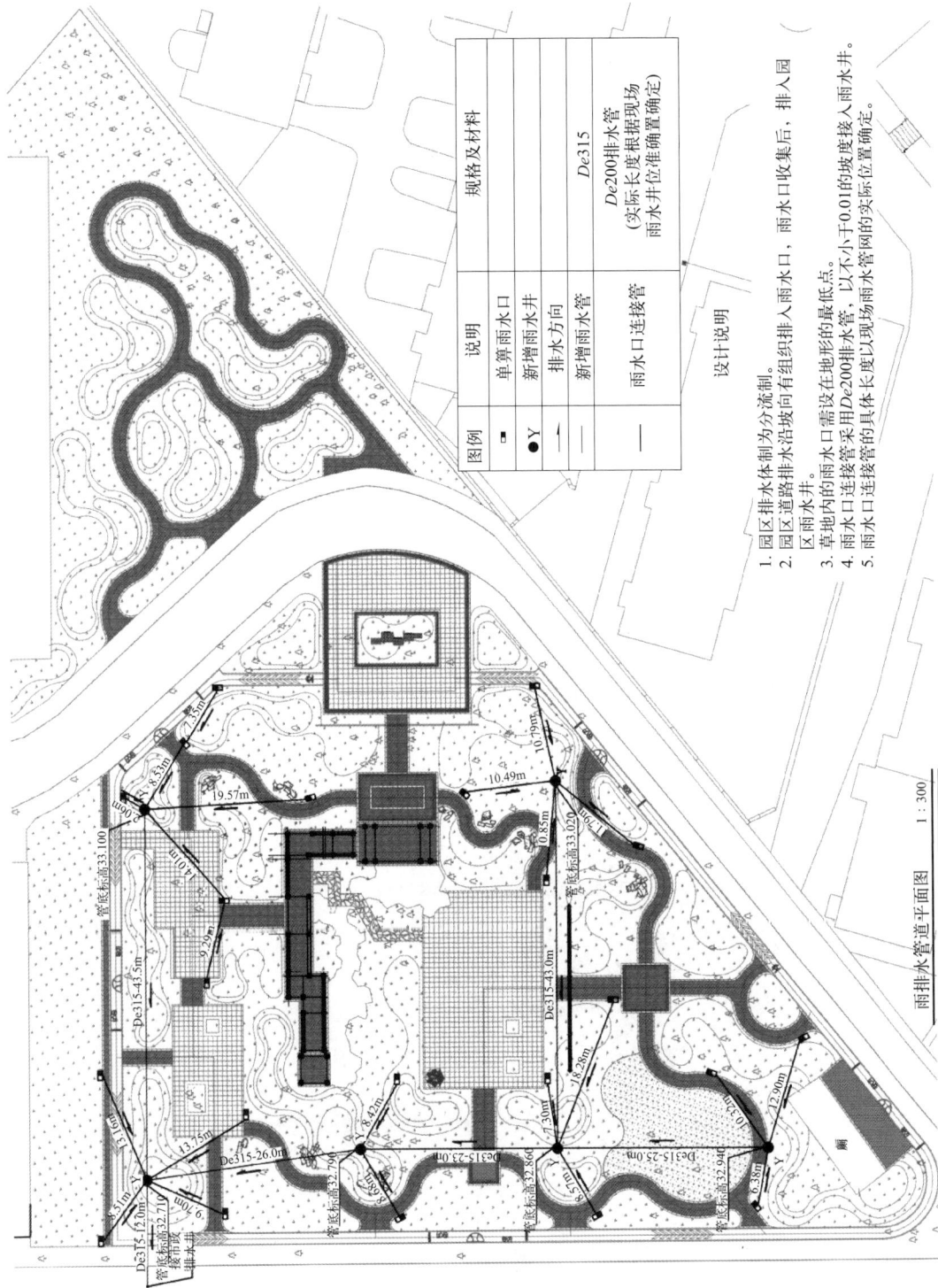

图 6-2-1 雨排水管道平面图

图例	名称	图例	名称
⊡	塑料快速取水阀	⋈	球阀
FJ	阀门井	⋈	闸阀
⊲	止回阀	⊣	防污隔断阀
——	给水管	▬	水表
——	排水方向		

注: 绿化管埋设以不小于0.003的坡度坡向
泄水井或阀门井。

接甲方提供水源

泄水阀安装方向斜下45度

给水阀门井P管道安装示意图

1:30

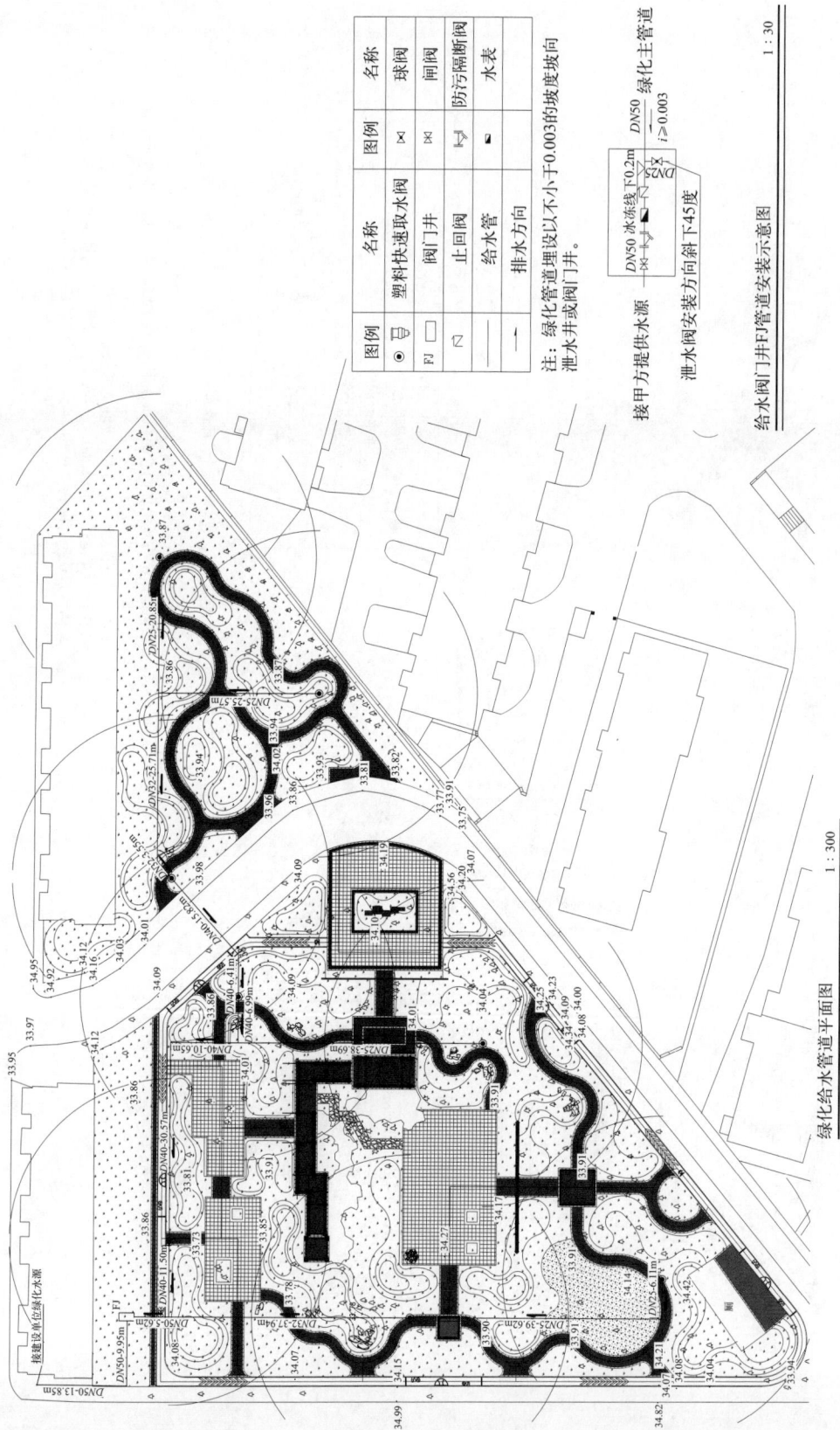

图6-2-2 绿化给水管平面图

绿化给水管道平面图

1:300

接建设单位绿化水源

课后练习

1. 选择题

① 给排水设计说明应包括下列哪些内容?(　　　)

A. 项目概况　　　　　　　　　　　　B. 设计标准和规范

C. 给水系统设计说明　　　　　　　　D. 排水系统设计说明

E. 雨水收集和利用设计说明

② 下列关于给水平面图设计要点的说法,正确的是(　　　)。

A. 管线最短,安装便捷,取水用水方便,水头及能量损耗较少,各点取水水压平稳

B. 给水管道与污水管道或输送有毒液体管道交叉时,给水管道应敷设在下面,且不应有接口重叠

C. 给水管道如需穿路,需满足覆土要求;如若不能满足,需增设钢套管,以防重车经过压坏管路

D. 给水管道内为有压水,管道敷设需有坡度

E. 给水管道在主干管顶端、管线变径处或管线关键部位设置阀门,以便于检修

③ 下列关于排水平面图设计要点的说法,正确的是(　　　)。

A. 雨水管道布置宜沿道路和建筑物的周边平行布置,且在人行道、车行道下或绿化带下

B. 雨水管道最小埋地敷设深度应根据道路的行车等级、管材受压强度、地基承载力等因素经计算确定

C. 冬季管道内不会贮存水时,雨水管道可埋设在冰冻层内

D. 雨水排放应遵循源头减排的原则,宜利用地形高程采取有组织地表排水方式

E. 雨水口必须编号,但如有水景溢流雨水口,需标明

④ 下列属于给水管材的是(　　　)。

A. 铸铁管　　　　　B. 钢管　　　　　C. 钢筋混凝土管　　　　D. 聚氯乙烯(PVC)管

E. 陶土管

2. 简答题

简述在喷灌系统设计中,喷头应如何布置?

笔记

参考文献

[1] GB 51192—2016.公园设计规范.

[2] CJJ 67—2015.风景园林制图标准.

[3] JGJ 16—2008.民用建筑电气设计规范.

[4] CJJ 82—2012.园林绿化工程施工及验收规范.

[5] GB 50054—2011.低压配电设计规范.

[6] GB 50052—2009.供配电系统设计规范.

[7] GB/T 50001—2017.房屋建筑制图统一标准.

[8] GB 50303—2015.建筑电气工程施工质量验收规范.

[9] GB 50057—2010.建筑物防雷设计规范.

[10]GB 50015—2019.建筑给水排水设计标准.

[11]GB 50034—2013.建筑照明设计标准.

[12]CJJ 83—2016.城乡建设用地竖向规划规范.

[13]JGJ/T 163—2008.城市夜景照明设计规范.

[14]GB 50180—2018.城市居住区规划设计标准.

[15]GB 50420—2007.城市绿地设计规范.

[16]JGJ 155—2013.种植屋面工程技术规程.

[17]GB/T 50103—2010.总图制图标准.

[18]GB 50013—2018.室外给水设计标准.

[19]GB 50014—2021.室外排水设计标准.

[20]GB/T 50085—2007.喷灌工程技术规范.

[21]06SJ805.建筑场地园林景观设计深度及图样.

[22]住房城乡建设部工程质量安全监管司.市政公用工程设计文件编制深度规定（2013年版）[M].北京：中国建筑工业出版社，2013.

[23]北京市市政工程设计研究总院有限公司.给水排水设计手册[M].3版.北京：中国建筑工业出版社，2017.

[24]北京照明学会照明设计专业委员会.照明设计手册[M].2版.北京：中国电力出版社，2006.

[25]孟兆祯.风景园林工程[M].北京：中国林业出版社，2012.

[26]深圳市北林苑景观及建筑规划设计院.总图设计[M].北京：中国建筑工业出版社，2011.

[27]朱红华，陈绍宽.园林工程技术[M].北京：中国电力出版社，2010.

[28]王延辉.园林景观细部设计施工图集[M].沈阳：辽宁科学技术出版社，2013.

[29]王芳，杨青果，王云才.景观施工图设计与绘制[M].上海：上海交通大学出版社，2014.

[30]王健，崔星，刘晓英.景观构造设计[M].武汉：华中科技大学出版社，2013.

[31]田建林，张柏.园林景观供电照明设计施工手册[M].北京：中国林业出版社，2012.

[32]冯婷婷，吕东蓬.园林工程识图与施工[M].成都：西南交通大学出版社，2016.

[33]朱敏，张媛媛.园林工程[M].上海：上海交通大学出版社，2012.

[34]刘志然，黄晖.园林施工图设计与绘制[M].重庆：重庆大学出版社，2022.

[35]李玉萍，武文婷.园林工程[M].4版.重庆：重庆大学出版社，2012.

[36]李本鑫，史春凤，沈珍.园林工程施工技术[M].重庆：重庆大学出版社，2021.

[37]李梅芳，李庆武，王宏玉.建筑供电与照明工程[M].北京：电子工业出版社，2010.

[38]杨秋侠.总图设计与优化[M].西安：陕西科学技术出版社，2018.

[39]杨莉莉.园林工程施工图设计[M].长春：吉林大学出版社，2015.

[40]周代红.景观工程施工详图绘制与实例精选[M].北京：中国建筑工业出版社，2009.

[41]赵兵.园林工程[M].南京：东南大学出版社，2011.

[42]徐德秀.园林建筑材料与构造[M].重庆：重庆大学出版社，2014.

[43]黄鹂.建筑施工图设计[M].武汉：华中科技大学出版社，2009.

[44]高颖.景观材料与构造[M].天津：天津大学出版社，2011.

[45]戴瑜兴.民用建筑电气设计手册[M].2版.北京：中国建筑工业出版社，2007.